해양과학총서 4

해양생물의 세계 (2판)

국립중앙도서관 출판시도서목록(CIP)

해양생물의 세계 / 2판 / 김웅서, 김동성 엮음. -- 안산 :
한국해양과학기술원(전 한국해양연구원), 2013년 3월 15일
p.216 ; 18.8×25.7cm

ISBN 978-89-444-1026-0 04450 : ₩18,000
ISBN 978-89-444-1022-2(세트) 04450

해양생물[海洋生物]

477.3-KDC5
578.77-DDC21 CIP2013001095

해양과학총서 4

해양생물의 세계

발행인 | 강정극
발행처 | 한국해양과학기술원
책임편집 | 김웅서, 김동성
출판기획 | 한종엽, 함춘옥
편집디자인 | 모모새비지니스
인쇄 | 올리브 디앤피
표지 일러스트 | 손정호

초판 발행 | 1998. 02. 25
2판 발행 | 2013. 03. 15

출판등록 | 1990. 09. 07 안산시 제9호
ISBN 978-89-444-1022-2 (세트)
ISBN 978-89-444-1026-0 (04450) 값 18,000원

한국해양과학기술원 www.kiost.ac
주 소 | 426-744 경기도 안산시 상록구 해안로 787
Tel. 031)400-6000
주문·보급 | 계백북스
Tel. 02)734-2267, 734-9914 Fax. 02)736-9917

해양생물의 세계 2판

김웅서 · 김동성 엮음

한국해양과학기술원

목 차

1장 해양생물과 생태계

지구 표면적의 70% 이상을 차지하는 해양은 최초로 생명이 탄생한 요람이다.

2장 다양한 종류의 해양생물

해양생물은 현미경적 크기의 미생물로부터 고래에 이르기까지 다양하다.

3장 다양한 서식지의 해양생물

생존이 불가능해 보이는 극한 환경에서도 해양생물은 각자의 방식으로 살아간다.

4장 해양생물의 이용과 보존

미래의 중요한 자원인 해양생물은 고갈의 위기를 맞이하고 있다.

부 록

바다 생물들과 함께 숨 쉬면 우리의 삶이 풍요로워진다.

바다는 어머니와 같은 존재이다. 지구 형성 과정에서 만들어진 바다에서 지구 최초의 생명체가 탄생했기 때문이다. 지구 최초의 생명체는 약 35~40억 년 전에 생겨난 것으로 추정하고 있다. 인간을 포함한 모든 동물이 물속에서 초기발생을 한다는 점도 바다가 생명의 고향임을 시사한다. 1977년 동태평양 갈라파고스제도 근처 깊은 바다에서 처음 발견된 열수분출공 주변에 사는 생물은 바다가 생명의 고향이라는 사실을 더욱 뒷받침해준다. 열수분출공과 같은 극한 환경에서 서식하는 많은 종류의 동물이 먹이를 먹지 않고 공생 박테리아의 화학합성작용으로 만들어진 에너지를 이용해 생명을 유지시켜 나가는 아주 독특한 생태계는 지구 형성 초기의 모습을 보여준다. 그래서 과학자들은 이곳이 지구 생명 탄생의 비밀을 풀 과학적 열쇠를 가지고 있는 곳이라고 생각한다.

지구 생물이 사는 곳은 크게 해양생태계, 육지생태계 그리고 담수생태계로 나뉜다. 동물의 큰 분류 단위인 문(Phylum) 수를 비교하면, 육지에 사는 동물 문의 종류가 11개, 담수에서 14개인 것에 비해 해양에서는 28개로 압도적으로 많다. 특히 담수에만 사는 동물 문은 없고, 육지에서는 유조동물 하나뿐인 반면, 해양에서만 사는 동물 문은 총 13개이다. 이렇듯 바다는 지구 생물 다양성의 보고이며, 생명의 탄생과 진화의 역사가 처음 시작된 곳이라는 것을 말해준다.

생명체는 몇 가지 특성이 있다. 막을 통해 외부와 경계를 만들고, 생식 능력을 가진 자손을 남기며, 외부 물질을 에너지로 바꾸어 신진대사를 하고, 진화하는 것 등이다. 이러한 생물 중 식물은 약 4억 년 전까지, 동물은 약 3억 년 전까지 육지로 진출하지 못하고 바다에서만 생활하였다. 바다는 이들에게 보금자리였고, 생물 진화의 요람이었다. 다양한 해양생물들은 주어진 환경에 적응하며 그들만의 형태와 구조를 만들어 가며 진화해왔다. 그리고 일부는 육상으로 진출하여 지금 우리가 보는 생명력이 넘치는 지구를 만들었다.

최근 들어 해양생물자원이라는 용어가 세계적으로 관심을 받고 있다. 해양자원을 인간의 필요성에 따라 해양생물자원과 해양광물자원으로 분류하여, 해양 선진국들이 경쟁적으로 이들 자원을 남획하고 개발하고 있는 것이다. 아울러 이미 오래전부터 세계적으로 바다와 인접한 도시에서는 개발이라는 명목 하에 갯벌 매립 등 해양생태계의 파괴가 진행되어 왔다. 자연 그대로의 모습으로 기능해야할 해양생물과 해양생태계가 인위적인 외부 요인으로 몸살을 앓고 있다. 해양생태계를 구성하고 있는 모든 생물 종류들은 생태계의 건강성을 유지하는데 그 어느 하나 중요하지 않은 것이 없다. 각각의 생물이 먹이사슬 내에서 자신의 역할을 충실히 할 때, 자연은 우리에게 무한의 축복으로 다가온다. 해양생물은 인간에게 필수불가결한 식량자원으로의 역할뿐만 아니라, 심미적 기능, 교육, 취미, 여가 활용 등 문화 · 사회적 기능도 담당한다. 한편 해양과학기술이 발달함에 따라 해양생물을 크게 훼손하지 않고도, 이들로부터 인간에게 유익한 각종 의약품, 효소, 신물질, 바이오에너지 등을 얻을 수 있다. 이 책에서는 이렇듯 우리와 함께 숨 쉬고 있는 중요한 해양생물을 보다 폭 넓게 이해 하고자, 다양한 해양생물에 대해 되도록 많은 정보를 담고자 노력하였다. 해양생물에 대한 이해는 향후 우리나라 주변 바다가 건강하고 자연스러운 모습을 유지하며, 우리의 삶을 풍요롭게 하는데 도움이 될 것이다.

1998년 2월『해양생물의 세계』가 발간된 지 어느덧 15년이라는 세월이 흘러, 내용을 수정하고 보완하는 작업이 필요하게 되었다. 최근 과학의 발전 속도는 점점 가속도가 붙어, 짧은 시간동안 많은 변화가 있었다. 특히 다른 과학 분야보다 출발이 늦었던 해양과학의 발전 속도는 더욱 빠르다 하겠다. 그동안 미지의 세계였던 해양생물의 신비를 밝히기 위해 많은 연구자들이 노력한 결과를 개정판에 반영하고자 하였다. 2판에서는 초판에서 다루었던 기존의 내용을 수정 · 보완함은 물론, 간극생물과 난자치어 등을 새롭게 추가하였다, 한편 국민의 관심사인 독도의 해양생물, 최근 각광을 받고 있는 해양생물 산업에 대한 내용도 새롭게 추가하였다.

오랜 준비 끝에 이 책의 개정판이 나올 수 있도록 원고와 자료를 제공해준 집필자 여러분들께 감사의 마음을 전하며, 원고정리를 도와준 함춘옥 선생님에게도 고마움을 전한다.

2013. 3

편저자 김웅서, 김동성

바다는 지구생명 탄생의 모태이자 생물이 진화한 보금자리이다.

해양은 생명을 최초로 탄생시킨 모태일 뿐만 아니라 생물이 진화한 보금자리이다. 지구상의 생명체는 약 35~40억 년 전 원시해양에서 처음 출현한 것으로 추정을 하고 있다. 이들은 오랜기간동안 해양에서 진화를 해오다 식물은 약 4억 년 전에, 그리고 동물은 약 3억 년 전에 육지로 진출하게 되었다. 이 오랜 시간동안 생물은 진화하여, 지구는 지금과 같은 다양한 생물상을 갖는 살아있는 행성이 되었다. 육상생물은 우리 주변에서 흔히 볼 수 있으므로 친근하나, 해양생물은 쉽게 접할 수 없기 때문에 낯설게 보인다. 해양생물은 수중이라는 독특한 환경에 적응하여 살고 있기 때문에, 육상생물과 비교하여 구조와 형태에 차이가 있다. 그렇지만 각각 환경에 적응하여 자연의 법칙에 따라 살아가고 있는 것은 육상에 서식하는 생물이나 해양에 서식하는 생물이나 마찬가지이다.

해양생물은 우리와 직접 또는 간접적으로 밀접한 관계를 맺어왔다. 우선 어패류와 같은 해양생물은 원시시대부터 인간의 중요한 식량자원이었다. 특히 삼면이 바다인 우리나라에서는 수산식품의 중요성이 다른 어느 나라보다도 높다. 광대한 해양에 무한정 있을 것 같은 수산자원도 남획으로 인하여 점점 고갈되어 가고 있다. 한편 개발의 명분아래 연안의 생태계가 점차 파괴되고 해양생물의 서식지는 점점 줄어들고 있다. 모든 생물들이 서로 자기 몫을 다할 때 생태계는 건강해 질 수 있다. 해양생물이 자신들의 보금자리를 잃고 사라져가고 있는 현상은 우리의 삶도 위태롭다는 경고이다. 그러므로 해양생물에 대한 폭 넓은 이해와 더불어 사는 지혜가 필요한 시기이다. 다행스럽게 요즘 해양이 여가생활을 위한 중요한 장소가 되면서 자연스럽게 해양생물에 대한 관심과 해양환경 보존에 대한 의식이 높아가고 있다. 수족관을 찾거나 스쿠버 다이빙을 즐기는 인구가 늘어나면서 해양생물은 이제 인간의 친구가 되었으며, 이들에 대한 지적 호기심도 커지고 있다. 그러나 외국에 비하면 우리 주변에는 해양생물에 관한 정보를 얻을만한 책이 아주 부족한 형편이다.

1990년 출판된 해양과학총서 1권에는 『해양개발의 현재와 미래』라는 제목으로 해양에 관한 전반적인 내용이 수록되었기 때문에 해양생물에 대한 소개가 미흡하였다. 그러나 이번 해양과학총서 4권 『해양생물의 세계』에는 마치 살아있는 듯한 해양생물의 사진과 함께 자세한 설명으로 가득차 있다. 1장에는 해양환경과 그곳에 서식하는 해양생물의 일반적인 특징이, 2장에는 다양한 해양생물이 종류별, 서식지별로 소개되어 있고, 3장에는 해양생물들이 어우러져 있는 해양생태계의 구조와 기능에 대한 설명이 있고, 마지막으로 4장에는 해양생물의 이용과 보존에 대한 글이 실려있다. 특히 각 분야마다 전문가들이 집필을 하였으므로, 해양생물에 대한 관심이 있는 독자들에게 좋은 참고가 되리라 생각한다. 아울러 해양생물에 관한 지식을 얻을 수 있는 참고서적을 이 책의 말미에 소개하였다.

마지막으로 1년여의 산고 끝에 이 책이 세상에 태어날 수 있도록 자료를 제공해 주신 모든 분들께 감사의 마음을 전한다. 원고를 써주신 한국해양연구소의 연구원 여러분들, 귀중한 사진을 제공해 주신 월간 우리바다 윤성도 편집장, 대한수중협회 이병두 부회장, 두성해양연구소 이선명 소장, 생태사진작가 김수만, 최춘일, 김광택, 김병일 님에게 감사의 마음을 전한다. 아울러 이 책이 나오기까지 원고정리를 도와준 오귀숙, 신사명, 김은희, 그림을 그려준 서태선 씨에게도 고마운 마음을 표한다. 이 책은 한국해양연구소의 해양과학총서 발간비용으로 출판되었음을 밝혀둔다.

1998. 2

편저자 김웅서, 제종길

해양생물과 생태계

Marine Life and Ecosystem

지구 표면적의 70% 이상을 차지하는 해양은
최초로 생명이 탄생한 요람이다.

해양환경과 생물

지구상에서 가장 규모가 큰 생태계인 해양은 특이한 물리·화학적 성질을 가진 해수의 영향으로 독특한 환경을 이루고 있다. 해양에는 이러한 환경에 적응한 다양한 생물이 살고 있다.

김웅서 한국해양과학기술원

지구는 다른 행성과 달리 해양을 가지고 있는 것이 특징이다. 지구 표면적의 70% 이상을 차지하는 바다의 물이 없었다면, 지구는 다른 행성처럼 생명체가 없는 황무지로 남아있었을 것이다. 가장 오래된 화석이 해양에서 서식했던 생물의 것이라는 점, 모든 생물의 대사 작용이 수용액 상태에서 진행된다는 점, 동물의 혈액 조성이 해수의 화학 조성과 유사한 점 등은 해양에서 생명이 탄생했음을 시사한다.

해양은 지구상에서 가장 규모가 큰 생태계로, 표영생태계와 저서생태계로 나눌 수 있다. 해양의 수층 부분에 해당하는 표영생태계에는 유영생물과 부유생물이 주로

바다는 생물이 태어난 고향

김웅서

서식한다. 표영생태계에는 육지와의 거리에 따라 대체로 대륙붕 위의 수층을 구성하는 연안생태계, 그 바깥의 외해 쪽을 구성하는 외양생태계로 나눌 수 있다. 저서생태계는 해양의 바닥 부분에 해당되며, 이곳을 서식처로 생활하는 저서생물이 점유하고 있다.

해양에서는 육지보다 더 다양한 동물 문(Phylum)이 발견되며, 극피동물이나 모악동물처럼 해양에서만 발견되는 동물 종류도 많다. 해양생물은 생활 형태에 따라 부유생물(plankton), 유영생물(nekton), 저서생물(benthos)로 분류된다. 운동능력이 약하거나 없어서 물의 흐름에 의해 떠다니며 생활하는 것을 부유생물이라 하고, 어류와 같이 유영능력이 뛰어나 자력으로 이동할 수 있는 것을 유영생물, 암반이나 모래, 펄과 같은 바다의 바닥에서 생활하는 것을 저서생물이라 한다.

김웅서

다양한 해양생물

① 부유생물에 속하는 해파리
② 유영생물에 속하는 나비고기
③ 저서생물에 속하는 불가사리

해양생물의 특징

해양생물의 기본적인 구조나 기능은 육상생물과 비슷하지만, 수중 생활에 적응하기 위한 몇몇 독특한 특징을 가진다. 이를테면 물 속에서는 부력을 받기 때문에 크기가 큰 생물도 자유롭게 활동할 수 있다. 지구상에서 가장 큰 동물인 고래가 해양에 서식하는 이유도 여기 있다.

또한 물의 흐름은 생물체를 이동시키므로 바다에는 운동 능력이 전혀 없거나 거의 없는 여러 종류의 플랑크톤이 서식한다. 식물플랑크톤은 크기가 매우 작은데, 크기가 작으면 작을수록 단위 부피에 대한 표면적의 비가 커지기 때문에 마찰저항이 커져 침강 속도가 줄어들게 되며, 빛이 풍부한 표층에 오래 머물러 있기 쉽다. 또 부피에 대한 표면적의 비가 클수록 세포와 외부의 물질 교환이 효율적으로 일어나 주변에서 영양염류를 효과적으로 흡수할 수 있으며, 노폐물의 배출도 효율적이 된다.

해양생물은 환경 변화에 대응하기 위한 전략 방법에 따라 순응자(conformer)와 조절자(regulator)로 나뉜다. 순응자는 환경 변화에 따라 생리 상태를 바꾸고, 조절자는 환경 변화에도 생리 상태를 일정하게 유지한다. 예를 들어 해양 변온동물이나 해양 무척추동물은 순응자로, 주변 온도가 올라가면 체온도 올라가면서 신진대사가 활발해

김웅서

해양포유류인 돌고래
돌고래는 조절자로 열 손실을 막을 수 있다.

진다. 해양 조류나 해양 포유류 같은 항온동물은 조절자이기 때문에 주변 온도가 올라가더라도 일정한 신진대사율을 유지한다. 해양 조류는 공기를 포함할 수 있는 잔털을 가지고 있어서 물과의 접촉을 최소화하여 열 손실을 줄이고, 고래나 돌고래와 같은 해양 포유류는 단열 효과가 큰 두꺼운 피하지방층을 가지고 있거나, 특이한 혈관 구조로 되어 있어 열 손실을 막을 수 있다.

● 해양환경의 변화 요인

해양은 특이한 물리 · 화학적 성질을 가진 해수의 영향으로 육지와는 다른 독특한 환경을 이루고 있으며, 해양환경은 육상보다 환경 요인의 변화가 비교적 작다. 그러나

김웅서

독특한 해양환경
① 환경 변화가 심한 조수웅덩이
② 조석간만에 따라 염분 변화폭이 큰 하구

조간대나 연안처럼 환경 변화가 심한 곳도 있다. 조간대 조수웅덩이(tide pool)는 기상 조건에 따라 염분 변화가 심하고, 강 하구는 조석간만에 따라 염분 변화폭이 크며, 연안에서는 기온의 일교차에 따라 수온이 변하기도 한다. 해양생물에 영향을 미치는 물리 · 화학적 환경 요인으로는 수온, 염분, 용존산소, 영양염류, 빛 등을 들 수 있다.

수온

해수는 비열이 높기 때문에 해역에 따라 온도 차이가 작아 육지에서 경험할 수 있는 극한 환경이 없다. 계절 변화가 심한 온대역에서도 표층 수온의 변화 폭은 대체로 20℃를 넘지 않으며, 수심 1,000m가 넘는 심해에서도 연중 3℃ 정도의 일정한 수온을 유지한다. 전 해양의 표층수온은 일부 해역(페르시아만 36℃)을 제외하고, 남극 지방의 수온 -2℃에서 적도 지방의 30℃까지 분포 범위를 보인다.

온도에 대한 내성은 해양생물의 분포에 큰 영향을 미친다. 즉 낮은 온도에 잘 견디는 생물은 남극해나 북극해처럼 온도가 낮은 곳에서, 높은 온도에 잘 견디는 생물은 열대해역에서 볼 수 있다. 수온은 수심에 따라서도 차이를 보인다. 수심이 깊어짐에 따라 급격한 수온 변화를 보이는 곳을 수온약층(thermocline)이라 하는데, 이를 경계로 상하층의 물이 잘 섞이지 않아 해양생물의 분포에 큰 영향을 미친다.

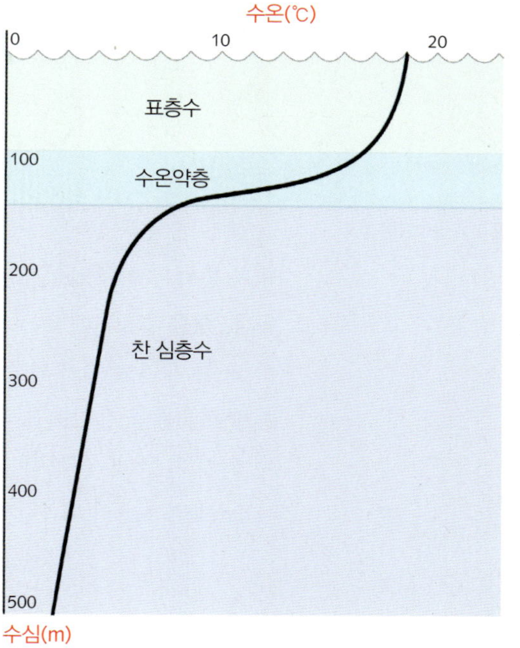

수온변화
온대해역 하계의 전형적인 수온약층

염분

물 분자는 극성을 가지고 있는 좋은 용매이기 때문에, 해수 중에는 각종 염들이 많이 녹아있다. 해수가 짠 이유는 암석에 들어있던 염분이 오랜 세월 빗물에 씻겨 해양으로 흘러들어가 수분은 증발하고 염분만 남았기 때문이다. 해수는 평균 35psu (practical salinity unit : 실용염분단위)의 염분을 포함하고 있는데, 이는 해수 1kg 중에 평균 35g의 염분이 포함된 것이다. 해수에 녹아있는 염분의 주성분은 염화나트륨(NaCl)으로 전체 염분의 약 80%를 차지한다. 해양생물은 온도뿐 아니라 염분 변화에도 잘 적응하며 살고 있다. 특히 연어나 뱀장어처럼 바다와 강을 오가는 물고기는 염분 차이에서 오는 삼투압 조절이 필수적이다.

어류의 염분조절
해양어류와 담수어류의 염분 조절능력의 비교

용존산소

대부분 해양생물은 육상생물과 달리 수중에 녹아있는 용존산소를 이용해 호흡한다. 대기 중에는 약 210ml·L^{-1}의 산소가 있지만, 해수 중에는 보통 9ml·L^{-1} 미만의 산소가 있다. 생물의 호흡으로 소비되는 해수 중의 용존산소는 식물플랑크톤의 광합성을 통해서, 또는 대기 중에서 확산되는 산소에 의해 보충된다. 오염이 심한 연안 내만역에서는 미생물에 의한 유기물질의 분해로 빈산소상태가 되어 해양생물이 살기 부적합한 환경이 되기도 한다. 외양역 중 수심 700~1,000m 되는 곳에는 용존산소 최소층(oxygen minimum layer)이 나타난다. 용존산소 최소층은 흔히 수온약층과 거의 비슷한 깊이에서

조간대의 해조류
광 조건이 좋은 조간대는 해조류에 의한 생산력이 높다.

김용서

발견된다. 이는 표층에서 사망한 생물들이 심층으로 가라앉다가 급격한 수온 하강으로 밀도가 커진 수온약층 부근에 모여 미생물에 의한 분해가 일어나기 때문이다.

영양염류

해수 중에 녹아있는 질산염과 인산염은 바다에서 1차생산을 담당하고 있는 모든 해양식물의 성장에 중요한 영양분이 된다. 한편 규산염은 규조류의 성장에 중요한 영양염류다. 이 외에 철, 망간, 아연, 구리, 코발트와 같은 금속이나 비타민과 같은 물질도 해양식물의 성장에는 필수적이다.

질소는 해수 중에 질산염, 아질산염, 암모늄이온이나 질소를 포함한 유기물 형태로 존재하며, 이 중 질산염이 가장 많이 존재한다. 질산염이나 인산염의 경우 일반적으로 1차생산이 활발한 표층에서는 식물에 의해 빨리 흡수되므로 농도가 낮으며, 영양염이 재생산되는 저층에서는 높다. 또 이들 영양염의 농도는 계절적인 변화를 보여 1차생산이 낮은 겨울에 가장 높은 농도를 보인다.

빛

햇빛의 약 3~50%는 바다 표면에서 반사되고, 수층을 통과한 빛도 수심이 깊어짐에 따라 점차 감소하여 일정 깊이 이하부터는 암흑세계가 펼쳐진다. 광합성을 하기 위해서는 충분한 빛이 필요하므로, 수층에서의 광량은 식물플랑크톤의 분포 깊이를 결정하게 된다. 보상수심(compensation depth)은 수층 내에서 식물플랑크톤에 의한 광합성량이 호흡량과 같아지는 곳을 말하며, 이보다 얕은 수심에 있는 식물플랑크톤은 광합성에 의해 유기물을 축적할 수 있다. 수층에서 식물플랑크톤에 의한 총광합성량이 총호흡량과 같아지는 수심을 임계수심(critical depth)이라 하며, 만약 식물플랑크톤이 이 층보다 아래에 머물게 되면 생존이 불가능해진다.

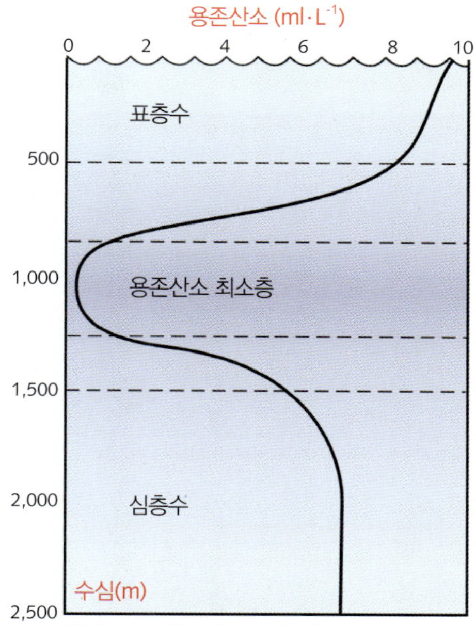

전형적인 용존산소량의 수직분포
외양에서는 수심 700~1000m 정도에서 나타나며 수온약층과 거의 비슷한 깊이이다.

수중협회

수층의 해양식물
해양식물이 광합성을 하기 위해서는 충분한 빛이 필요하다.

표영생태계

수층에서 살아가는 해양생물들의 생태계인 표영생태계는 수심이나 육지와의 거리에 따라 세분화되는데, 각각의 환경에 맞는 생물들이 생태계를 이루어 살고 있다.

신경순 한국해양과학기술원

해양은 지구상에서 가장 규모가 큰 생태계로, 해양생태계는 생물이 서식하는 공간에 따라 표영생태계(pelagic ecosystem)와 저서생태계(benthic ecosystem)로 나눌 수 있다. 표영생태계는 바다의 물로 이루어진 부분을 가리키고, 저서생태계는 바다의 바닥 부분에 해당한다. 표영생태계는 다시 수심에 따라 유광층(photic zone : 0~200m), 박광층(disphotic zone : 200~1,000m), 무광층(aphotic zone : 1,000~6,000m) 등으로 나누기도 하며, 수평적으로 육지로부터 얼마나 멀리 떨어져 있는가에 따라 연안해역과 외양해역으로 나뉜다.

● 연안해역

육지에 가까운 대륙붕 위의 바다를 연안해역이라 한다. 육지에 가까운 연안해역은 육지에서 이루어지는 인간 활동 때문에 외양해역과는 다른 생태적 특성을 나타낸다.

해양과 지형

거리와 깊이, 해저지형의 특징에 따라 해양은 다르게 불리어진다.

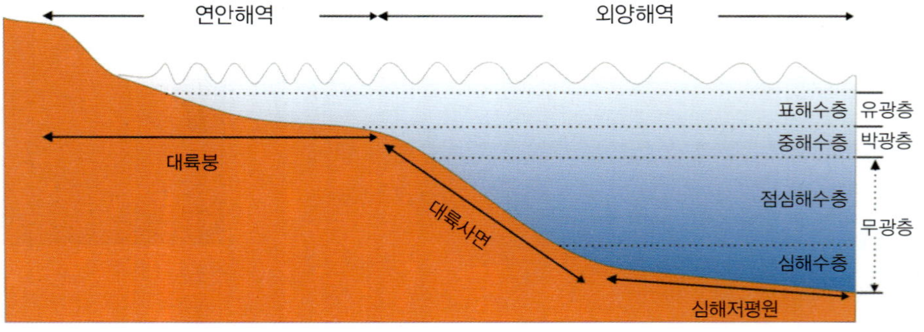

내만해역은 수심이 얕고 조석의 영향을 크게 받는 해역으로, 성질이 비슷한 해수의 모임(수괴) 내에서 상층과 하층의 혼합이 잘 일어나기 때문에 영양염은 항상 풍부하지만 부유물질이 많아 유광층이 깊지 않다.

연안해역은 수심 100~200m 이내의 대륙붕 해역으로 난류, 파랑, 용승 등에 의해 수괴가 잘 섞여 저층에서 표층으로의 영양염 유입이 많다. 또한 외양해역에 비해 생산력도 높으며, 수심이 얕은 관계로 수온의 일변화 및 계절변화가 비교적 크다. 이곳은 식물플랑크톤이 대량 번식하며 이에 따라 동물플랑크톤 역시 풍부하기 때문에, 이들을 먹이로 하는 어류가 많이 모이는 곳이다. 따라서 세계의 중요한 어장은 대부분 연안해역에 위치해 있다.

김웅서

①

②

표영생태계는

① 연안해역과

② 외양해역으로 나뉜다.

식물플랑크톤과 1차생산력

연안해역은 육상으로부터 영향을 많이 받으므로 육상의 인구밀집 정도나 공단조성 정도, 그리고 연안해역에 밀집되어 있는 양식장 등에 따라 해역별로 환경에 큰 차이가 있다. 해역별로 환경이 다르기 때문에 출현하는 식물플랑크톤의 종조성과 군집구조, 생산력 등에서도 차이를 보인다. 수심이 얕은 연안해역에서는 성질이 다른 수괴의 유입이 많지 않고, 수괴의 대부분이 균일해 식물플랑크톤도 그 수괴에 오랫동안 자생해 온 토착종들이 대부분이다. 우리나라 서해 연안에 출현하는 식물플랑크톤은 300종 이상으로 기재되어 있다. 연안 토착종으로 출현하는 종들은 서해의 내만과 연안해역에 출현하는 종들로 200종 가까이 된다.

연안해역은 외양해역에 비해 영양조건이 좋으나 육상과 하구역으로부터 유입된 부유물질 때문에 탁도가 높아 광 조건이 좋지 않다. 따라서 1차생산은 수심 5~15m 상층부에서 주로 이루어진다. 그러나 전반적으로 표층에 높은 영양염이 존재하고 부영양화가 되어 있기 때문에 외양해역에 비해 높은 1차생산력을 보인다. 우리나라 서해 연안해역의 일일 1차생산력은 계절에 따라 큰 변화를 보이고 있으며, 겨울에 비교적 낮고 여름에 높은 생산력을 보인다.

동물플랑크톤

동물플랑크톤은 식물플랑크톤과 달리 어느 정도 유영능력이 있고 생활사가 길기 때문에 환경에 대한 반응이 식물플랑크톤처럼 민감하지 않다. 연안해역은 환경의 변화가 잦아서 내성이 강한 종들만이 서식하고 있고, 따라서 종 다양성 지수가 낮다. 동물플랑크톤은 식물플랑크톤과 밀접하게 연관되어 있으므로, 1차생산력이 높은 연안해역에서 동물플랑크톤의 현존량 또한 많다.

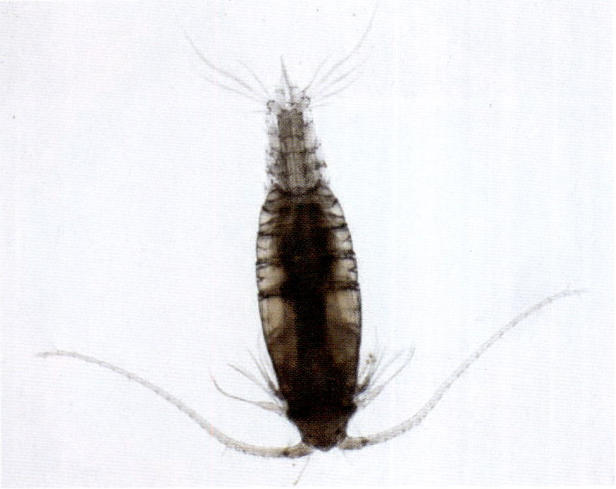
정민철

요각류

어류의 주요 먹이이며, 양적으로 우점하는 요각류(*Canthocalanus pauper*)

한반도 주변 연안해역에 출현하는 동물플랑크톤 중에는 요각류(copepoda)가 양적으로 가장 많고, 모악동물(chaetognatha)인 화살벌레가 그 다음으로 많이 출현하는 종이다. 이들 요각류와 모악동물은 한반도 주변에서 연안수괴, 외양수괴, 혼합수괴 등을 구분하는 지표종으로 이용되기도 한다. 우리나라 연안해역에서는 동물플랑크톤의 종조성 및 양적 분포가 계절적으로 변화하는 양상을 보인다. 해역별로 다소 차이는 있으나 늦봄에서 여름을 거쳐 이른 가을까지 출현량이 가장 많고 겨울에 가장 적다. 이러한 계절변동은 종류에 따라 다르다.

어류

연안해역은 1차생산력이 높고 동물플랑크톤의 양이 많아 어류의 생산력도 높다. 연안해역에서는 수괴의 생산력뿐만 아니라 저서생태계의 생산력도 높고, 저서생태계에서 생산된 물질이 먹이망을 통해 어류에 전달되기 때문에 어류는 전 수층에 분포한다.

어류는 인류가 이용할 수 있는 가장 중요한 수산자원 중의 하나이다. 생산력이 높은 어장은 주로 대륙붕이 넓게 발달하거나 용승으로 인해 수괴 내로의 영양공급이 원활한 해역에 형성되어 있다. 그러나 대륙붕이라고 해서 모두 생산력이 높은 것은 아니다. 북서유럽과 한국 및 일본 근해, 남아메리카의 서부에 있는 용승해역에서는 다량의 어류가 잡히지만, 남아메리카 서부 해역을 제외한 남반부 해양과 열대해역은 어업생산량이 크게 떨어진다.

황해는 남획으로 인해 자원이 감소하고 자원 조성이 변화된 대표적인 해역 가운데 하나이다. 이 해역에서는 1960년대까지 어획량이 계속 증가했으나 1970년대 남획의 징후가 나타나다가 최근 뚜렷이 감소하고 있다. 또한 황해 어획물 조성 측면에서

김웅서

남해안 양식장

남해 연안해역은 생산력이 높아 좋은 양식장이 된다.

1960년대에는 어류가 80% 이상을 차지하였으나 1980년대 말에는 50% 이하로 감소했고, 1960년대에 10% 미만이었던 새우 · 게 등이 20% 이상으로 증가했다. 또한 2000년대에는 멸치와 참돔 등의 어획량이 크게 증가한 대신 갈치, 강달이류, 갯장어 등의 어획량은 크게 감소해 어획되는 어종이 크게 변화했다.

이와 같이 주 어종과 어획물 조성의 변화는 생태계의 변화를 의미한다. 이러한 변화는 해수 순환과 같은 환경적인 변화가 영향을 주었을 뿐만 아니라, 남획 및 지구온난화와 같은 인류 활동에 의한 영향 또한 간과할 수 없는 원인으로 추정된다.

명정구

양식장에서 유영하는 물고기들

● 외양해역

외양해역은 연안해역 바깥쪽 수심 200m 이상 깊은 바다의 수계환경을 말한다. 이곳은 전체 해양면적의 91%를 차지하며 전체 해양수의 99.8%를 포함한다. 외양해역은

표영생태계의 먹이망

1차 생산자로부터 2차 생산자, 소비자 등 먹이망이 다양하게 구성되어져 있다.

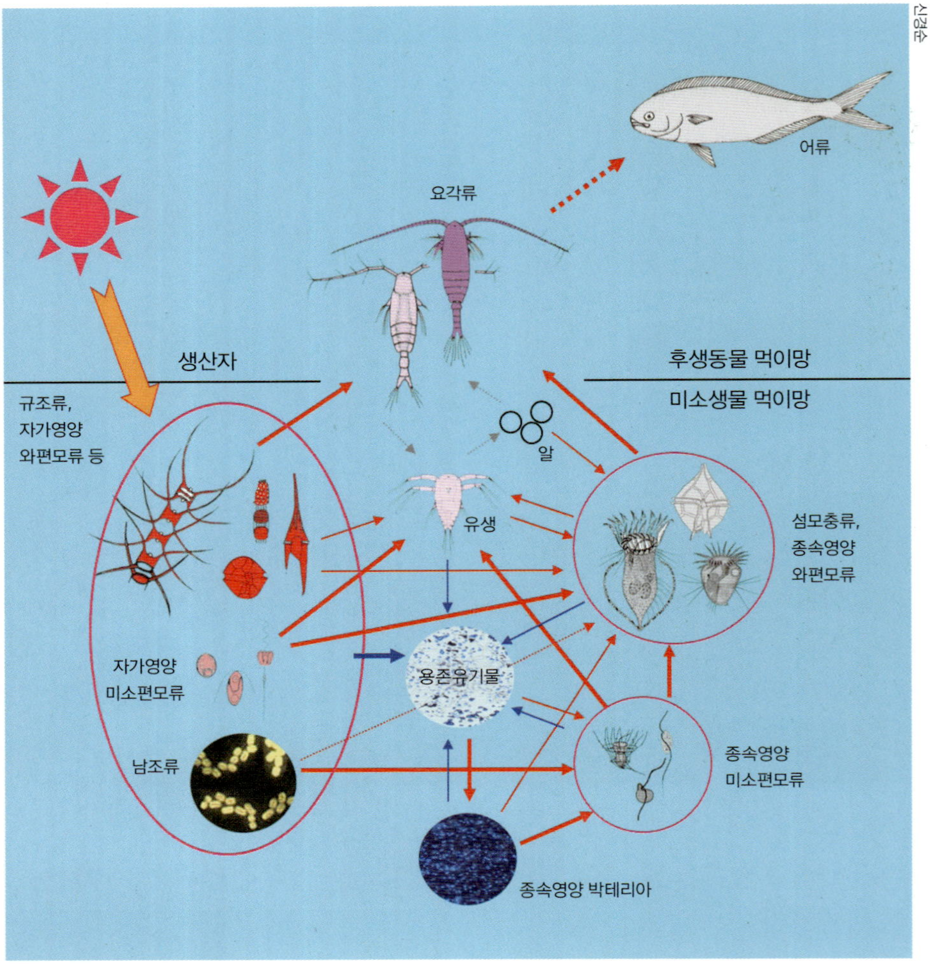

수심이 깊기 때문에 광이 투과되는 유광층과 광의 유입이 없는 무광층으로 구분된다.

유광층은 표층표영계(epipelagic zone)로 수심 100~200m 이내에 존재하며, 광합성이 일어나는 생산층이다. 유광층은 수계 환경의 매우 작은 부분에 해당하지만 해양에서 일어나는 유기물 생산의 대부분을 담당하고 있는 해역이기 때문에 가장 많은 해양생물이 서식하고 있다. 그 밑의 수심은 광이 약한 박광층이거나 무광층이다. 박광층에 해당하는 중층표영계(mesopelagic zone)는 수심 200~1,000m 사이로, 광합성에 의한 유기물 생산이 상부에서 다소 일어나지만 그 양은 매우 적다. 이처럼 기초생산이 거의 없기 때문에 이곳에 사는 생물들은 주로 표층에서 침강하는 유기물에 의존해 생활한다. 광의 유입이 전혀 없는 무광층인 심층표영계(abyssopelagic zone)는 해양 환경 중에서 가장 변화가 없는 안정된 곳이다. 빛이 전혀 없기 때문에 식물이 없는 대신 동물이 생태계의 주 역할을 맡는다.

식물플랑크톤

외양해역의 식물플랑크톤 분포와 1차생산력은 위도와 수심에 따라 큰 차이를 보인다. 열대의 외양해역은 연중 태양광이 강하고 부유물질의 양이 적어 표층에 투입된 광이 깊이 투과한다. 그러나 연중 영구 수온약층(permanent thermocline)이 형성되어 영양염이 풍부한 심층수가 표층수와 섞이지 못한다. 이 결과 식물플랑크톤의 성장에 필요한 광 조건은 다른 외양해역에 비해 좋은 조건을 갖추고 있지만 영양염이 충분히 공급되지 못해 식물플랑크톤의 대발생이 일어나지는 못한다. 온대의 외양해역은 열대해역과 달리 계절적인 변화가 뚜렷해 식물플랑크톤이 봄과 가을에 대량으로 발생하고, 현존량은 1년에 두 번 큰 증가를 보인다. 그러나 여름과 겨울에는 현존량이 낮다. 고위도에 위치한 아한대, 한대의 외양수역은 수온이 낮고 광량 또한 적은 것이 특징이다. 겨울에는 대부분의 수역이 얼음으로 덮이며, 태양광은 식물플랑크톤이 충분하게 광합성을 할 만큼 입사되지 못한다. 대부분의 식물플랑크톤은 이러한 조건에서 성장하지 못하고 휴면상태로 겨울을 보낸다. 이들은 얼음이 녹는 늦봄이 되어, 태양광이 증가하면 발아하기 시작해 여름에 급격히 증가한다. 그러나 가을이 되면서 태양광이 감소하면 다시 성장이 느려진다. 이러한 고위도 해역에서 생존하려면 고위도의 낮은 수온 조건과 광 조건에 적응해야 한다.

동물플랑크톤과 어류

외양해역에 서식하는 동물플랑크톤은 연안해역과 달리 일시플랑크톤(meroplankton)이 차지하는 비중이 작고 대부분 평생플랑크톤(holoplankton)이 주를 이룬다. 연안에서와 같이 요각류와 모악동물인 화살벌레가 중요 우점군으로 분포하지만, 연안해역과 달리 크기가 큰 난바다곤쟁이류와 곤쟁이류, 살파류, 해파리류 등의 조성비가 상대적으로 높다. 외양해역의 주요 우점종들은 대체로 연안해역의 주요 종들과 비교했을 때 크기가 큰 편이다. 연안해역에 비해 환경변화가 심하지 않아 오랫동안 성장할 수 있기 때문인 것으로 보인다.

외양해역의 1차생산도 유광층에서 식물플랑크톤에 의해 이루어지므로, 소비자인 어류도 표층 부근에 많고 수심이 깊어지면 적어진다. 외양해역은 1차생산력이 낮아 먹이가 적고 포식압력이 크지만, 넓은 서식 공간이 있어 이 환경에 적응하기만 하면 많은 생물이 살아갈 수 있다는 장점이 있다. 이렇게 단점을 극복하고 장점을 이용하는 방향으로 적응된 생물들이 많아 다양한 어류가 채집된다. 어류는 대양의 전 해역에 걸쳐 분포하고 있으며 활발한 운동력을 지니고 있기 때문에, 그들 자신의 분포를 능동적으로 조절함으로써 생존 기회를 증진시킨다.

저서생태계

해양 저서생태계는 해저의 환경과 그곳에 살고 있는 해양 저서생물과의 상호관계가 형성되어 변화와 균형을 유지하고 있는 곳을 일컫는다.

최진우 한국해양과학기술원

생태계가 어떤 일정지역에서 생물과 서식환경과의 상호관계를 유지하고 있는 곳이라면, 해양 저서생태계는 해저의 환경과 그곳에 살고 있는 해양생물(저서생물)과의 상호관계가 형성되어 변화와 균형을 유지하고 있는 곳을 일컫는다.

해양 저서생물(benthos)은 크게 광합성을 할 수 있는 저서식물과 이들의 생산물을 먹이로 취하는 저서동물로 나눌 수 있다. 저서동물은 그들의 운동 능력에 따라 이동 능력이 있는 종들과, 기질에 부착해 살고 있는 고착성 저서생물 등으로 나눌 수 있다. 또한 그들의 생활 양식이나 섭식 양식에 따라 분류하기도 하는데, 서식하는 곳에 따라 분류하면 퇴적물 내부에서 주로 생활하는 동물을 내서동물(endobenthos 또는 infauna), 표층에서 주로 서식하는 종들을 표서동물(epibenthos 또는 epifauna)이라고 한다. 그중 이들의 중간 형태를 보이는 종들도 있다. 한편 먹이를 취하는 방식에 따라서는 해수 중의 부유물질을 걸러서 먹는 부유물식자(suspension feeder), 퇴적물을 먹이로 취하는 퇴적물식자(deposit feeder), 해조류를 먹는 초식자(herbivore), 다른 동물을 먹는 육식자(carnivore), 죽은 동물을 먹이로 취하는 부식자(scavenger), 자신이나 다른 동물의 배설물을 먹는 배설물식자(coprophager) 등 다양하게 나눌 수 있다. 뿐만 아니라 크기에 의해서도

최진우

남해안 백도 암반조간대의 부착생물 띠분포 상부역에 거북손, 그 아래에는 검은큰따개비, 격판담치, 녹조류, 석회조류 순으로 부착

나누고 있는데, 육안으로 형태의 식별이 가능한 5cm 이상의 동물을 거대형저서동물(megafauna), 몸체가 1mm에서 5cm 이하의 동물을 대형저서동물(macrofauna), 32μm에서 1mm 이하의 동물을 중형저서동물(meiofauna), 32μm 이하의 동물을 소형저서동물(microfauna)이라고 부른다. 이와 같이 저서생물을 다양하게 분류하는 것은 이들이 다양한 서식 환경에 따라 다양한 형태로 적응하고 있기 때문이다.

일반적으로 해양의 저서환경에서 다양한 종류의 대형저서동물이 섞여서 살아가는 집단을 대형저서동물군집이라고 말한다. 우리가 바닷가 암반이나 갯벌, 그리고 천해의 바닥을 관찰하면 2차원 평면 공간이나 퇴적물 내의 3차원 공간에 다양한 종류의 생물이 살고 있는 것을 볼 수 있는데, 이들의 구성원인 저서동물의 종류는 그들의 생태학적 기능과 생활사 특성에 따라 각 환경에서 달라진다.

김웅서

저서동물의
다양한 서식지

① 암반
② 갯벌
③ 백사장

저서생태계에서 가장 많은 비중을 차지하고 있는 것은 무척추동물인 저서동물이다. 이들의 생활사적 특성으로는 빠른 성장과 성숙, 많은 수의 자손 생산, 짧은 수명 등을 가진 종(r-selection 종)과 느린 성장, 적은 수의 자손 생산, 부모의 보육, 긴 수명, 큰 몸체 등의 특징을 가진 종(K-selection 종)으로 나눌 수 있다. 이 두 가지 유형의 생활사는 해양환경이 심하게 교란된 환경과 인위적인 교란이 전혀 없는 해양환경에서 각각 나타난다. 실제 저서환경에서는 이 두 유형의 생활사를 가진 종들이 서로 적절하게 섞여서 살고 있다. 아울러 무척추동물의 특징 중에 하나인 재생산 유형으로는 저서생활을 하는 성체에서 부유하는 유생을 통해 적합한 서식지를 찾을 수 있도록 확산 전략을 가진 종들이 대부분이다. 유생의 종류에도 해수 중의 식물플랑크톤을 먹으며 성장하는 소형 유생(planktotrophic larvae)과 먹이주머니를 달고서 외부 먹이에 거의 의존하지 않는 유생(lecithotrophic larvae)으로 나누어진다. 또한 유생 시기를 거치지 않고 수정란에서 어린 개체로 직접 발생하는 재생산 전략을 가진 종들도 있다. 저서동물의 이러한 생활사 전략 때문에 해수 중에는 일생을 부유 생활로 마치는 동물플랑크톤과 유생기를

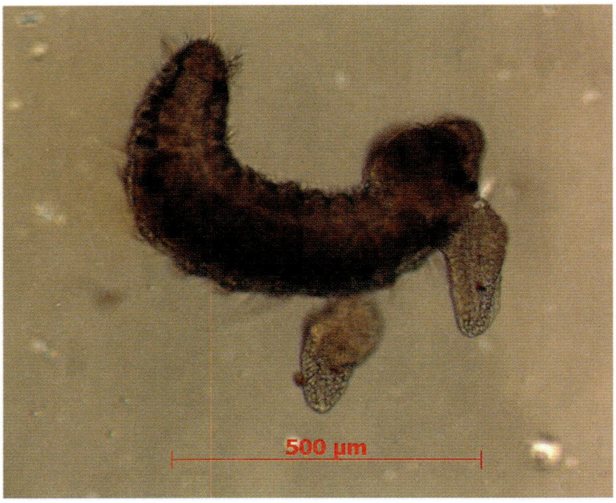

최진우

거제도 장목만의 갯지렁이 유생

얼굴갯지렁이과(*Family Spionidae*)에 속하는 갯지렁이 유생. 대략 13개 체절을 가지고 있고, 곧 해저에 착저할 준비를 하고 있는 상태

동물플랑크톤으로 보내는 저서성 무척추동물이 함께 살아간다. 특히 저서동물의 산란 시기에는 많은 유생이 동물플랑크톤군집의 일원으로 존재하게 된다.

일반적으로 갯벌이나 천해 퇴적물에 살고 있는 저서동물을 조사해 보면 매년 유사한 종류가 살고 있는 것을 알 수 있다. 저서생태 연구자들은 이러한 저서동물의 모임인 동물군집의 명칭을 중요한 역할을 하거나 개체수가 많은 종의 이름을 따서 붙여 왔다. 한 예로 황해의 중앙부 해역에 거미불가사리인 *Ophiura sarsi*와 집갯지렁이인 *Nothria shirikinensis*가 많이 서식하면 이들의 군집을 *Ophiura-Nothria* 군집이라 칭했다. 이와 같이 어떤 저서환경에서 시간과 무관하게 거의 동일한 종류로 구성된 저서동물군집이 형성되고 있는 현상은 그곳에 살고 있는 성체가 자손을 생산하고 유생이나 어린 개체가 그곳에 가입되는 현상이 계속되고 있음을 나타낸다. 유생이 성체가 살고 있는 환경에 다시 가입한다는 것은 저서환경에 유생을 유인하는 기작이 있거나 또는 유생 자체가 선호하는 물질이 있다는 점을 시사한다. 실제로 해양 저서동물은 저서 환경을 좌우하는 퇴적물 특성, 특히 입도의 조성에 따라서 살고 있는 종류가 다르다고 알려져 있다.

저서환경은 다음과 같이 크게 네 종류의 계로 나눌 수 있다. 첫째로는 육지와 가장 인접한 조간대 지역이 있고, 둘째로는 수심이 얕아서 인간이 가장 많이 이용하고 있는 연안역에서 대륙붕에 이르는 천해저가 있다. 셋째로는 대륙사면에서 대양저 및 해구역에 이르는 깊은 수심의 심해저가 있고, 마지막으로 심해저 중 유기물 합성이 화학합성으로 이루어지는 열수분출공이나 냉용수 지역을 별도의 저서환경으로 구분할 수 있다. 이러한 네 가지 해양 저서환경들은 각자 독특한 특징을 가지고 있기에 그곳에 적응하여 살고 있는 저서생물도 종류와 기능에 있어서 서로 다른 면을 보인다.

● 조간대

조간대는 조석간만의 차이에 의해 생기는 지역이다. 조간대는 드러나는 바닥의 종류에 따라 크게 암반 조간대, 모래 조간대, 펄 조간대 등 세 가지 유형으로 나눌 수 있다. 우리나라에서는 조석간만의 차이가 최대 약 10m에 이르며, 서해안의 경기만과 군산

일대에 수 킬로미터에서 20km에 이르는 매우 넓은 갯벌이 형성되어 있다. 암반 조간대는 남해안과 동해안에 발달해 있다.

조간대 암반생태계는 생물의 서식지가 펄이나 모래로 이루어진 3차원의 갯벌과는 달리 2차원적 평면으로 구성되어 있고, 간조와 만조에 의해 서식지가 공기 중에 노출되는 열악한 환경이라는 것이 특징이다. 따라서 암반 조간대에 적응한 저서생물들은 부착성 · 이동성 저서동물이 주요 구성원이다. 암반 조간대에서 가장 눈에 띄는 현상은 부착생물들이 암반에 수직으로 분포하고 있다는 것이다. 이를 띠 분포(zonal distribution) 또는 대상분포(zonation)라고 하는데, 이러한 분포를 보이는 이유는 매우 복잡한 서식지 환경과 생물들 간의 상호작용이 만들어 낸 결과이다.

겉보기에 나타난 암반 부착생물의 띠 분포는 매우 복잡한 기작의 결과물이다. 불가사리와 같은 포식자나 성게나 삿갓조개와 같은 초식자류의 활동 정도에 따라서도 지역 간에 차이를 보이고, 서식지 공간경쟁을 하는 두 종의 개체군 생활사에 의해서도 달라지기 때문이다. 포식자와 같이 암반생물의 현존량이나 종류를 조절하는 역할을 담당하는 종을 중추종(keystone species, 핵심종)이라고 한다. 갯벌이나 천해와는 달리 암반에서는 이들 중추종의 존재와 역할을 좀 더 잘 알 수 있다.

한편 바닷가 바위해안에서는 파도에 의해 수위보다 더 위쪽으로 물방울이 튀어 오르는 것을 관찰할 수 있다. 이러한 파도 작용으로 인해 상당히 높은 바위틈에서도 총알고둥, 조무래기따개비 종류와 담치, 거북손 등과 같은 저서동물이 서식한다. 그 아래로 갈수록 굴, 검은큰따개비, 녹조류 및 갈조류 등 점차 많은 수의 저서동물이 파도와 노출에 견디는 정도에 따라 분포한다.

최근에는 지구온난화와 해수의 수온 증가로 아열대나 열대의 해양생물이 온대 수역으로 가입하는 빈도가 늘어나고 있다. 또한 자연 상태에서는 절대 이동이 불가능했던 남반부와 북반부의 유사 위도에 사는 생물들이 대형 선박의 평형수 같은 인간 활동의 결과로 이동되어 서식이 가능해졌다. 이런 경우 적절한 조절자가 없어서 원래의 생물군집을 교란하여 종 다양성 감소와 더불어 수산생물의 피해 등을 초래한다. 특히 부착생물을 수산생물로 대량으로 양식하는 굴, 담치, 가리비 등의 저서동물과 미역, 모자반, 다시마와 같은 대형 해조류 양식장에서는 멍게류와 같은 부착성 외래유입종(Non-indigenous Invasive Species, NIS)에 의한 피해가 막대하다. 수산생물과의 공간 및 먹이 경쟁, 양식 그물의 막힘 등은 수산 양식 산업에 직간접적인 피해를 준다. 이러한 외래유입종을 감시하는 방법으로 암반 생물군집을 감시하거나 인공부착 기질을 유입 통로에 투입해 감시하는 방법이 사용되고 있다.

갯벌생태계의 주요 구성원은 크기에 따라 네 종류로 나누어 볼 수 있다. 먼저 조간대의 주요 구성원은 바닷새, 저서어류 등의 거대형저서생물(megabenthos)이다. 또한

최진우

남해안 백도 조하대 인공부착판의 저서생물 ①
2011년 9월 27일, 수심 3m에 투입, PVC 인공부착판에 형성된 부착생물군집. 흰따개비, 만두멍게, 이끼벌레, 석회관갯지렁이 등이 우점

제주도 서귀포항 인공부착판의 부착생물 ②
2011년 10월 5일, 수심 3m에 투입, 분홍멍게가 가장 우점했고, 청각과 파래, 다양한 소형 이끼벌레 등이 부착

갯벌 안의 수 센티미터 크기의 다양한 생물은 대형저서생물(macrobenthos)이라 하는데, 칠게, 길게, 밤게 등의 게류, 왕좁쌀무늬고둥, 민칭이, 동죽, 바지락 및 갯우렁 등의 연체동물, 퇴적물 속에 사는 갯지렁이 등이 여기에 속한다. 그 외에 갯벌의 흙 속에서 하나의 모래입자에 미생물과 1차생산자인 저서 규조류가 부착해 살고 있다.

저서생물의 서식지 환경이 모래나 펄로 구성된 곳은 조차에 따라 규모에 차이를 보이지만 비교적 평평한 지형을 가지는 곳을 갯벌이라 한다. 갯벌에 서식하는 생물은 환경의 영향을 받아서 생태계의 구성원과 현존량에 차이를 보이게 된다. 조간대의 대표적인 환경 특성은 간조 시에 바닷물로부터 저서생물이 드러나는 시간이다. 이러한 대기 노출 시간의 길고 짧음에 따라 반응하는 저서생물의 내성 차이에 따라서, 조간대에서 흔히 볼 수 있는 조위에 따른 띠 형태의 수직분포(이를 대상분포라고도 함)가 나타난다. 가장 대표적인 띠 분포는 암반해역에 형성된 해조류의 분포 양상이며, 조위에 따라 모래나 갯벌에서도 서식하는 저서동물군집의 종 조성에 차이를 나타낸다. 이러한 조간대의 환경적 특성으로 인해 노출에 내성이 강한 종들만이 살아남아, 정상적인 천해역의 저서생물군집에 비해 서식하는 종의 수가 적은 것이 일반적이다. 반면 서로 경쟁하는 종의 수가 다른 저서생태계보다 비교적 적기 때문에 조간대 저서생태계의 현존량과 생산성은 비교적 높다. 우리가 흔히 식용으로 이용하는 참맛, 동죽, 바지락 등의 연체동물이나 낚시 미끼용으로 많이 사용하는 갯지렁이류는 주로 조간대에 서식하는 종들이다.

조간대 갯벌의 대형저서동물에 의한 연간 2차생산량 추정은 갯벌에서 먹이를 취하는 어류와 철새의 먹이량을 가늠하게 한다. 대형저서동물도 갯벌의 정화 능력을 분담하고 있기 때문에, 저서동물의 2차생산량 추정은 갯벌생태계의 기능을 파악하는데 있어서 중요한 변수의 하나다.

한국에서 조사된 저서동물의 2차생산량은 주로 수산생물을 대상으로 수행되었고, 연체동물의 이매패류에 치중되어 있다. 주요 이매패류들의 2차생산량을 비교하면 전반적으로 바지락의 연간생산량이 가장 탁월한 것으로 나타났고(최대 309.76gDW·m^{-2}·y^{-1}), 다음은 가리맛조개(149.9gDW·m^{-2}·y^{-1}), 동죽(67.9gDW·m^{-2}·y^{-1}), 맛조개(2.83gDW·m^{-2}·y^{-1})의 순이었다. 2차생산량과 현존량과의 비율로 나타내는 회전율(P/B ratio)은 바지락의 경우 1.0~1.6 사이의 값을 보였다. 패류의 2차생산량은 지역 간에 큰 차이를 보였는데, 바지락의 경우를 보면 광양만 갯벌 조간대에서 생산량이 최대 309.76gDW·m^{-2}·y^{-1}을 보였으나 가로림만 갯벌 조간대산의 경우에는 50.3gDW·m^{-2}·y^{-1}에 불과했다. 또한 동일한 광양만 갯벌 조간대에서도 지역(조고)에 따라 연간생산량이 약 250gDW·m^{-2}·y^{-1} 정도의 차이가 발생하고 있음을 알 수 있다. 이것으로 볼 때 패류의 서식밀도, 성장, 가입, 사망 및 연령군 강도 등 패류의 연간 생산량을 지배하는 주요 요인들이 서식환경에 따라서 큰 차이를 나타내는 것으로 추측된다. 이매패류 이외에도 서해 갯벌의 상부역에서 분포하는 갯지렁이는 낚시 미끼로 많이 어획되고 있는데, 인천 영종도 주변 갯벌에서의 2차생산량은 연간 29.4gDW·m^{-2}·y^{-1}에 이르고 회전율(P/B ratio)도 3.4에 이른다.

김웅서

조간대 갯벌의 붉은발농게

밀물과 함께 조간대에 유입한 저서어류나 새우, 꽃게 등의 갑각류는 조간대에 산란도 하고 간조 시에 외해로 나간다. 때문에 조간대의 습지는 어린 치어나 갑각류가 안전하게 피신하고 성육할 수 있다는 장점이 있으며, 이러한 까닭에 조간대는 산란장과 성육장의 역할을 하고 있다. 한편 조간대 갯벌에 유입되는 유기물은 미생물에 의해 분해되어 무기영양염으로 바뀌고, 이 영양염은 간조 시에 저서 규조류에 의해 광합성 작용으로 다시 유기물로 변화되어 다양한 크기의 저서동물이 소비하며 호흡과 성장을 한다. 따라서 조간대는 외해에서 유입되거나 현장에서 생성되는 유기물의 소비를 통해 환경을 정화하는 기능도 가지고 있다.

● 천해

천해 저서생태계는 조간대와 200m 이상의 심해저를 제외한 해양 저서지역을 포함하며, 지역이나 군집의 특성에 의해 하구역, 조하대 암반 및 연성퇴적물 지역, 해초 군락지 또는 열대의 산호초 해역 등으로 나눌 수 있다.

천해 저서생태계는 육지로부터 유기물과 영양염, 오염물질 등이 많이 유입되는 곳이다. 최근 들어 식물플랑크톤의 과다한 1차생산에 의해 적조가 발생하거나 양식이 성행하는 곳에서는 유기물이 해저에 쌓여 빈산소 또는 무산소 수괴가 형성된다. 이러한 유기물 오염 해역에서의 저서동물 군집은 산소 농도 감소에 따른 적응력의 차이에 따라 서식 종류가 변화하게 되는 군집 천이가 일어난다. 그리하여 산소 농도가 높은 정상적인 천해역의 저서동물군집에는 몸체가 크고 종간 경쟁력이 강한 균형종(equilibrium species)이 우점한다. 또한 유기물 오염 정도에 따라 몸체가 작고 화학적 스트레스에 내성이 강한 종들로 대체되면서 소위 오염지시종(pollution indicator)만 남게 된다. 오염된 내만에서도 겨울에는 저층의 용존산소가 높아져 저서동물이 서식할 수 있게 되는데, 이 때 오염 진행방향과 반대방향으로 군집천이가 일어나 무생물환경에서 오염지시종 군집, 기회종 군집, 균형종 군집 순으로 변화가 진행된다. 유기물 오염에 의한 적조 발생과 여름 성층화 현상으로 저층에서의 용존산소가 과도하게 소모되면 빈산소 또는 무산소 상태가 되고, 이로써 저서동물이 살 수 없는 해역 즉, 데드 존(dead zone)으로 변한다. 전 지구적으로 약 400개의 해역이 데드 존으로 변했고, 한국에도 시화호, 영산강 하구역, 가막만, 진해만 등 4개 해역에서 매년 빈산소 해역이 나타나는 데드 존이 존재한다.

일반적으로 천해 저서생태계의 저서동물은 군집 유지를 위해 크게 두 가지 생활사 전략을 사용한다. 하나는 종간경쟁력이 강한 종이 적은 수의 자손을 가장 유리한 시기에 재생산하는 것이다. 다른 하나는 몸체가 작아 경쟁력은 약하지만 성장과 성숙이 빨라 짧은 기간에 자손을 배출할 수 있거나 연중 재생산이 가능하여 빈 공간에 자손을 공급하는 전략이다. 이러한 각 종의 생활사 전략으로 천해 저서동물들은 적합한 서식지를 점유하게 되며, 거의 유사한 종들이 계속해서 유지되고 있는 것을 알 수 있다. 이러한 현상은 전 세계적으로도 유사한 환경에서 유사한 저서동물의 종들이 모인 군집이 나타나는 현상을 보인다. 이와 같이 어떤 지역에 특정한 종이 상당히 오랜 기간 지속적으로 존재한다는 것이 밝혀졌고, 이러한 저서생물의 모임에 주요 우점종의 이름을 따서 군집 이름을 붙였다. 예로서 수심 10m 내외의 천해역에 가장 우점하는 이매패류인 *Macoma balthica*을 비롯한 *Arenicola marina, Mya arenaria, Cadium edule* 등의 저서생물 모임은 최우점종의 이름을 따서 '*Macoama balthica* 군집'으로 명명하였다. 이러한 방법으로 스칸디나비아 해역의 조하대 천해역을 다양한 군집으로 명명하였다.

천해 저서생태계도 복잡한 먹이망(food web) 구조가 있다. 상위영양군 종은 먹이가 되는 바로 아래 하부영양군의 수를 적절히 조절해 그 다음 단계에 있는 영양군의 현존량을 적정 수준으로 유지하게끔 한다. 만일 이 종이 없어질 경우 포식 압력이

김웅서

열대해역의 천해 해초 군락

낮아져 이 종의 먹이 생물이 급격히 증가하고, 결국 그들도 먹이 부족으로 개체군이 급감하여 전체 군집이 붕괴되는 현상을 볼 수 있다. 이 때 중요한 위치에 있는 종을 중추종이라 한다. 실제로는 이러한 중추종의 존재를 발견하기가 쉽지 않은데, 이를 위해서는 군집 구조를 조절하는 역할을 맡은 종을 찾기 위한 현장 실험을 수행해야 한다. 특히 중추종은 상위 영양 단계와 하위 영향 단계의 구성원들 모두에게 영향을 미치는 종이므로, 실험과 실제 현장에서의 결과에서 차이를 보일 수 있고 실험 자체가 어려운 경우도 많다.

천해 해초 군락의 기능은 높은 1차생산뿐만 아니라 뿌리를 이용해 퇴적물을 안정시키고 퇴적물을 붙잡기도 해 다양한 저서동물들의 서식지 및 피난처로서 역할을 한다. 특히 해초 군락은 어류와 새우류 등의 산란 성육장으로 이용된다.

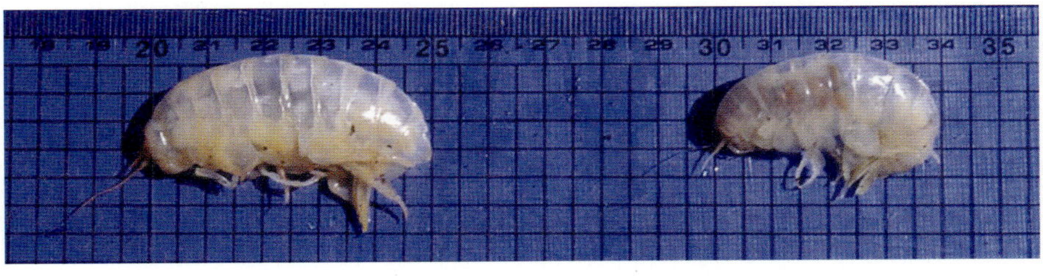
최진우

심해 대형 단각류

북동태평양의 수심 5,000m에서 채집된 심해생물. 거대증(gigantism)을 나타내는 사례로 단각류의 몸체 크기가 약 5cm, 체고도 2cm에 이른다.

북동태평양 심해저 평원의 심해 꼬리해삼

김웅서

● 심해

모든 저서생태계의 기본 영양원은 광합성을 수행하는 1차생산자 또는 이들의 생산물질인 유기물이다. 그러나 심해 저서생태계에는 1차생산자가 존재하지 않기 때문에 심해 저서생태계를 유지하는데 필요한 유기물은 표층에서 가라앉는 죽은 생물체로부터 유래한다. 사체는 심해저에 도달하는 동안 미생물에 의해 많은 부분이 분해된다. 결국 심해저 생태계는 유기물이 제한적으로 공급되어 먹이 자원이 부족한 것이 일반적이다. 한편 퇴적물 내의 유기물 함량은 표층에서 무게비로 따지면 0.6%에 불과한데, 대부분의 연안에서 2% 내외인 것과 비교하면 매우 낮은 수치다.

수심에 따른 심해 저서동물의 분포양상을 보면, 거대형 저서동물의 경우 1,000m 부근에서는 연체동물과 자포동물이 우점하다가 수심이 깊어짐에 따라 극피동물인 해삼류와 불가사리류가 우점하는 양상을 보인다. 대양저에서는 거미불가사리와 해면동물, 말미잘 등이 우점한다. 심해 저서생물은 몸체가 매우 작거나(왜소증, dwarfnism) 매우 큰 것(거대증, giantism)이 특징이다. 거대증의 대표적인 종으로는 심해산 대형 단각류(amphipods)와 말미잘이 있다. 그러나 대부분의 심해생물은 천해역의 저서동물과 비교해서 왜소하다.

섭식 유형에 있어서도 수심이 깊어짐에 따라 변화하는데, 천해역에 비해 여과식자의 비율이 감소하여 크게는 7%까지 낮아진다. 이러한 군집 내 섭식 유형의 조성이 변화하는 이유는 심해에서의 해류가 10cm·sec^{-1} 내외로 매우 약하고, 해수 중에서 공급되는 부유물질의 양이 적어지기 때문이다. 이 결과 심해 저서동물의 80% 이상이 퇴적물식자로 이루어지게 된다.

이와 같이 심해의 저서생태계는 화학합성이 가능한 열수분출공이나 냉용수 지역을 제외하면 에너지원인 유기물의 공급이 광합성이 가능한 해수 표층에 한정되어 있다는 점에서, 해수-저서 연계성(pelagic-benthic coupling)의 중요성이 크다. 따라서 해수 표층에서의 1차생산량은 1~2년의 시간 차이를 가지고 저서생물의 조성과 현존량에 변화를 가져온다. 적도 태평양 해역의 심해 저서생물군집의 경우 엘니뇨-라니냐 변동에 의해 해저에 공급되는 유기물량이 감소하면서, 일부 분류군에서는 개체군 밀도가 감소하기도 한다. 이에 반응하여 일부 종에서는 개체군 크기가 오히려 증가하는 양상을 보이기도 한다.

심해 저서동물의 생활사를 보면 연중 재생산을 한다는 특징을 나타낸다. 또한 일부 거미불가사리는 표층의 1차생산량과 동일한 시기에 재생산을 하고 있어서 계절적인 주기성을 가진 것으로 추측되고 있다. 일반적으로 저서동물군집을 유지하기 위한 재생산 전략은 대략 세 가지로 분류되는데, 수정란을 난황 없이 플랑크톤으로 배출하는 방법과 난황을 가진 플랑크톤으로 배출하는 방법, 또는 부화할 때까지 어미가 지니고 보호하면서 직접 가입하게 하는 방법 등이다. 심해에서는 소량의 난에 난황을 부착시켜 배출하거나 플랑크톤 시기를 가지지 않는 것이 전반적인 재생산 전략이다. 심해의 저서동물군집은 가입이 매우 느리게 진행되기 때문에 균형 상태에 이르는데 많은 시간이 소요된다.

과거에는 심해저에 생물이 없을 것으로 생각했고, 있더라도 사막의 경우처럼 개체가 매우 적을 것으로 여겨져 왔다. 그러나 1960년대 초에 다양한 채집기를 사용한 집중적인 연구 결과 심해에는 매우 다양한 생물 군집이 존재한다는 것이 밝혀졌으며, 종 다양성도 높은 것으로 밝혀졌다. 심해에서 군집이 높은 종 다양성을 보이는 것은, 각 종이 가지는 개체수는 적지만 많은 종들이 균등하게 분포하고 있기 때문이다. 이에 대한 가설로는 안정성-시간 가설(stability-time hypothesis), 교란 이론(disturbance theory) 및 면적 가설(area hypothesis) 등이 있다. 안정성-시간 가설은 안정된 환경이 오래 유지됨으로써 종들이 먹이와 서식지에 맞춰 특정한 방향으로 진화해 왔기 때문에 종 다양성이 높다는 이론이다. 교란 이론은 포식자가 대부분인 심해생물이 자신보다 작으면 가리지 않고 먹어치우기 때문에 모든 영양 단계에서 포식압이 높아져, 어느 한 종도 많은 수의 개체수를 유지할 수 없다는 것이 그 요지다. 면적 가설은 심해저가 대단히 넓기 때문에 서식면적의 증가에 의해 종 다양성 증가가 발생한다고 설명한다. 실제로 천해역에서 포식에 의해 저서동물군집이 조절되는 것과는 달리 심해에서는 종간 경쟁과 미소서식지 분화(microhabitat speciali-zation)가 심해저 저서동물군집을 조절하는 중요 기작인 것으로 간주되고 있다.

다양한 종류의 해양생물

Various Marine Organisms

해양생물은 현미경적 크기의 미생물로부터
고래에 이르기까지 다양하다.

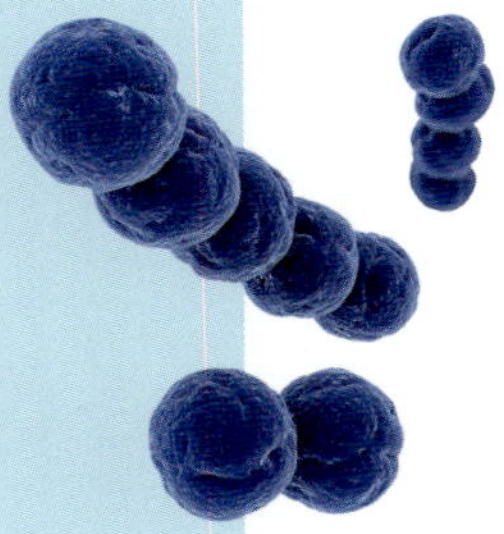

해양미생물

해양미생물은 광합성을 통해 일차생산자 역할을 담당하고 또한, 용존물질 분해작용으로 물질순환 기능의 역할자이다.

이정현 한국해양과학기술원

미생물의 일반적인 정의는 현미경을 이용해야만 관찰이 가능한 아주 작은 생물을 뜻한다. 미생물에 포함되는 생물로는 세균(bacteria), 고세균(archaea), 그리고 숙주에 기생하여 살아가는 바이러스(virus) 외에도 곰팡이, 버섯과 같은 균류(fungi)와 원생동물(protozoa), 유글레나(euglena), 미세조류(microalgae) 등이 있다. 일반적으로 미생물은 세균, 고세균, 균류 그리고 바이러스를 주로 칭한다. 특히 세균, 고세균은 미생물의 대표적인 분류군으로 핵막의 구분이 없는 단세포 생물체인 원핵생물(prokaryote)에 속한다. 반면 진균류, 원생동물, 미세조류 등은 고등생물인 식물, 동물과 같은 진핵생물(eukaryote)에 포함된다. 바이러스는 자체적으로 대사 활동을 할 수 없기 때문에 동물,

생물의 구분

식물, 동물, 미생물/진핵생물과 원핵생물의 구분

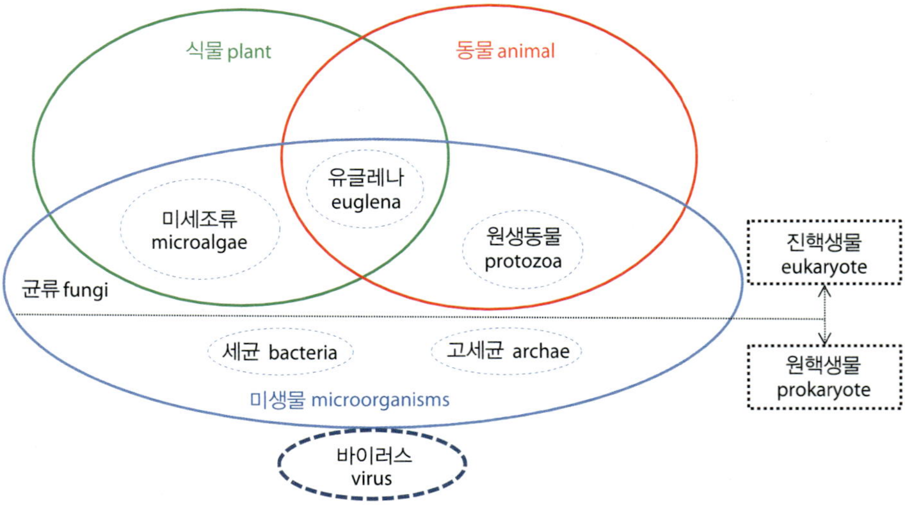

식물 그리고 미생물 등의 생물체에 감염된 이후 숙주를 통해서 대사 및 생장을 보이므로 가장 단순한 미생물로 간주한다.

해양미생물의 형태는 구형, 막대형, 나선형 등으로 매우 단순하다. 따라서 미생물의 형태적 특성은 분류에 있어 중요한 기준으로 이용되지 않는다. 대신에 세포 염색, 세포막 등의 세포 성분 특성과 배양된 미생물 세포의 생리·생화학적인 성질이 전통적인 분류 기준으로 많이 이용되어 왔다. 최근 분자생물학 기법이 발전된 이후에는 유전자 마커(주로 16S rRNA 유전자)의 염기서열을 이용한 분자 분류 방법이 가장 중요한 기준으로 사용되고 있다.

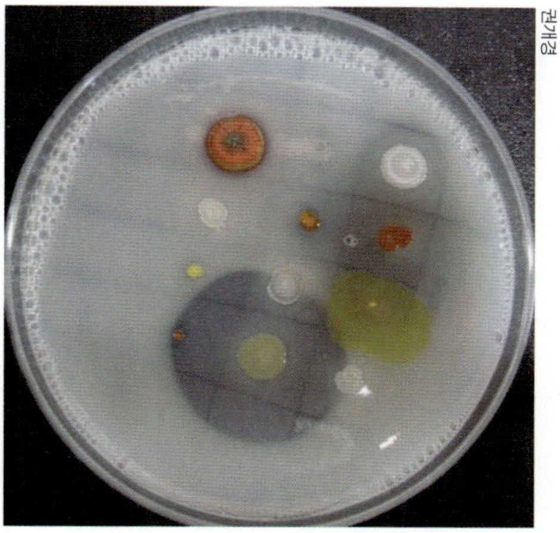
권개경

미생물 배양

대부도 갯벌에서 분리된 미생물 군락(colony)

해양미생물은 다른 생물체에서는 볼 수 없는 다양한 물질대사(metabolism) 능력을 가지고 있다. 이는 유전적 다양성(genetic diversity)에 기인하는 것으로 다양한 생화학 반응 능력을 보여준다. 이들은 유기물질을 분해해서 에너지를 얻을 뿐만 아니라 광에너지(광합성) 혹은 유기물 유래의 화학에너지(종속영양성)를 에너지원으로 이용하기도 한다. 또한 산소를 필요로 하는 호기성 미생물, 산소에 의한 독성작용을 나타내며 산소가 전혀 없는 조건에서만 자라는 혐기성 미생물, 그리고 형편에 따라 양쪽 조건 모두에서 자라는 통성혐기성 미생물도 있다.

● 해양미생물의 서식환경과 특징

해양미생물은 해수와 퇴적물에 자유롭게 서식하거나 유·무기물질 표면에 부착해서 살아간다. 혹은 해양 동·식물과 공생관계를 형성하기도 하며, 때로는 숙주 생물에 병을 일으키는 등 다양한 관계를 유지하면서 서식한다. 또한 해양의 대표적 극한 환경으로 온도가 400℃까지 올라가는 해저화산의 열수분출공 분출물, 수압이 1,000기압에 이르는 마리아나 해구, 해저퇴적층 아래 수백 미터의 환경(해저저층, subsurface)에서도 서식한다. 해양미생물은 바다의 거의 모든 환경에서 살아가는 생물체이다.

해양미생물의 대표적 특성은 호염성이다. 주로 나트륨, 마그네슘, 칼슘 등의 이온이 포함된 염분이 25~40psu에 이르는 해수 조건에서 최적의 성장을 보인다. 대부분의 해양을 차지하는 심해 환경은 평균 수온이 -1~5℃이기 때문에, 해양미생물은 일부 열대지역의 표층을 제외하고 낮은 온도에서 성장할 수 있는 저온성 미생물이 대부분을 차지한다. 심해 환경의 또 다른 특징은 높은 수압인데, 이러한 환경에 적응한 호압성 미생물도 존재한다.

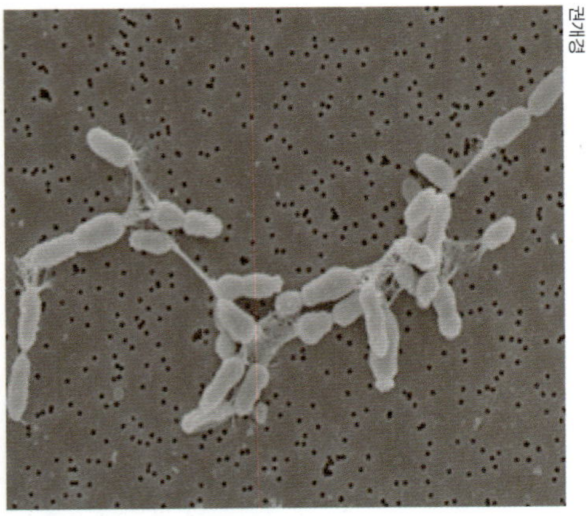

Photobacterium frigidiphilum SL13
전자현미경 사진
파푸아뉴기니(Papua New Guinea)의 에디슨 해저산(Edison Sea Mount)에서 분리한 저온성 해양미생물

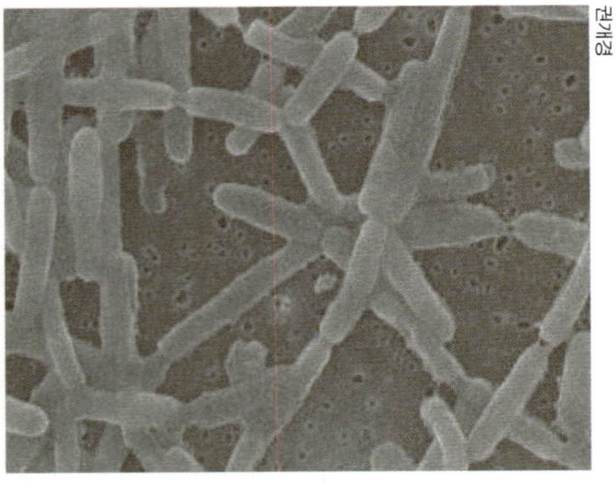

Shewanella livingstonensis A609
전자현미경 사진
러시아 바렌츠(Barents)해에서 분리한 저온성 해양미생물

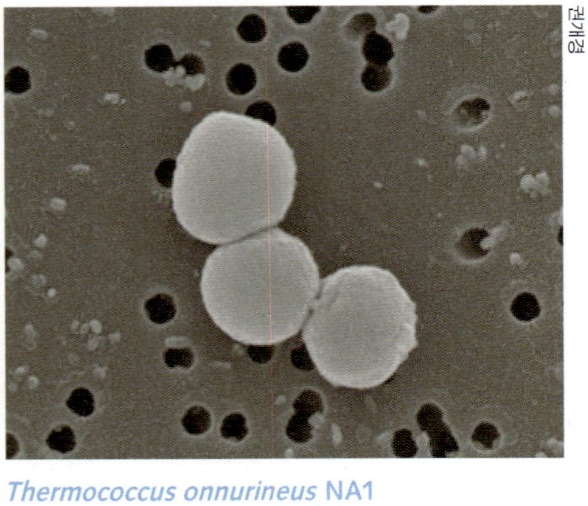

Thermococcus onnurineus NA1
전자현미경 사진
파푸아뉴기니(Papua New Guinea)의 열수분출공에서 분리한 초고온성 고세균

● 해양미생물의 개체수와 양

미국의 해양미생물학자인 휘트만(Whitman) 박사는 바다에 있는 미생물의 숫자와 양을 계산했다. 그 결과에 따르면, 바닷물, 해저 퇴적물, 심부퇴적층에 서식하고 있는 해양미생물(세균 및 고세균)의 총 개체수는 3.6×10^{30}에 이르며, 이를 생체 무게로 따지면 303×10^{15}g의 탄소를 포함한다고 한다. 이는 지구 모든 생명체에 저장된 탄소량의 60% 이상을 차지하는 것으로 추정된다.

최근 2010년에 끝난 '해양생물센서스조사(www.coml.org)' 프로젝트에서는 해양미생물이 보통 바닷물 1L안에 약 10억 마리까지 존재하며, 남아메리카 칠레 부근 바다에서는 그리스 면적만큼의 미생물매트(미생물이 밀집되어 매트 형태로 자란 형태)가 존재한다는 사실이 확인되었다. 이러한 분석들을 바탕으로 해양미생물의 무게를 환산하면 전체 해양생물체량의 50~90%에 해당되며, 이는 아프리카 코끼리 2,400억 마리, 지구 인구의 35배에 해당하는 무게와 맞먹는다고 한다.

● 해양미생물의 역할과 기능

해양생태계 내 미생물의 가장 중요한 역할 중 한 가지로 광합성 기능을 들 수 있다. 이는 이산화탄소를 고정하여 유기물을 생산하는 역할을 하기 때문에 1차생산이라고도 한다. 이들 미생물이 고정하는 탄소량은 지구 전체에서 광합성을 통해 고정하는 탄소 규모의 반 이상을 차지하는 것으로 알려졌다. 이들은 분류학적으로는 세균이지만 광합성을 하는 남색 조류라는 의미로 남조류라고 불리기도 하며, 크기와 기능을 중심으로 한 분류에서는 식물플랑크톤으로 취급되기도 한다.

최근의 연구를 통해 해양미생물, 특히 광합성을 하지 않고 영양물질을 이용하는 종속영양성 세균과 고세균도 전 지구적인 탄소순환에 있어 개체수 및 유전적 다양성, 물질대사 능력 측면에서 이전에 알려진 것보다 더 많은 역할과 기능을 하고 있음이 밝혀졌다. 지금까지는 해양생태계에서 1차로 생산된 바이오매스와 같은 유기물이 전형적인 먹이사슬을 통해 어류와 같은 최종 소비자로 전달된다고 알려져 왔다. 그러나 이외에도 1차로 생산된 많은 유기물이 다양한 생화학적인 경로와 기작으로 바로 해수에 녹아 유기물질(Dissolved Organic Material, DOM)화 되어 종속영양성 미생물(세균 및 고세균)에 의해 이용된다. 해양생태계 내 미생물은 1차생산자뿐만 아니라 분해자로의 역할도 수행하여 지구 생태계의 탄소 순환과 에너지 흐름에 관련된 시간적, 공간적 패턴을 결정짓는 주요한 인자인 셈이다.

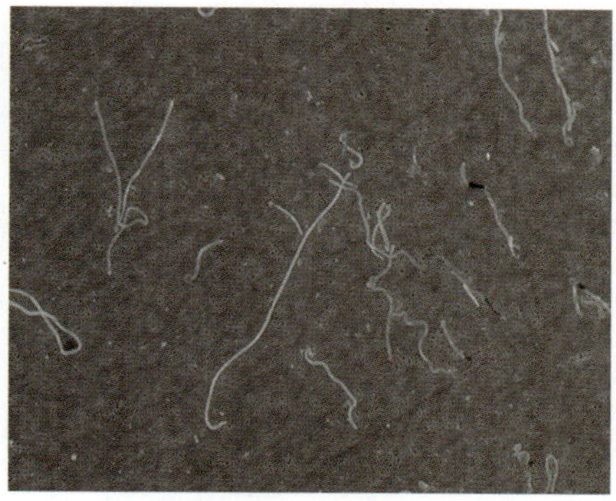
권개경

Marinoscillum pacificus MRN461 균주의 전자현미경 사진

미크로네시아 축주(Chuuk State, Micronesia)의 해변 모래에서 분리한 세균. 실처럼 길게 자란 세균은 0.1mm 수준까지 길어지기도 한다.

● 해양의 극한미생물

1977년 미국의 진화학자인 칼 우즈(Carl R. Woese) 박사는 메탄생성 미생물을 대상으로 유전자 분석법을 이용해 계통 연구를 진행했다. 그는 단순한 미생물 분류군 중 하나의 그룹이었던 고세균(Archaebacteria, 나중에 Archaea로 수정됨)을 제3의 생물 분류군으로 주장했다. 이러한 고세균류는 바닷물보다 10배나 되는 고염환경에서 자라는 호염성 미생물과, 100℃ 이상에서도 성장하는 초고온성 미생물, 산소가 없는 해저 퇴적물의 환경에서 메탄을 생성하는 자가영양성 메탄생성균 등의 극한미생물을 주로 포함한다. 메탄생성 미생물은 해저 퇴적환경에서 유입된 유기물을 이용하여 이들을 메탄으로 전환시키는 역할을 하는데, 이렇게 생성된 메탄의 양이 수조(兆) 톤에 이른다. 메탄은 연료로 이용할 수 있지만 한편으로 이산화탄소보다 강한 온실가스로도 알려져 있어 양면성을 가지고 있기도 하다.

심해저 열수구에서 분리된 메탄생성 미생물의 일종(*Methanopyrus* 116 균주)은 최고 온도에서 자라는 미생물이란 세계 기록을 보유하고 있으며, 84~110℃에서 잘 자라고 122℃에서도 생존할 수 있다는 것이 알려져 있다. 이처럼 산소가 없고 온도가 굉장히 높은 환경은 아주 옛날의 지구 환경과 비슷한 것으로 추정되어, 특수한 환경에 적응한 고세균을 생명 진화 연구에 이용하기도 한다.

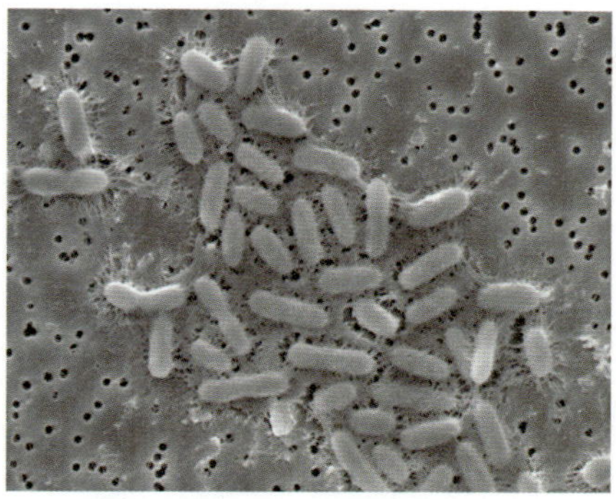
권개경

Brumimicrobium mesophilum YH207 균주의 전자현미경 사진

경기도에 있는 영흥도의 갯벌에서 분리한 세균. 몸 주변에 실처럼 보이는 것들은 세포 외부에 분비된 다당류로 추측된다.

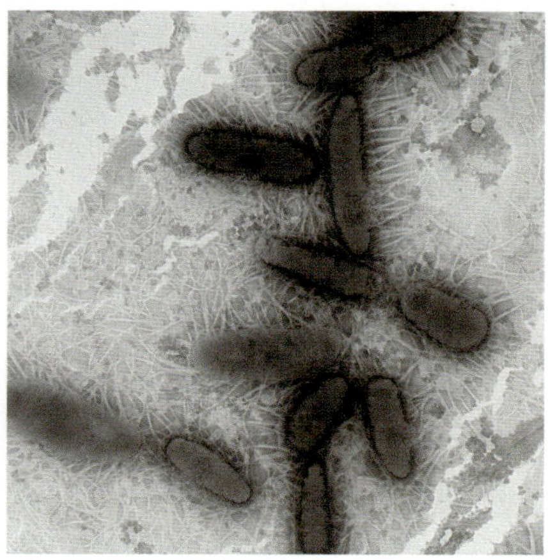
권개경

Atergatisiella uljinensis HJ101 균주의 전자현미경 사진

울진해안에 서식하는 주름송편게에서 분리한 세균

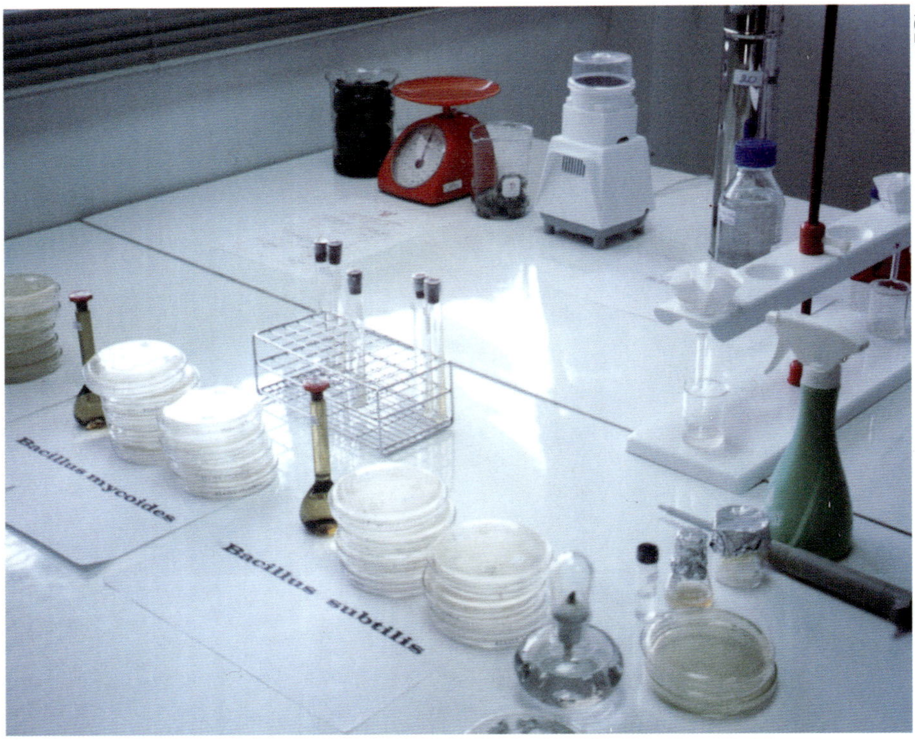

이홍금

실험장비
미생물 실험에 사용되는 다양한 용도의 기구들

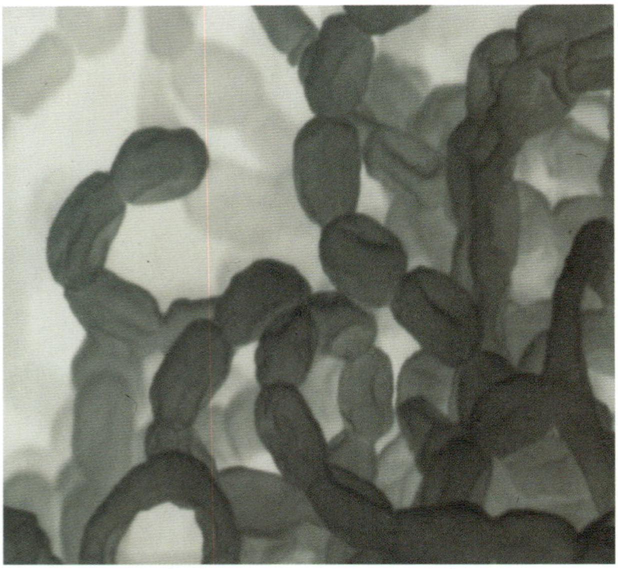

이홍금

포자사슬을 형성하는 해양방선균

해양 바이러스

지금까지 큰 관심을 끌지 못했던 미생물인 바이러스는, 해수 1mL에 백만 개가 포함되어 있다고 알려진 이후에야 많은 관심을 일으키고 있다. 이들 바이러스는 해양미생물에 감염하여 미생물 생물량의 20% 정도를 없애는 능력을 가지고 있다. 해양 바이러스의 개체수는 세균과 고세균을 더한 숫자보다 15배 더 많다고 알려져 있다. 그러나 바이러스 개체 하나의 크기가 너무 작기 때문에 이들이 차지하는 총 생체량은 미생물 양의 5%에 지나지 않는다. 이들의 역할은 부분적으로 밖에 알려져 있지 않지만, 높은 유전적 다양성을 유지하고 해양의 물질 순환에도 기능을 하고 있을 것이라는 예측은 충분한 공감을 받고 있다.

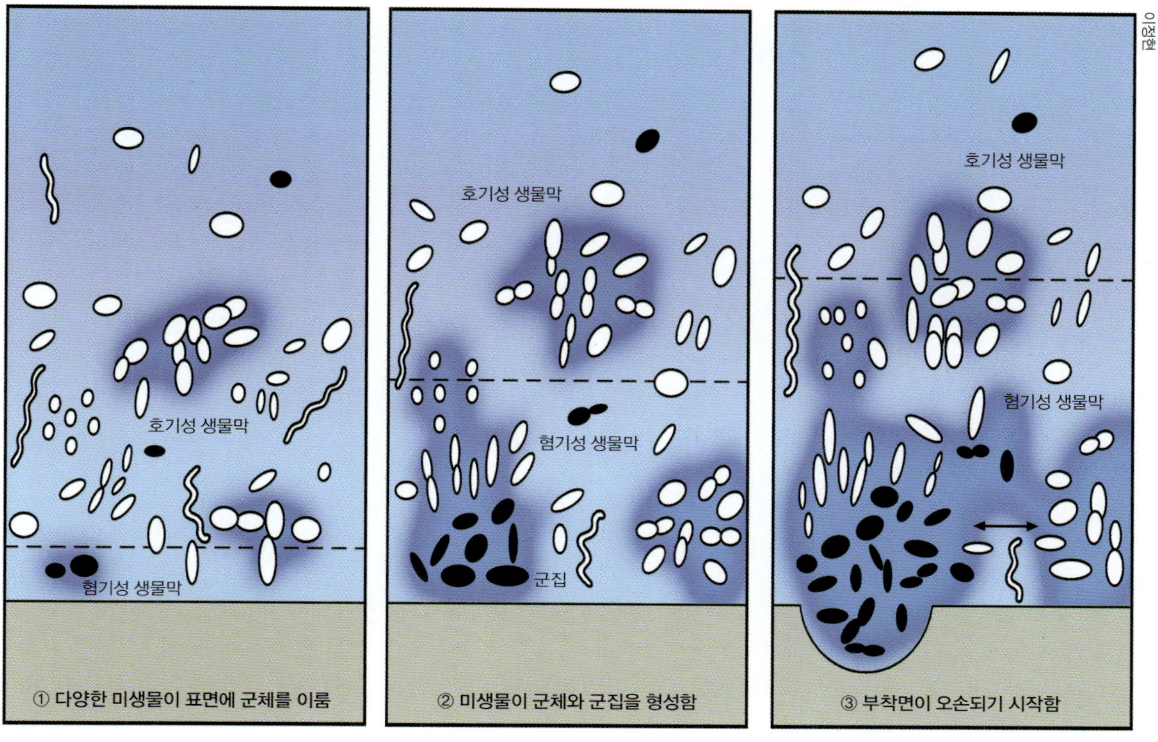

생물막 형성

생물의 부착과정 중에서 초기 생물막의 형성과정

● 현대생명공학과 해양미생물의 전망

현대의 생명공학기술은 분자생물학의 발달과 자동염기서열분석기 등 첨단기기의 발달로 하루가 다르게 발전하고 있다. 특히 2000년대 초 수조 원의 예산과 십여 년의 기간이 투입되어, 인간 생명체의 설계도라 하는 게놈(Genome) 결과가 발표되었다. 2000년대 중반에 개발된 차세대 시퀀싱(Next Generation Sequencing, NGS) 기술로 인간 게놈이 단 며칠 만에 밝혀지고 있는 현실이다. 이러한 기술의 발전에 힘입어 수천 종의 해양미생물을 대상으로 유전체 해독과 분석 연구가 한창 진행되고 있으며, 더불어 미생물을 배양하지 않고 유전자만을 분리해 염기서열을 밝혀 그 기능을 분석하는 학문인 환경유전체(메타게노믹스 Metagenomics) 연구도 성행하고 있다. 이러한 연구들을 통해 베일에 가려졌던 해양미생물의 유전적 다양성이 밝혀지고 해양생태계에 대한 이해가 더욱 넓어질 것이다. 각각의 해양 극한 환경에 어떤 미생물들이 존재하며, 해양생물계의 진화와 유지 및 지구적 규모의 생지화학적 순환에 관련된 미생물의 기능과 역할이 무엇인지 밝혀질 날이 머지않았다. 가까운 미래에는 해양미생물의 다양한 기능으로부터 생명공학 소재로 활용할 수 있는 유전자를 발굴할 수 있을 것이다.

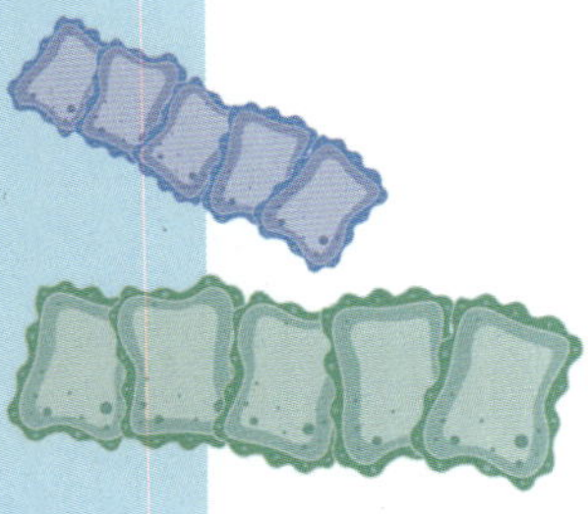

식물플랑크톤

해양에서 광합성의 대부분을 담당하는 식물플랑크톤은 해양에 에너지를 공급하는 중요한 에너지원으로, 다양한 분야에서 연구 · 응용되고 있다.

배세진 한국해양과학기술원

플랑크톤 중 식물류는 해양에서 광합성의 대부분을 담당하기 때문에, 해양생태학에 접근할 때 식물플랑크톤부터 시작하는 것이 알맞을 것이다. 식물플랑크톤은 태양 에너지를 고정하며, 이는 다시 해양의 많은 다른 군집으로 이동된다. 이러한 에너지 초기 고정의 필수불가결한 역할을 맡은 식물플랑크톤은 해양 생태계에서 매우 중요하다. 육상에서 에너지를 고정하는 풀이나 나무 없이는 생명이 존재할 수 없듯이, 해양에서도 에너지를 공급하는 미세한 식물플랑크톤이 없으면 생명이 존재할 수 없다.

플랑크톤은 여러 가지 크기의 구멍을 가진 네트(net)로 채집되고, 크기에 따라 구분된다. 임의적이기는 하지만 최근에 가장 많이 사용되는 플랑크톤의 분류 체계에는 7개로 구분된다. 거대플랑크톤(megaplankton)은 2cm 이상의 생물체이고, 대형플랑크톤(macroplankton)은 2~20mm, 중형플랑크톤(mesoplankton)은 0.2~2mm, 소형플랑크톤(microplankton)은 20~200μm 범위이다. 이상의 그룹들은 표준 플랑크톤 네트로 채집할 수 있으며 집합적으로 네트 플랑크톤(net plankton)이라 부른다. 미세플랑크톤(nanoplankton)은 2~20μm 크기 범위의 아주 작은 생물들이다. 초미세플랑크톤(picoplankton)은 0.2~2.0μm 범위의 미세한 생물들로, 주로 박테리아와 남세균(cyanobacteria)으로 구성되어 있다. 가장 작은 계급인 극초미세플랑크톤(femtoplankton)은 0.02~0.2μm 범위의 크기이며 주로 바이러스로 구성되어 있다. 그러나 이들에 대해서는 거의 알려져 있지 않다. 크기가 작은 이들 3개 그룹은 플랑크톤 네트로 채집할 수 없다. 이들을 채집하려면 구멍의 크기가 매우 조밀한 네트를 사용해야 하는데, 구멍 크기가 너무 작으면 견인 시 물이 네트를 원활하게 빠져나갈 수 없기 때문이다. 그러므로 이 생물들은 해수를 원심분리하거나, 적당한 여과지로 거르거나, 해수를 침전시켜서 얻는다.

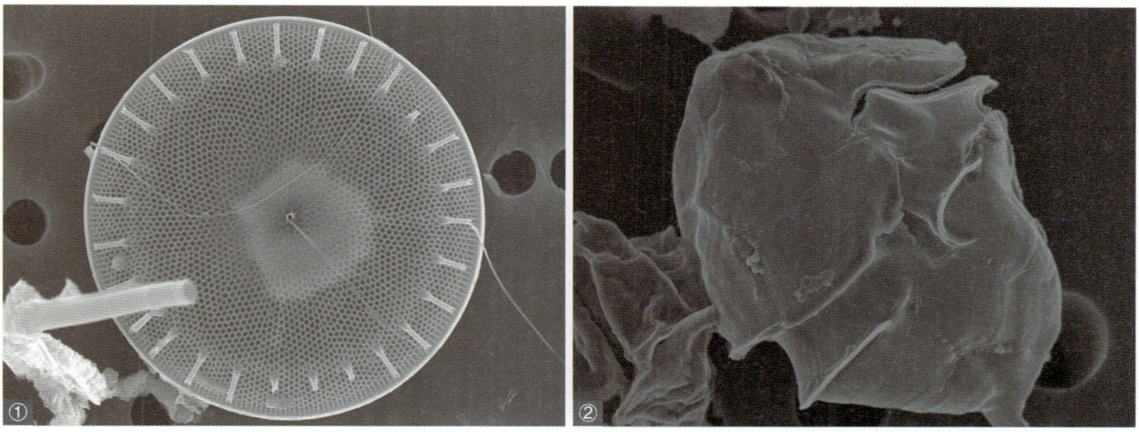

대표적인 식물플랑크톤의 전자현미경 사진
① 규조류
② 와편모조류

● 식물플랑크톤의 종류

식물플랑크톤은 넓은 범위의 광합성 생물을 포함한다. 네트로 잡을 수 있는 비교적 큰 식물플랑크톤은 주로 규조류(diatoms)와 와편모조류(dinoflagellates) 두 그룹으로 구성되어 있고, 전 세계에 걸쳐 분포한다. 보통 네트를 통과하는 미소플랑크톤과 초미소플랑크톤 범위에 속하는 작은 식물플랑크톤은 매우 다양한 종류로 구성되어 있다.

규조류

규조류는 와편모조류와 쉽게 구분된다. 이는 규조류가 알약 상자 모양의 독특한 규소질로 둘러싸여 있고 운동성이 미약하기 때문이다. 개개의 상자는 두 부분의 껍질로 구성되어 있으며 서로 잘 들어맞게 되어 있다. 이 상자는 유리의 주 구성원과 같은 물질인

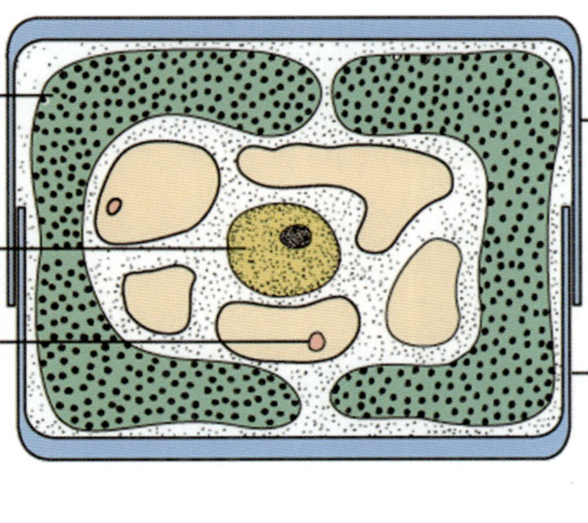

규조류
두 부분의 껍질, 엽록체, 핵 등으로 이루어져 있다.

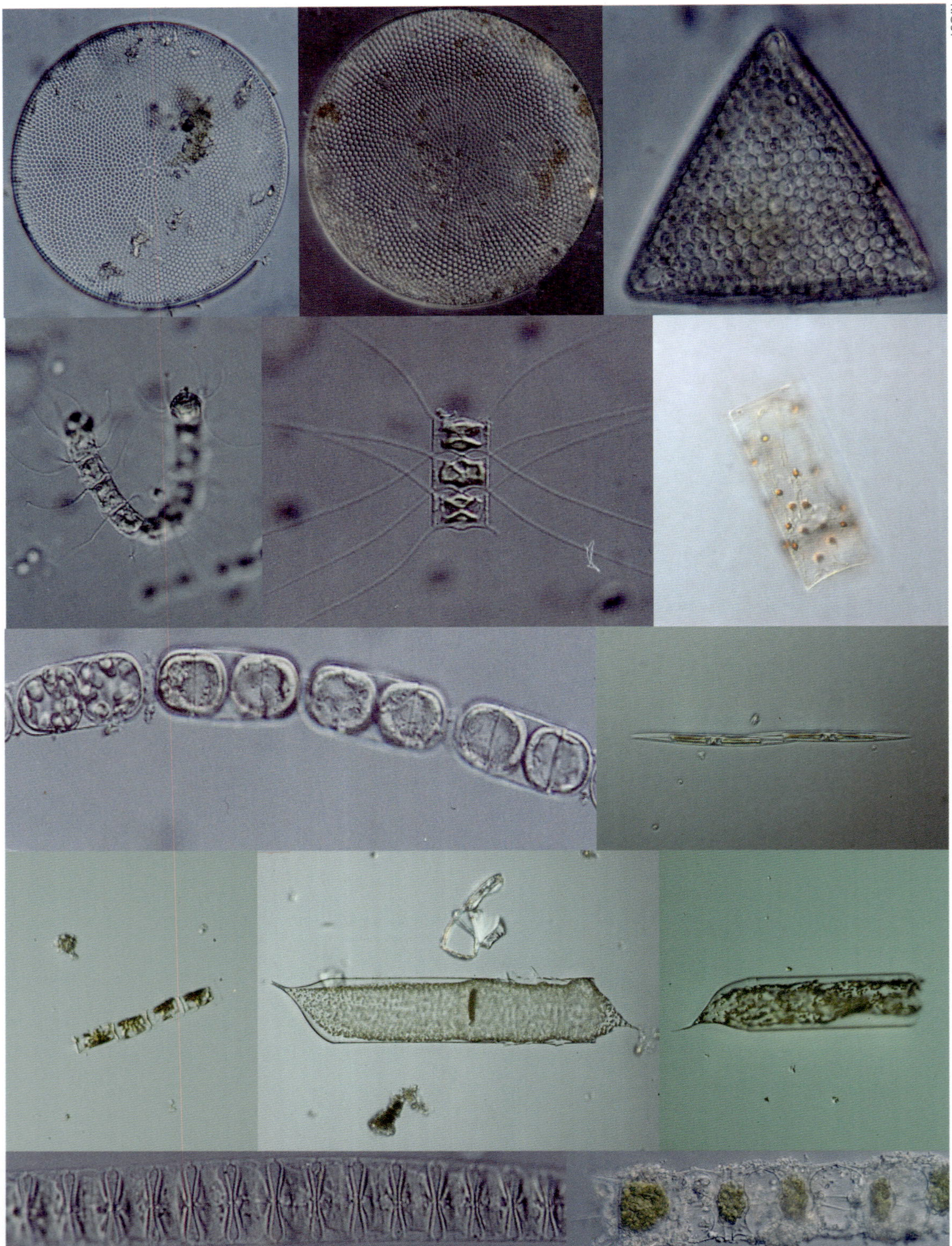

KIOST

규조류의 형태 원형이나, 삼각형, 직사각형 등의 다양한 형태를 가지고 있다.

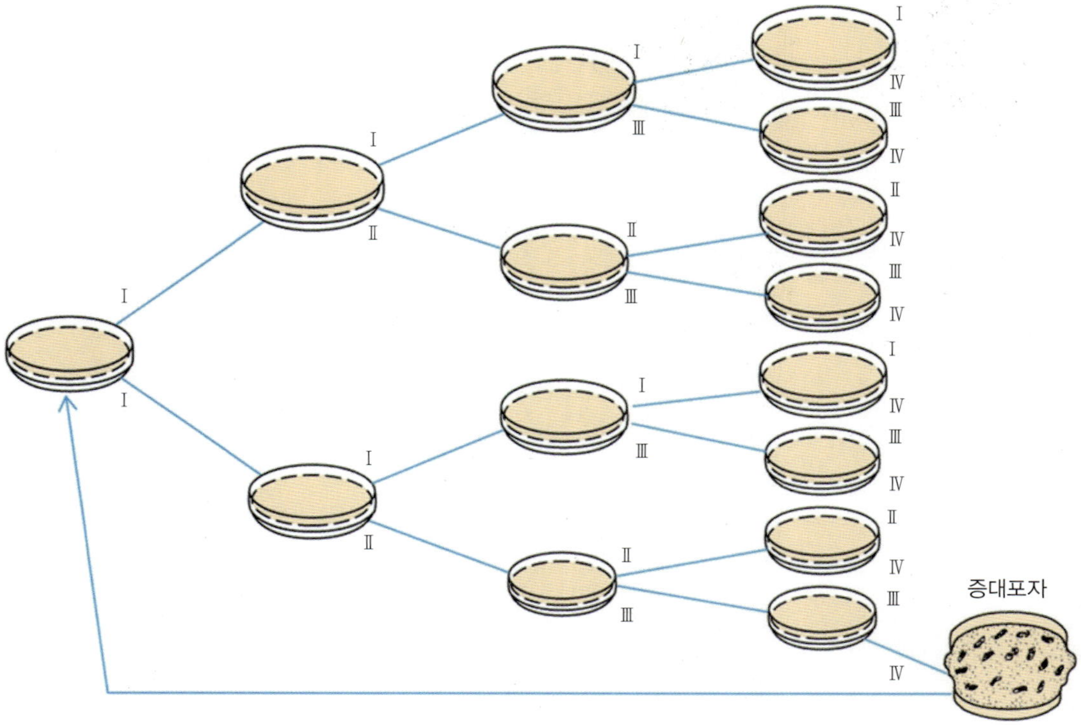

규조류의 번식 기작

규소로 이루어진다. 각각의 상자는 종에 따라 고유한 무늬를 띠며 현미경 관찰을 통해 구분할 수 있다. 최근에는 전자현미경으로 보다 세밀한 관찰을 할 수 있게 되었다.

규조류는 각각의 개체가 하나의 상자를 차지하며 단독으로 나타날 수도 있고, 여러 종류의 연결된 형태로도 나타날 수 있다. 번식을 할 때 개개의 규조류는 반으로 나뉜 다음, 반쪽은 상자의 위쪽 부분을 차지하며 다른 반쪽은 아래쪽 부분을 차지한다. 그리고 각각은 기존 껍질의 안쪽에서 새로운 하나씩의 껍질을 분비하여 전형적인 상자를 재생산하게 된다. 이와 같은 과정이 수 세대를 거쳐 진행되면 규조류 개체군의 평균 크기는 감소하게 되며, 따라서 규조류 종의 개체들은 크기가 다양하다. 어느 정도의 세대가 지나면 규조류는 양쪽 껍질을 모두 벗어버리고 증대포자(auxospore)라 불리는 구조로 변한다. 이 포자 내에서 새 껍질을 분비하여 원래 크기로 되돌아가게 된다.

이상이 규조류 생식과 크기 회복의 일반적인 기작이다. 그러나 종류에 따라서 껍질이 작아지지 않는 분열을 하는 규조류도 존재해서 크기 회복을 위한 증대포자의 형성이 필요 없는 경우도 있다.

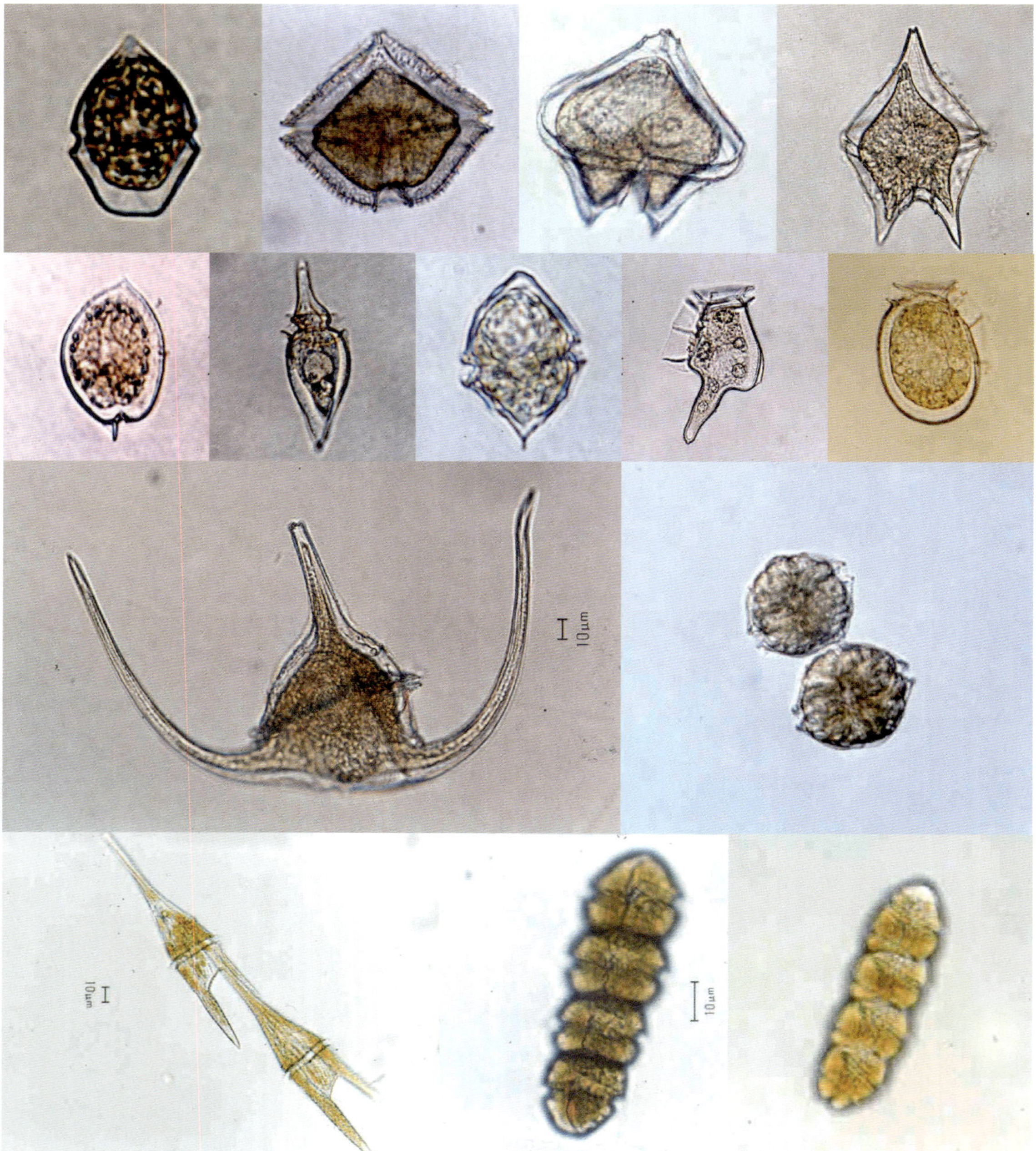

다양한 와편모조류

와편모조류

규조류 다음으로 중요한 그룹인 와편모조류는 두 개의 편모를 가지고 있으며, 이 편모를 이용해 스스로 물속에서 움직일 수 있다. 이들은 규소로 이루어진 외부 골격은 없으나 종종 셀룰로오스(cellulose) 판으로 이루어진 외피를 갖추고 있다. 와편모조류는 일반적으로 작은 생물체이며 보통 단독으로 생활하지만 아주 드물게 같은 종 끼리 집단을 이루어 일정 기간 한 장소에 살기도 한다. 이들은 규조류와 마찬가지로 단순 분열로 번식한다. 이 경우 각각의 딸세포는 원래의 셀룰로오스 외피의 반쪽을 보유하여 크기의 감소 없이 잃어버린 반쪽을 재생한다. 따라서 연속적인 세대에서도 크기에 변화가 없다. 종류에 따라서는 독소를 만들어서 해수 중으로 방출하는 것도 있다. 만약 와편모조류가 극단적으로 많아지면(해수 1L당 200만~800만 개체), 방출된 독소가 누적되어 다른 생물에 영향을 미치면서 어패류의 대량 폐사를 유발하기도 한다. 이러한 와편모조류의 극한 농도 또는 대발생을 적조(red tides)라 부르며, 어류와 무척추동물의 대량 사망의 원인이 된다.

어떤 와편모조류는 충조(zooxanthellae)라 불리는 운동성이 없는 시기를 갖는다. 이는 산호, 말미잘, 그리고 대왕조개류의 조직에 공생체로 존재한다. 야광충(*Noctiluca*)과 같은 종류는 강한 생물발광 능력이 있어 많은 수가 존재할 때 배의 항적과 해변의 부서지는 파도 속에서 형광색 빛을 발하기도 한다.

기타 미세 식물플랑크톤

이 크기의 그룹에는 다수의 광합성 생물이 포함된다. 최근에 알려진 것이지만 이들 생물들은 1차생산과 해양의 먹이망에 중요한 역할을 한다. 가장 중요한 종류는 최근에 발견된 0.6~0.8μm 정도의 매우 작은 크기를 가진 원녹조류(prochlorophytes)일 것이다. 이들은 외양에서 숫자가 가장 많은 식물플랑크톤으로(10^6cells·mL^{-1}), 외양의 모든 엽록소 *a*(chlorophyll *a*) 농도의 3분의 1 정도를 차지한다. 모양은 남세균류를 닮았으나 크기가 더 작고 다른 색소 조성을 가진다. 다른 중요한 그룹으로는 착편모조류(haptophytes)와 남세균류(cyanobacteria 또는 blue-green algae)가 있다. 남세균류는 세포 내에 핵이 없는 원핵세포로 된 원핵 생물이다. 세포의 특성은 박테리아와 비슷하며 엽록소를 가지고 있어 광합성을 할 수 있다. 이들은 열대해역에 풍부하며 때때로 밀집된 매트나 필라멘트를 형성해 물의 색깔을 변화시킨다. 홍해(紅海, Red Sea)라는 이름은 남세균류의 일종인 트리코데스미움(*Trichodesmium erythraeum*)이 띠는 붉은색으로 인해 붙여졌다.

착편모조류는 20μm 이하의 작은 진핵 편모조류로 1~2개의 색소체(chromatophore)를 갖고, 독특한 실 모양의 부속지(haptonema)와 석회질 또는 유기물질로 이루어진 뚜렷한 판을 가지고 있다. 이들은 모든 외해에 많이 존재한다. 가장 널리 퍼져 있고 풍부하게 존재하는 착편모조류는 인편모조류(coccolithophores)인데, 이들은 바깥 표면에 존재하는 아주 작은 석회질판(coccoliths)에 의해 쉽게 구분된다. 이들은 복잡한 생활사를 거치기 때문에 같은 종 내에서도 형태적으로 다른 세포들이 존재하며,

여러 가지 번식 방식을 가진다. 현재 인편모조류는 여러 해역에서 중요한 1차생산자로 인식되고 있다. 수적으로는 적지만 그 외 그룹으로 규질편모조류(silicoflagellates), 은편모조류(cryptomonads), 그리고 운동성을 지닌 몇몇 녹조류 등이 있다.

부유성 박테리아(bacterioplankton)도 모든 해양에서 발견된다. 이들은 주로 바다 표면 근처에 많이 서식하며, 총 생체량은 식물플랑크톤의 총 생체량과 거의 비슷하거나 또는 그 이상일 것으로 추측된다. 이들은 주로 입자성 유기탄소(Particulate Organic Carbon, POC)에 부착되어 발견되거나 해수 중 쇄설입자(marine snow)로 알려진 여러 젤라틴질 동물플랑크톤의 조각 표면에서 발견된다. 보통 운동성이 있고 그람염색법으로 염색했을 때 붉은색으로 염색되는 그람음성(gram-negative)이며 그 형태는 구형, 막대형, 나선형 등으로 다양하다. 이들은 일반적으로 수심이 깊어질수록 급속히 감소하며, 해양 먹이망의 미생물 고리(microbial loop) 내에서의 중요한 역할이 점차 밝혀지고 있다.

● 식물플랑크톤 연구의 중요성

식물플랑크톤은 바다에서 1차생산자로서 중요한 역할을 하기 때문에 생태학적으로 매우 중요하다. 이들은 육상에서의 식물과 마찬가지로 해양에서 동물플랑크톤과 어류 등 모든 소비자를 위한 기본적인 먹이를 제공한다. 뿐만 아니라 천해역에서는 식물플랑크톤에 의한 1차생산이 저서동물에 의해 에너지원으로 이용된다. 그러나 광합성을 할 수 있을 정도의 충분한 빛이 존재하는 표층 부근에서 생산된 유기물질이 심해의 해저까지 전달되는지에 대해서는 아직 논란이 있다.

해양의 1차생산과 육상의 1차생산과의 가장 큰 차이점은, 외양역의 식물플랑크톤은 동물플랑크톤에 의해 거의 전부가 먹히나 육상에서는 식물체의 약 10% 정도만이 초식동물에 의해 먹힌다는 것이다. 또한 육상에서는 풀이나 나무처럼 크고 오래 사는 식물 개체군을 발견할 수 있으나, 해양에서 1차생산자 개체군의 세대는 약 하루 정도의 짧은 시간을 가진다.

전체 해양에서 식물플랑크톤에 의한 연간 총 순 1차생산을 인공위성 자료를 이용해 추정하면 약 48.5×10^9tC에 달한다. 이러한 생산력은 육상 환경의 순 1차생산 56.4×10^9tC에 필적하는 높은 값이다. 해양 표면적이 육상보다 2배 이상 많음에도 불구하고 1차생산이 육상보다 더 낮은 이유는, 빛이 존재하는 수심이 표층에 국한되고 영양염이라 불리는 식물의 비료 성분이 풍부하지 않기 때문이다. 표영 환경 내에서 식물플랑크톤 생산은 상당히 변화가 심하다. 전 해양의 약 90%를 차지하는 외양해역의 1차생산은 평균 $50gC\cdot m^{-2}\cdot y^{-1}$에 달하며, 해양의 약 10%를 차지하는 대륙붕 해역에서의

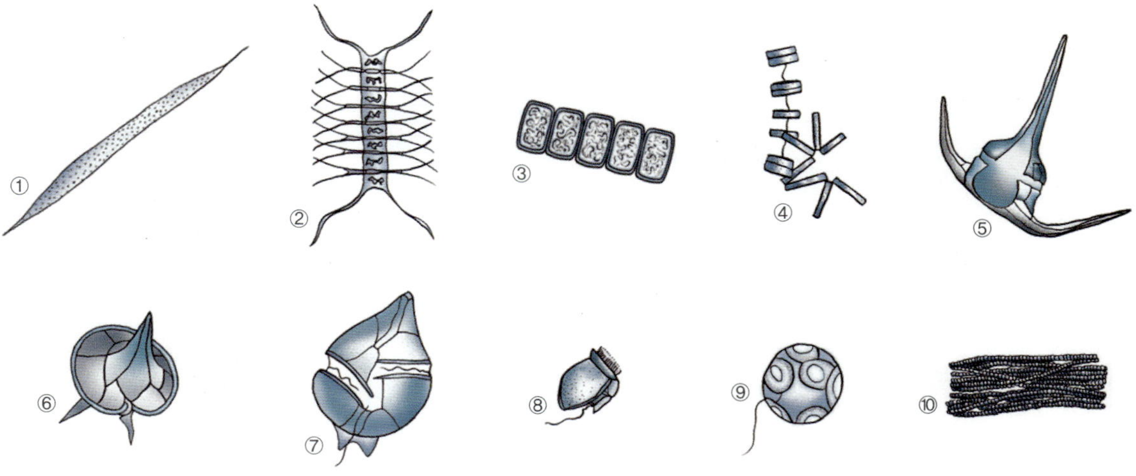

다양한 형태의 식물플랑크톤
①~④ 규조류
⑤~⑧ 와편모조류
⑨ 인편모조류
⑩ 남조류

1차생산은 100~150gC·m^{-2}·y^{-1} 정도다. 가장 높은 값은 용승해역(upwelling area)에서 측정되는데 이 해역에서는 기상 및 수리학적 과정에 의해 영양염류가 풍부한 수백 미터 깊이의 심층수가 표층으로 올라온다. 따라서 이 해역에서는 그 값이 평균 300~500gC·m^{-2}·y^{-1}에 달한다. 그러나 이러한 해역은 전체 해양 면적의 1% 정도밖에 되지 않는다.

한편 식물플랑크톤을 이용해 해양을 여러 해역으로 구분할 수 있다. 이 해역들은 그에 따른 전형적인 종과 종의 그룹이 가진 특징으로 나눌 수 있다. 위도에 따라 한대해역, 아열대해역, 열대해역 등으로 분류하거나 해양학적 특징에 따라 환류역(oceanic gyres) 등으로 분류하는 것처럼, 식물플랑크톤은 해역의 좋은 지표종으로 이용할 수 있는 가능성이 있다. 이러한 생물지리학적 연구는 종의 수준에서 이루어져 왔다.

식물플랑크톤은 상이한 지질시대의 기후 변화를 추측하는 데에도 이용될 수 있다. 고생물학에 있어서, 규조류나 인편모조류와 같이 골격을 지닌 조류의 근세종이 서식하는 온도 등의 환경적 요인들은 이전 시대의 환경 변화를 추측하는 데 사용될 수 있다. 또한 인편모조류의 석회질판과 같은 식물플랑크톤 골격의 파편들은 고생물학자들의 좋은 연구 자료가 되고 있다.

한 걸음 더 나아가 최근에는 식물플랑크톤 응용 연구가 점점 주목받고 있다. 그 예로 최적의 환경 조건 하에서 식물플랑크톤의 최대 성장률을 조사하기 위한 배양실험이 이루어지고 있다. 이 실험의 결과는 양식업에 지침을 제공할 것이다. 다른 한 예로 오염원의 영향에 대한 자료를 얻기 위해 다양한 실험들이 수행되고 있다. 특히 현재 유해 물질에 의한 오염도를 평가할 수 있는 시험 생물로 사용할 식물플랑크톤을 찾는 연구 등도 다각도로 이루어지고 있다.

동물플랑크톤

동물플랑크톤은 단세포 원생동물부터 대형 해파리까지 다양하다. 이들은 각자의 생활사를 통해 해양 생태계를 구성하고 있으며, 생산자와 상위 소비자를 연결해준다.

김웅서 한국해양과학기술원

물에 떠서 사는 동물을 동물플랑크톤(zooplankton) 또는 동물성 부유생물이라 한다. 동물플랑크톤은 크기가 20μm보다 작은 단세포 원생동물부터 수 미터가 되는 대형 해파리까지 크기가 다양하다. 그러나 대부분의 동물플랑크톤은 수십 마이크로미터에서 수 밀리미터로, 현미경을 사용해야 관찰할 수 있는 크기이다.

동물플랑크톤 중에는 일생동안 부유생활을 하는 평생플랑크톤(holoplankton, 종생플랑크톤)도 있고, 바닥에 사는 저서동물의 유생처럼 어린 시기에만 일시적으로 부유생활을 하는 일시플랑크톤(meroplankton, 정기성플랑크톤)도 있다. 따개비, 성게, 불가사리 등은 모두 바닥에서 생활하지만 어린 시기에는 부유생활을 하며, 부유성 유생은 성체와 모양이 전혀 다르다.

촉수를 늘어뜨리고 있는 해파리

김웅서

이들의 부유생활은 여러 가지 장점이 있다. 수층에 살며 3차원 공간을 활용하는 유영동물이나 부유동물에 비해 바닥에 사는 저서동물은 서식지가 비좁아 항상 공간 확보를 위한 경쟁이 치열하다. 그래서 마치 민들레가 씨를 바람에 날려 번식하듯 저서생물도 유생을 물에 흘려 퍼뜨린다. 물에 떠다니던 유생들은 살기 적합한 곳이 나타나면 바닥으로 내려가 정착한다. 바닥에 붙어살거나 움직임이 느린 동물에게는 새로운 장소를 찾고 영역을 넓힐 좋은 기회가 되는 것이다. 또한, 어류와 같은 유영생물의 알이나 자치어도 유영능력이 없거나 약하기 때문에 플랑크톤의 범주에 넣는다.

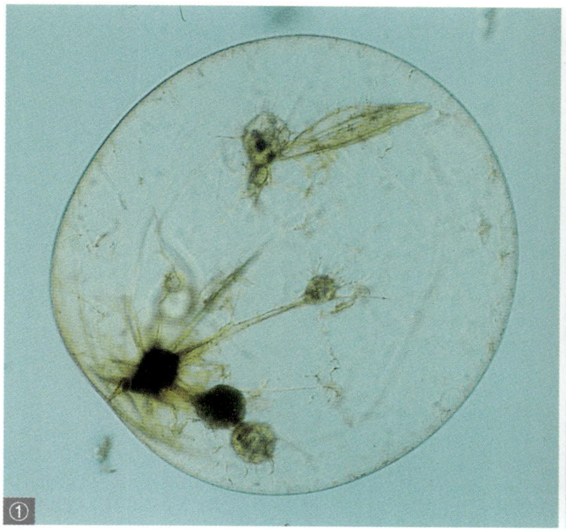

김웅서

적조를 일으키기도 하는 야광충 ①
동물플랑크톤 채집용 네트 ②

흔히 볼 수 있는 동물플랑크톤으로는 원생동물류, 해파리류, 요각류, 난바다곤쟁이류, 지각류, 모악류 등을 꼽을 수 있다. 각각 분류군에 대한 특징은 다음과 같다.

● 동물플랑크톤의 종류

원생동물

해양에 사는 단세포 동물에는 섬모충류, 유공충류, 방산충류, 편모충류 등이 있다. 섬모충류(ciliates)는 섬모라는 짧은 털을 가지고 운동을 하며, 크게 껍질이 없는 섬모충류와 껍질이 있는 유종섬모충류(tintinnids)로 나눌 수 있다.

대부분의 유공충류(foraminiferans)는 크기가 1mm 미만이지만, 어떤 종은 크기가 수 밀리미터나 된다. 유공충은 저서생활을 하는 것이 많으며, 극히 일부만이 부유생활을 한다. 탄산칼슘이 주성분인 유공충의 껍질 표면에는 작은 구멍이 많이 나 있고, 여러 개의 방으로 나뉘어 있다. 이들은 아메바처럼 세포질을 구멍 밖으로 내밀어 박테리아나 식물플랑크톤을 잡아먹고 산다.

방산충류(radiolarians)는 50μm보다 작은 것부터 수 밀리미터 되는 것까지 있다. 때로는 여러 개체가 모여 군체를 이루어 몇 센티미터가 되는 경우도 있다. 규소 성분의 껍질에 방사상으로 침이 나 있어 아름다운 모양을 하고 있으며, 열대 해역에서 흔히 볼 수 있다. 방산충류는 규조류와 같은 식물플랑크톤이나 작은 동물플랑크톤을 잡아먹고 산다.

편모를 가지고 있는 단세포 생물에는 식물과 동물이 모두 속한다. 식물플랑크톤을

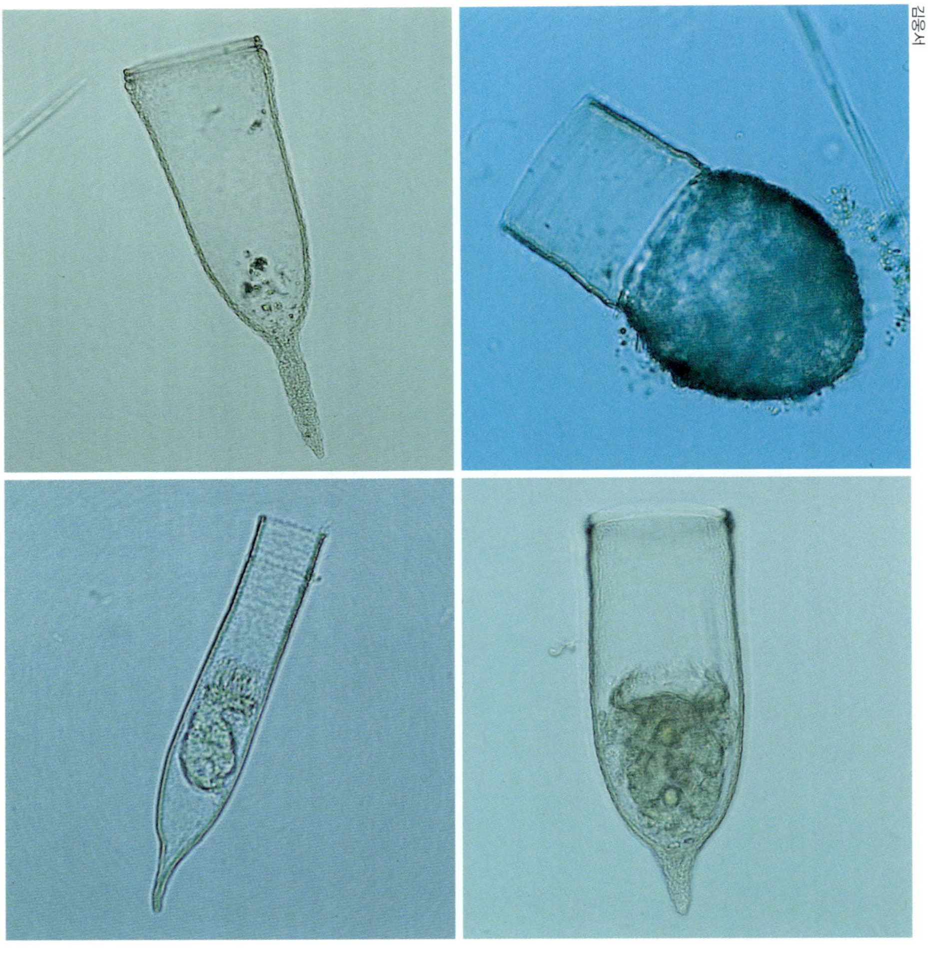

김웅서

다양한 형태의 유종섬모충류

대표하는 와편모조류(dinoflagellates)도 있고, 스스로 유기물을 만들 수 없어 종속영양을 하는 편모충류도 있다. 우리나라 연안에서 자주 적조를 일으키는 크기 1mm 정도의 야광충(*Noctiluca*)도 편모충류에 속한다.

해파리

해파리는 대부분 우산 모양을 하고 있으며 둘레에 많은 촉수를 가지고 있다. 몸은 투명한 젤리처럼 생겼고, 대부분이 물로 되어있어 아주 약하다. 이들은 우산 모양의 몸체를 수축하면서 헤엄을 친다. 해파리는 촉수를 사용하여 먹이를 마비시켜 사냥하는데, 촉수에는 다른 동물을 찌를 수 있는 자세포가 있어 동물분류학상 해파리는 자포동물 문(刺胞動物門)(예전에는 강장동물 문(腔腸動物門)으로 분류하였음)에 속한다.

해파리는 크게 히드로충강(Class Hydrozoa)과 해파리강(Class Scyphozoa)으로 분류된다. 히드로충강에 속하는 해파리는 다시 저서생활을 하는 각종 히드로충의 생활사 중

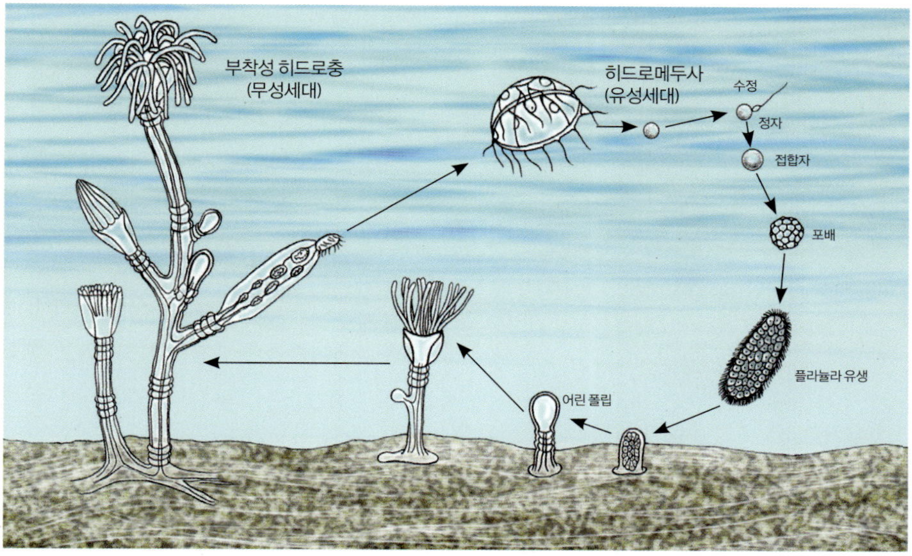

서태선

히드로충의 생활사
히드로충은 부유성 유생 시기를 거친다.

부유성 유생 시기인 히드로메두사(hydromedusae)와 관해파리(siphonophores)로 나눌 수 있다.

히드로메두사에는 앤도메두사, 렙토메두사, 림노메두사, 트라키메두사, 나르코메두사 등 다섯 가지 종류가 있다. 히드로메두사들은 히드로충의 폴립(polyp)에서 떨어져 나와 크기가 아주 작다. 앤도메두사(Anthomedusae)는 종 모양의 형태를 하고 있으며, 촉수의 숫자가 많지 않다. 렙토메두사(Leptomedusae)는 일반적으로 접시 모양으로 납작하며, 촉수가 갓 주변에 많다. 림노메두사(Limnomedusae)는 앤도메두사나 렙토메두사와 비슷하나 방사관이 갈라져 있으며, 이 끝에 촉수가 달려 있다. 트라키메두사(Trachymedusae)는 반구 모양을 하고 있으며 외양에서 발견된다. 나르코메두사(Narcomedusae)는 흔하지 않은 종류로 갓의 아랫부분에 물결무늬가 있으며 넓은 연막(velum)을 가지고 있다.

관(管)해파리는 일생동안 부유생활을 하는 히드로충으로, 전 수층에서 발견된다. 관해파리는 여러 모양의 히드라 형태와 메두사 형태가 군체를 이루고 있으며, 히드라 형태에는 섭식을 하는 것, 감각기를 가진 것, 생식하는 것 등 서로 다른 모양의 세 가지 형태가 있다. 고깔해파리(부레관해파리)는 잘 알려진 관해파리로, 촉수가 길게 늘어져 길이가 몇 미터나 되기도 한다. 이 고깔해파리는 촉수에 독이 있는 자세포를 가지고 있어 사람도 쏘이면 사망하는 수가 있으므로 조심해야 한다.

해파리강에 속하는 스카이포메두사(Scyphomedusae)는 일생을 유영생활로 보내며, 크기가 큰 해파리 무리다. 해파리강에 속하는 해파리는 크게 십자(十字)해파리목, 입방(立方)해파리목, 관(冠)해파리목, 기구(旗口)해파리목, 근구(根口)해파리목으로

김웅서

연안에서 흔히 볼 수 있는 보름달물해파리

분류된다. 기구해파리목(Order Semaostomeae)에 속하는 보름달물해파리(*Aurelia aurita*)는 우리나라 연안에도 떼 지어 나타나서 해수욕객들에게도 익숙하다. 이것의 에파이라(ephyra) 유생은 규조류나 편모조류를 먹고, 작은 메두사는 요각류와 지각류를 주로 먹는 등 성장하면서 식성이 바뀐다.

우리가 흔히 빗해파리라고 부르는 것은 해파리와 유사하게는 생겼으나, 동물분류학적으로는 자포동물 문과는 다른 유즐동물 문(有櫛動物門)에 속하며 그 종류는 많지 않다. 이들의 특징은 몸에 여덟 줄의 빗 모양 띠가 있는 것이다. 빗해파리의 촉수는 잔가지가 많이 나 있으며, 한 종류 외에는 해파리처럼 자세포로 먹이 생물을 쏘아 마비시켜 잡기보다는 끈적끈적한 촉수를 이용해 먹이를 잡는다. 빗해파리는 밤에 빛 모양의 띠에서 빛을 내 환상적인 분위기를 자아내지만, 보기와는 달리 게걸스러운 포식자이기 때문에 동물플랑크톤, 특히 요각류에는 무서운 천적생물이다.

요각류

김웅서

빗해파리

요각류는 절지동물 문(節肢動物門) 갑각강(甲殼綱)에 속하는 동물플랑크톤이다. 갑각강에 속하는 동물플랑크톤이 가장 다양하고 생물량도 많다. 그중에서도 요각류가 가장 우점하는 동물플랑크톤이다. 이들은 식물플랑크톤이 만든 에너지를 섭취하고, 자신은 어류와 같은 상위 포식자의 먹이가 되어 생태계의 생산자와 상위 소비자를 연결해 주는 다리 역할을 한다.

요각류는 칼라누스류, 사이클로프스류, 하팍티쿠스류로 나뉜다. 이 중 칼라누스류(calanoid copepod)가 가장 흔하게 볼 수 있는 종류다. 이들의 몸은 머리와 5개의 가슴마디(흉절)로 이루어졌으며, 그 뒤로 배와 꼬리로 이루어진 후체부(urosome)가 있다. 머리에는 좌우로 한 쌍의 긴 제1 촉각(antenules)과 길이가 짧은 제2 촉각(antennae)이

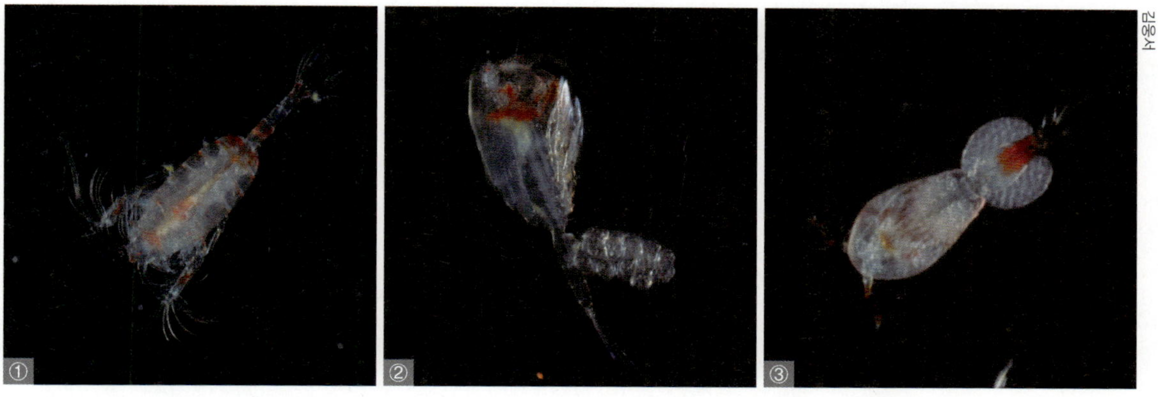

가장 우점하는 동물플랑크톤인 칼라누스류 요각류 ①, ②
사이클로프스류 요각류 ③

있으며, 이를 통해 물의 움직임이나 화학물질의 냄새를 감지할 수 있다. 머리의 입 부분에는 먹이 입자를 걸러 먹을 수 있는 여과기가 잘 발달했으며, 가슴의 각 마디에는 헤엄을 칠 때 사용하는 유영지가 달려있다. 배에는 생식공 및 항문이 있다. 사이클로프스류(cyclopoid copepod)는 칼라누스류에 비해 제1 촉각이 짧으며, 가슴다리의 숫자가 칼라누스류에 비해 적어 세 개만 뚜렷이 볼 수 있고 마지막 가슴다리는 배와 구별이 잘 안 된다. 하팍티쿠스류(harpacticoid copepod)는 대부분 저서성으로 부유생활을 하는 것은 수가 많지 않다. 이들은 크기가 가장 작으며 머리, 가슴, 배의 구분이 다른 종류처럼 뚜렷하지가 않고, 몸체가 가늘다.

기타 갑각류

요각류 이외의 갑각류 플랑크톤으로는 난바다곤쟁이류, 곤쟁이류, 지각류, 단각류, 패충류, 십각류 등이 있다. 난바다곤쟁이류(euphausiids)는 새우와 닮았으며, 크기는 1~6cm로 비교적 큰 동물플랑크톤이다. 크릴(krill)은 난바다곤쟁이류 중에서 가장 잘 알려진 것으로, 남극해에 많이 분포한다. 크릴은 식물플랑크톤을 섭취하며, 자신은 고래, 펭귄, 물고기의 중요한 먹이가 된다. 크릴은 단백질이 풍부하나 새우보다 맛이 떨어져 주로 어묵이나 맛살 등을 만들 때 사용한다. 크릴은 떼 지어 생활하며, 해수 $1m^3$ 당 15,000마리 이상이 모여 있을 때도 있다. 이들의 몸은 투명하나 붉은색 점들이 있어 떼를 지어있으면 바닷물 색깔이 붉게 변하는 경우도 있다. 우리나라에서는 동해에 서식하는 난바다곤쟁이류가 원자력발전소의 취수구를 막아 발전이 중단되는 사태를 일으킨 적이 있다.

지각류는 우리가 흔히 담수에서 물벼룩이라 부르는 것들이 속하는 분류군이다. 지각류는 해수보다는 연못이나 호수와 같은 담수에 더 많이 살고 있으며, 비록 종의 수가 적지만, 바다와 강이 만나는 강 하구나 연안에서도 발견된다. 우리나라 연안에는

난바다곤쟁이

여섯 종이 사는 것으로 알려졌다. 이들은 주로 식물플랑크톤을 먹지만 요각류와 달리 아주 작은 박테리아도 먹을 수 있다. 지각류는 몸을 둘러싸고 있는 껍질이 있으며 머리와 다리만 껍질 밖으로 돌출되어 있다. 암컷은 몸의 껍질 속에 많은 알을 가지고 있어 껍질이 더 크며 둥그렇고, 수컷의 껍질은 작고 뾰족하게 생겼다. 이들은 머리에 커다란 눈을 가지고 있는 것이 특징이다. 지각류는 주변 환경이 살기 좋을 때는 암컷 혼자 번식하는 이른바 처녀생식을 통해 많은 자손을 빨리 퍼뜨리는 전략을 쓰지만, 환경이 나빠지면 암컷과 수컷이 함께 유성생식을 한다.

머리에 커다란 눈을 가지고 있는 지각류

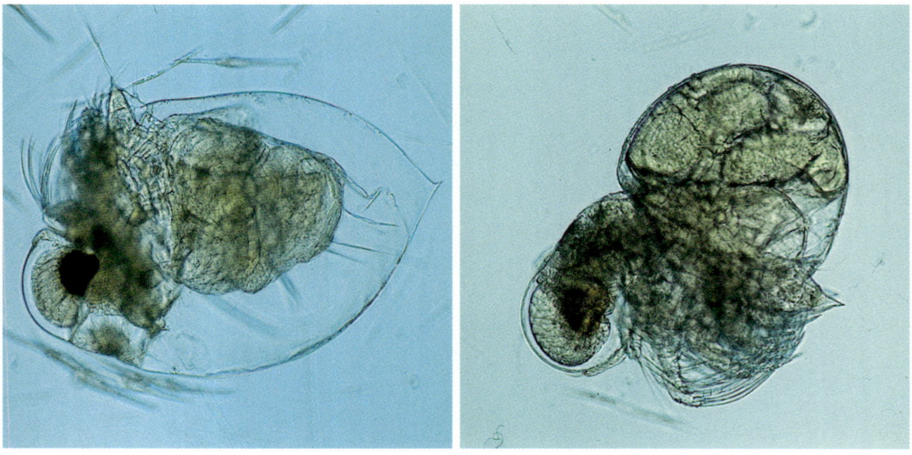

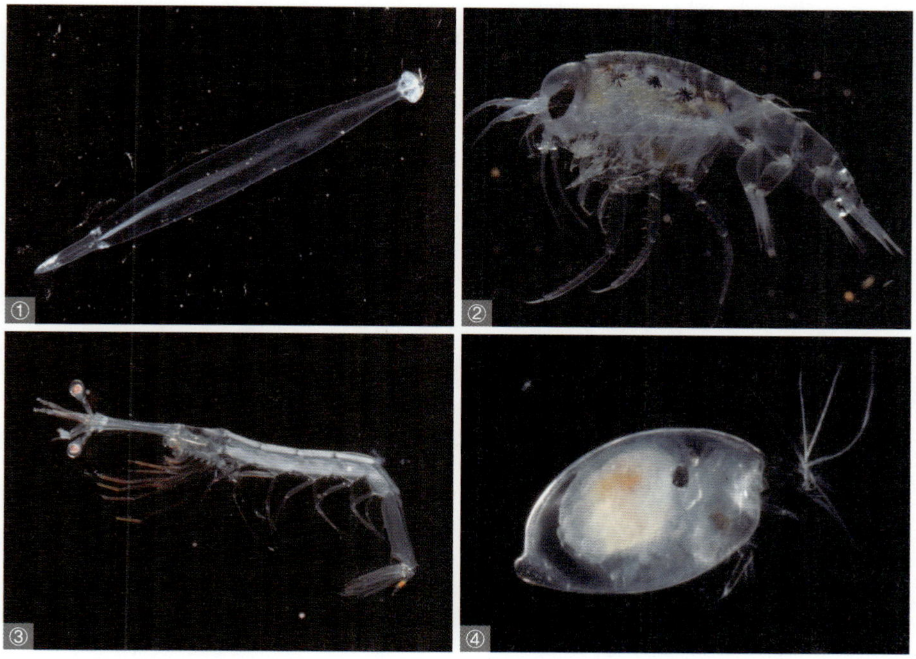

김웅서

화살벌레 ①
단각류 ②
십각류 ③
패충류 ④

모악류

화살벌레는 모양뿐 아니라 헤엄을 칠 때도 마치 화살이 날아가는 듯해 이러한 이름을 갖게 되었으며, 턱 주변에 털이 있어 모악류라고 한다. 크기도 다른 동물플랑크톤보다 커서 수 센티미터까지 된다. 몸은 가늘고 길며 좌우대칭형이고, 머리 · 몸통 · 꼬리 세 부분으로 나뉘어 있다. 전 세계적으로 약 70종의 화살벌레가 있는데, 우리나라 주변 바다에는 19종이 살고 있다. 이들은 턱 주변에 악모라고 불리는 강한 털이 나 있어 이것을 이용해 먹이를 잡는다. 화살벌레는 먹이가 가까이 다가올 때까지 가만히 있다가 갑자기 달려들어 먹이를 공격한다. 주로 요각류들이 희생양이 되나 물고기의 치어도 공격을 당한다. 이들은 머리에 한 쌍의 안점이 있어 눈으로 먹이를 찾거나, 진동을 느끼는 감각기관으로 먹이를 찾는다. 이들은 종 사이에 선호하는 환경이 서로 달라 서해, 남해, 동해에 서식하는 종들 사이에 차이가 있어, 해양환경을 파악하는 지표생물로 이용되기도 한다.

턱 주변에 강한 털을 가지고 있는 화살벌레

김웅서

난자치어

갓 태어난 어린 물고기는 어류의 산란 생태를 분석할 수 있는 연구 주제로, 향후 유전자 분석 등을 통해 더욱 많은 부분이 밝혀질 것이다.

김성 한국해양과학기술원

난자치어는 알을 의미하는 난(卵), 새끼 자(仔), 어리다 치(稚), 그리고 물고기 어(魚)의 합성어로, 경골어류가 알에서 갓 부화해 어른 물고기의 형태를 갖추기 전까지의 발생단계를 말한다. 뱀장어목의 유생은 난자치어보다 '댓잎뱀장어(렙토세팔러스, 엽상자어)'란 용어를 더 선호한다. 이 분류군의 유생이 대나무 잎과 닮았기 때문이다.

난자치어의 연구는 지금으로부터 약 150년 전 노르웨이에서 시작되었다. 주된 관심사는 난자치어 연구를 통해 북해산 대구의 자원량 변동을 규명하는 것이었다. 우리나라의 난자치어 연구는 1965년 국립수산진흥원(현 국립수산과학원)이 처음으로 시작했다. 난자치어의 종별 출현 정보를 통해 상업적 이용도가 높은 멸치, 꽁치, 고등어, 갈치, 전갱이 등의 산란장과 산란 시기 등을 분석했다. 이후 한국해양연구소

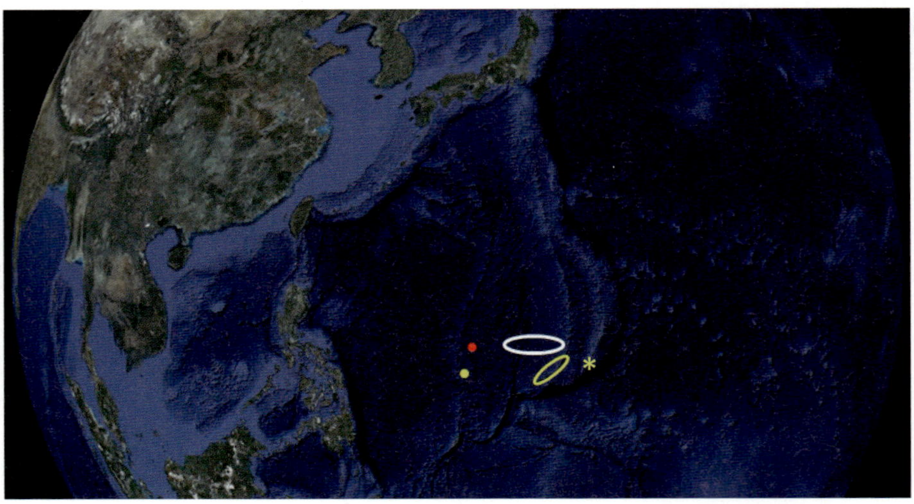
김성

뱀장어 산란장
흰색원 : 뱀장어 산란장 추정(유생)
노랑색원 : 뱀장어 산란장 어란, 유생, 성어 수집하여 검정
빨강색점 : 2011. 5. 18. 무태장어 유생 발견
노랑색 점 : 뱀장어 유생 발견, 2008년 6월 19일
노랑별 : 미국령 괌

황아귀 난자치어 ① 황아귀 난 ② 황아귀 자어 ③ 황아귀 치어 ④ 황아귀 유어 ⑤ 황아귀 성어 붕장어류의 댓잎뱀장어 ⑥ 대나무 잎을 닮은 붕장어류의 유생 멸치 난과 치어 ⑦ 멸치 난 ⑧ 멸치 치어 꽁치 난과 치어 ⑨ 꽁치 난 ⑩ 꽁치 치어

(현 한국해양과학기술원)는 물론 여러 대학과 사립 연구소에서도 난자치어 연구를 진행하고 있다. 연구 분야는 난자치어의 종 분류, 종 조성 변화, 분포, 사망률, 성장률, 발생 등 매우 다양하지만 최종 목표는 어류의 산란 생태 이해이다. 어류의 산란 생태 규명에 많은 노력을 기울이는 이유는, 어류 자원의 적정 관리를 통해 식량자원으로써 지속적으로 이용하기 위한 해법을 찾기 위해서이다. 오랜 시간의 연구를 통해 산란 생태가 규명된 대표적인 예가 한국, 중국, 일본의 강과 하천에 서식하는 뱀장어다. 이 종 이외에도 산란 생태가 비교적 잘 알려진 종들은 앨퉁이, 고등어, 멸치, 명태, 대구, 연어, 꽁치 등이 있다. 아직도 산란 생태가 밝혀지지 않은 것들이 대부분이다.

● 뱀장어의 산란 생태

우리가 알고 있는 뱀장어는 한국, 중국, 일본의 강과 하천에서 산다. 이 종의 산란장은 북서태평양에 있는 괌의 서쪽 해역이다. 산란장이라는 증거는 뱀장어의 어란, 댓잎뱀장어, 알을 품고 있는 성어의 출현에서 알 수 있다. 뱀장어의 산란 수심은 150~200m로, 수심이 5,000m나 넘는 이곳에서 뱀장어의 산란 수심은 그다지 깊지 않다. 산란 시기는 5월, 6월, 7~8월에 초승달이 뜰 무렵으로 매우 짧으며, 산란시각은 자정이다. 산란 38시간 후에 부화한 댓잎뱀장어는 5~6개월 동안 북적도해류와 쿠로시오난류를 타고 한국, 중국, 일본의 강과 하천으로 간다. 우리나라에서는 12월부터 댓잎뱀장어에서 실뱀장어로 변태한 어린 새끼들이 출현한다. 우리나라에서 실뱀장어의 출현 시기는 제주도가 가장 빠르다.

산란장 분석에 사용된 핵심 기술은 유전자 분석 기술과 이석(동물의 귀 안에 있는 골편)을 이용한 나이 분석이다. 먼저 산란장에서 수집된 어란과 댓잎뱀장어 표본의 유전자를 분석한다. 분석한 유전자 정보를 뱀장어 성체의 것과 비교해 유전자의 일치도로 종의 정확성이 검증되면, 댓잎뱀장어의 이석을 채취하여 일륜(일일 성장선)을 분석한다. 댓잎뱀장어 이석에는 알에서 부화된 시기를 포함한 일륜이 있다. 댓잎뱀장어의 이석에서 추출한 나이를 이용하여 뱀장어의 산란 시기와 산란 기간을 분석한다.

알을 품고 있는 뱀장어 성체는 우리가 알고 있는 뱀장어와 모양이 사뭇 다르다. 이빨은 퇴화되고 눈은 매우 크며, 꼬리는 유영에 적합하도록 노와 같이 납작하다. 뿐만 아니라 장기의 대부분은 퇴화했고 먹이를 먹은 흔적이 없다. 오로지 산란만을 위해

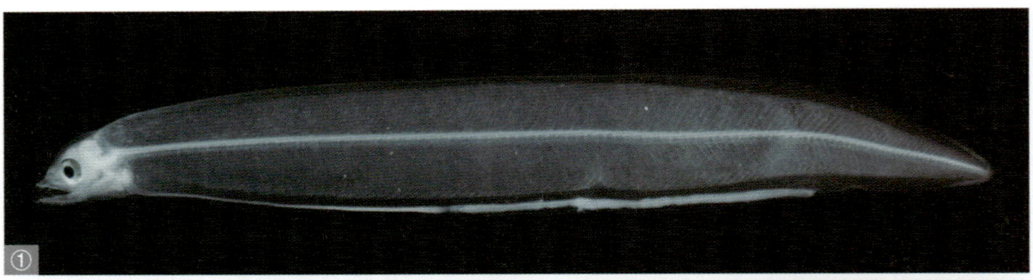

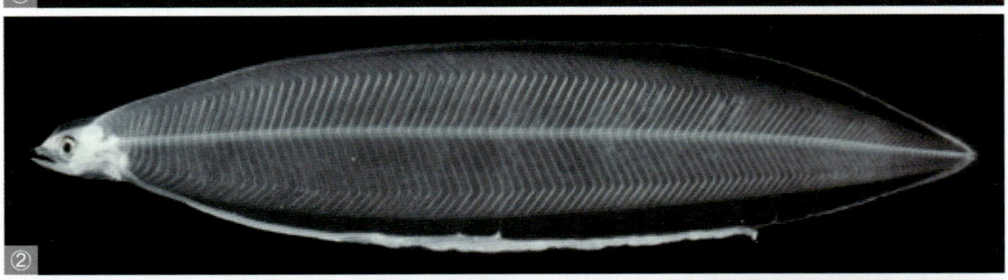

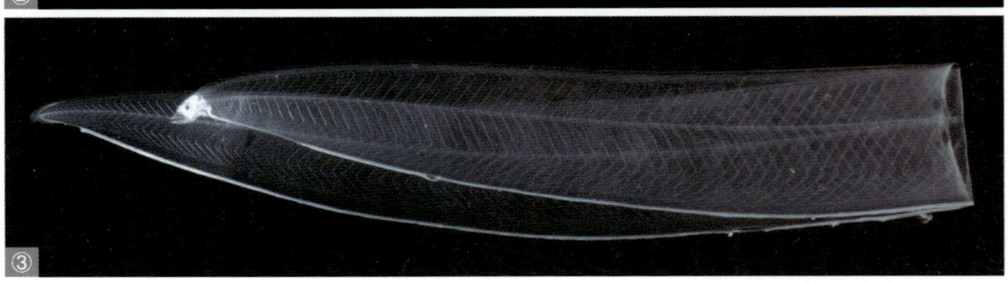

김성

뱀장어의 댓잎뱀장어 ①
N 13° E 135°, 2008년 6월 19일

무태장어의 댓잎뱀장어 ②
N 135° 37' E 14° 42', 2011년 5월 18일

갈붕장어류의 댓잎뱀장어 ③

한국, 중국, 일본의 하천에서 이곳 태평양의 깊은 바다까지 온다. 그러나 이들이 어떻게 이곳까지 찾아오는지는 아직도 신비에 싸여 있다

2010년 산란장이 밝혀지기까지 약 100년이 소요되었다. 뱀장어 산란장 연구 초기에는 어란을 수집하는 대신 종 분석이 비교적 쉬운 댓잎뱀장어를 수집하여 분석했다. 이들의 분포와 나이, 그리고 채집한 해역의 해류 방향과 속도를 연구했다. 1991년 북서태평양의 마리아나 군도의 서쪽에서 대량의 댓잎뱀장어를 발견했는데, 이들은 수심 75m에서 가장 풍부했다. 이 해역에서 수집된 댓잎뱀장어 이석에 기록된 일륜을 분석해 산란 시기를 추정하고 조사 해역 내 해류의 유속과 방향을 계산하여 산란장을 추정했다. 추정된 뱀장어 산란장은 미국령 괌의 서북쪽의 심해였다. 그러나 이곳에서 산란에 참여한 성체와 알은 여전히 발견하지 못했다. 설령 어란을 발견했다고 하더라도 형태 형질만으로 뱀장어의 것임을 입증하기는 매우 어려운 실정이었다. 뱀장어의 유생으로 추정한 산란장의 중심부는 어란이 발견된 곳과 약 300km의 차이가 있다. 즉, 댓잎뱀장어를 통해 어류의 산란장을 정확하게 밝히는 것이 어렵다는 반증이다.

뱀장어의 자원량이 감소한다고 추정되는 이유에는 다양한 요인이 있을 수 있다. 전 지구적인 기후 변화나 뱀장어의 서식처인 강과 하천의 환경 변화에서도 그 원인을 찾을 수 있다. 뱀장어의 자원량 감소에 대한 직접적인 현상은 뱀장어 양식에 필요한 종묘인 실뱀장어 소상량의 급격한 감소이다. 원양에서 강과 하천 어귀에 도착한 실뱀장어는 이들이 서식처인 강과 하천으로 가기 위해 많은 종류의 장애물을 통과해야 한다. 강과 하천의 대규모 방조제, 크고 작은 많은 보, 그리고 강의 직강화 같은 구조물들은 이들의 이동 경로를 막고 서식 환경을 악화시킨다. 현재 한국과 일본에서 뱀장어 인공산란 연구를 통해 뱀장어 양식에 필요한 실뱀장어 종묘 생산을 성공시켰다. 뱀장어의 자원량이 감소하고 있는 이 시점에 이러한 성과는 뱀장어 자원 보호를 위한 해법일 것이다.

무태장어가 뱀장어와 산란장을 공유하는 것이 흥미롭다. 무태장어는 동남아시아에 널리 서식하고 있다. 우리나라에서는 제주도의 천지연 폭포에서 발견되었고, 학술적 가치로 인해 한때 천연기념물로 보호되었다. 부화된 무태장어의 댓잎뱀장어는 뱀장어의 것과 달리 동남아시아로 간다. 무태장어와 뱀장어는 같은 장소에서 태어나지만 본능에 따라 망망대해에서 자신들의 서식지를 찾아간다.

● 앨퉁이의 산란 생태

앨퉁이는 우리나라 동해에서 빛을 내는 유일한 물고기다. 크기는 5~6cm, 자원량은 약 3백만 톤이나 된다. 이 종의 서식지는 우리나라 동해, 일본 오키나와, 하와이 주변은

앨퉁이 난의 표면과 내부, 그리고 치어와 성어 ① 앨퉁이 난의 표면 ② 앨퉁이 난의 내부 ③ 앨퉁이 치어, 눈 아래와 꼬리 아래의 검정색 점은 빛을 내는 발광기관 ④ 앨퉁이 성체, 눈, 몸통, 꼬리의 아래의 흰색 부분이 발광기관이다.

물론 멀리 남아프리카와 나미비아 등의 대륙붕단 주변 해역이다. 특히 지리적으로 매우 멀리 떨어진 동해와 나미비아 두 집단은 형태형질은 물론 유전적 형질도 거의 같다. 두 집단은 지금으로부터 50~80만 년 전 홍적세 기후 변동 때 분리되었다.

동해에서 번성한 앨퉁이의 산란 생태는 매우 독특하다. 가장 큰 특징의 하나는 연중 산란이다. 산란 수심은 수온약층 하부의 150~200m 수층이며, 산란장은 동해 서남부 즉, 대한해협 북부의 대륙붕단 지역이다. 대한해협을 통해 동해로 들어오는 대마난류의

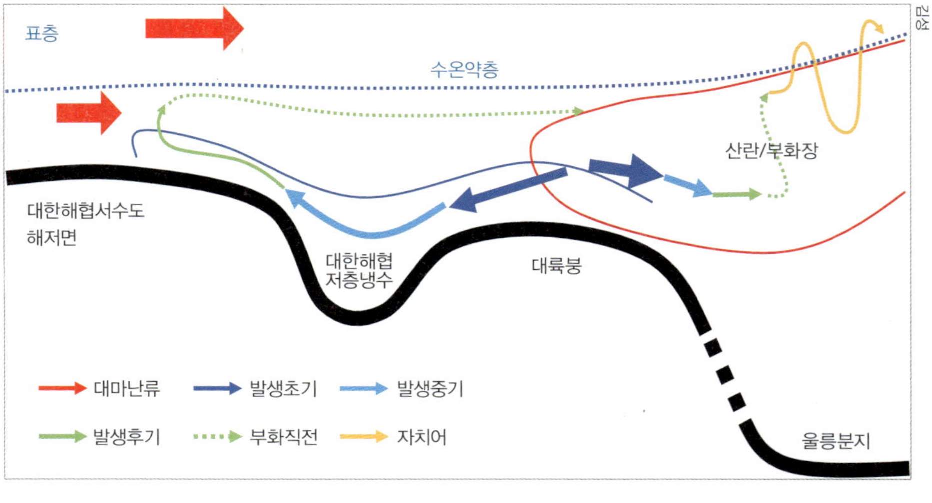

해류에 의한 앨퉁이 난의 이동 모식도

대륙붕에서 산란된 앨퉁이 난은 대한해협저층냉수에 의해 일부는 남쪽으로, 일부는 대마난류에 의해 북쪽으로 이동한다. 표층과 저층의 해류는 서로 반대 방향이다. 부화된 자치어는 일주기 수직이동을 하며 북쪽으로 이동한다.

지속적인 흐름에도 불구하고 산란장과 부화장은 일정하다.

앨퉁이의 산란 생태를 이해하기 위해서는 대한해협과 동해 해류에 대한 이해가 필요하다. 간략하게 설명하면, 동해 서남부 해역에 위치한 대한해협에는 남쪽에서 북쪽으로 대마난류가 지속적으로 흐르고 있다. 이 해협의 바닥에는 동해의 울릉분지에 있는 차가운 물이 북쪽에서 남쪽으로 흐른다. 이 차가운 물 덩어리를 대한해협저층냉수라고 한다. 흐름의 세기와 영향 범위는 계절에 따라 변하는데, 여름에 가장 강하고 겨울에 가장 약하다. 봄과 가을은 그 중간쯤 된다. 동해로 들어온 난류는 울릉도 부근 해역에서 남북으로 크게 사행하며 동쪽으로 흐른다.

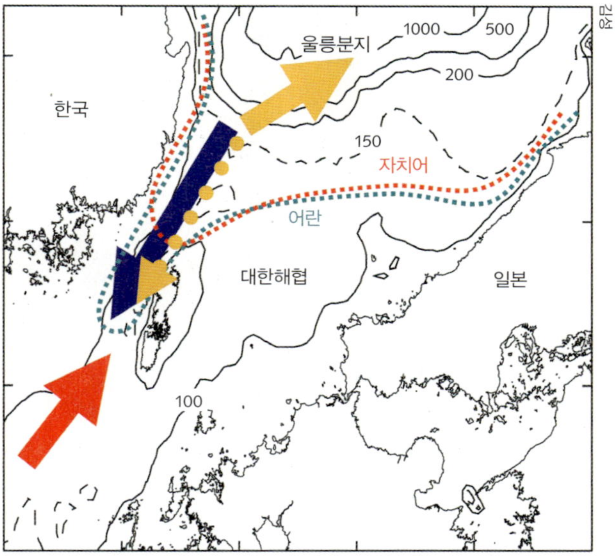

동해 서남부해역에서 앨퉁이 산란생태 모식도

청색선은 대한해협저층냉수, 빨강선은 표층의 대마난류, 빨강과 녹색 점선은 어란과 자치어의 남방분포한계, 황색점선은 대한해협저층냉수에 의해 남으로 이동한 어란이 부유하여 북쪽으로 이동한 경로, 황색선은 부화장의 어란과 자어들이 대마난류에 의해 이동한 방향이다.

동해 서남부 해역의 수온약층 하부에서 산란된 앨퉁이 알은 대부분 산란된 해역에서 부화를 한다. 하지만 일부는 해류를 타고 산란장을 벗어나 북쪽과 남쪽으로 이동한다. 남쪽으로 향하는 앨퉁이 알은 남향의 대한해협저층냉수를 타고 부산과 대마도 사이의 대한해협 서수도로 간다. 남쪽으로 가는 범위는 대한해협으로 대한해협저층냉수의 관입 범위와 같다. 북쪽에서 남쪽으로 앨퉁이 알이 수송된 증거는 북쪽에서 남쪽으로 갈수록 나이 많은 알의 비율이 증가한다는 점에서 찾을 수 있다. 대부분의 물고기 알은 발생이 진행됨에 따라 밀도가 증가한다. 이러한 특징으로 인해 알이 남쪽으로 이동하는 동안 밀도가 증가해 표층으로 떠오르기가 더 어려워진다.

한편, 부화 직전의 알은 밀도가 갑자기 감소하며, 증가된 부력으로 인해 알은 저층에서 표층을 향한다. 이 알들은 북쪽에서 남쪽으로 흐르는 대한해협저층냉수를 벗어나 남쪽에서 북쪽으로 향하는 대한해협저층수 상부에 있는 대만난류로 갈아타 이동 방향을 바꾼다. 대마난류의 속도는 대한해협저층냉수보다 매우 빠르다. 이러한 해류 특성 때문에 대한해협의 서수도에 도달한 성숙된 알은 이곳에서 부화되기 전에 표층의 빠른 흐름에 편승하여 최초의 산란장으로 되돌아가 부화를 한다. 앨퉁이 산란장에서 알의 일부는 북쪽을 향해 흐르는 대마난류에 편승하여 울릉도 북부 해역으로 이동하면서 부화한다.

부화장에서 부화된 자치어들은 대마난류로 인해 북쪽으로 향한다. 자치어는 일주기

고등어 난자치어
① 고등어 난
② 고등어 자어
③ 고등어 치어
④ 고등어 성어

수직 이동을 이용해 밤에는 표층으로 올라와 북쪽을 향하는 흐름을 타고, 낮이 되면 수온약층 하부로 내려간다. 수온약층 아래는 표층만큼 흐름이 빠르지 않다. 이렇게 일주기 수직 운동을 하면서 천천히 해류를 타고 북쪽으로 움직인다. 이러한 증거는 앨퉁이 자치어의 해역별 크기로 확인이 가능하다. 대한해협 북부의 부화장에는 갓 부화된 자어들이 대부분이다. 그러나 부화장을 벗어나 북쪽으로 갈수록 자치어의 크기가 점점 커진다. 여기서 자치어의 크기는 나이와 동격이다.

해류에 의해 북쪽으로 수송된 자치어들이 산란장으로 되돌아가는 수단 역시 해류이다. 울릉분지의 북쪽에 도착한 자치어들은 울릉도를 중심으로 남북의 큰 사행하는 해류를 따라 동쪽으로 이동한다. 자치어를 수송한 해류의 이동축 하나가 일본 오키섬 부근의 대륙붕단 주변 해역을 지날 때 자신이 태어난 곳으로 되돌아갈 수 있는 길을 찾는 것으로 추정된다.

● 고등어의 산란 생태

고등어를 가장 쉽게 볼 수 있는 장소는 바다가 아닌 우리의 식탁이다. 그만큼 상업적 이용도가 매우 높다는 반증이다. 이 종은 북서태평양(한국, 필리핀, 중국, 일본), 일본의 북부~하와이, 동태평양의 알래스카~칠레, 남서대서양 등 광범위한 해역에 분포한다.

고등어의 산란 생태는 많은 연구에도 불구하고 아직 완벽하게 규명이 되지 않은 실정이다. 산란장을 규명하기 위한 가장 손쉬운 방법은 어란을 수집해 고등어 어란의 출현 유무를 확인하는 것이다. 하지만 종 분석의 어려움 때문에 이를 검증하기는 쉽지 않다. 포란한 성체의 분포와 출현 시기를 분석하는 것 또한 많은 연구가 필요하다.

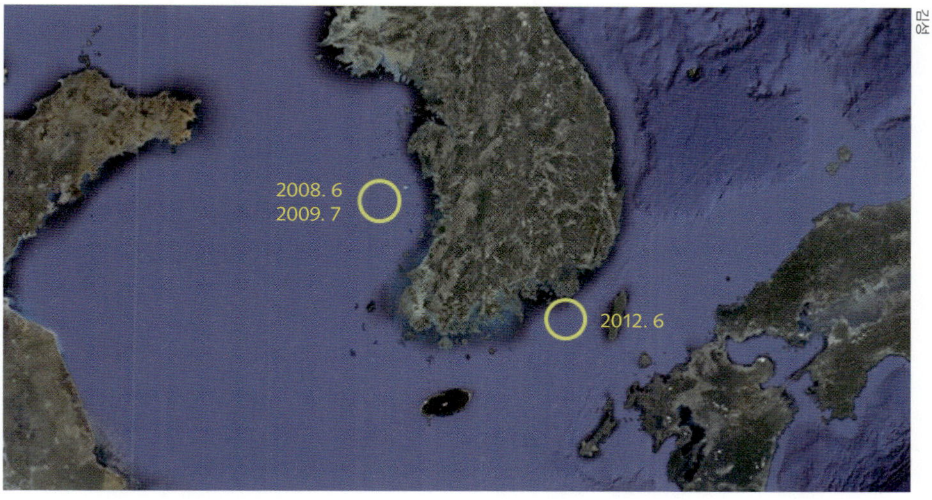

김성

고등어 어란

노란색 원 두개가 고등어 어란의 발견 해역이다.

이러한 상황에 대한 대안 연구가 바로 고등어의 자치어 분포와 출현 시기 분석이다. 이 연구는 우리나라에서 1965년 국립수산과학원에 의해 처음 수행됐다. 그 후 다양한 연구 기관에서 조사한 고등어 자치어 분포 자료를 토대로 고등어 산란장에 대한 비밀의 일부가 밝혀졌다.

한반도 주변 해역에서 고등어의 산란장은 제주도 동남부, 대한해협, 동해 서남부 해역에 위치한 일본의 오키섬, 대만의 북부 해역이다. 고등어 산란 시기 분석에 사용된 방법은 자치어의 분포 특성, 성체의 포란율 변화, 고등어 유어의 이석 분석 등이다. 최근에는 고등어 산란장 분석을 위해 어란의 유전자 분석도 이루어지고 있다.

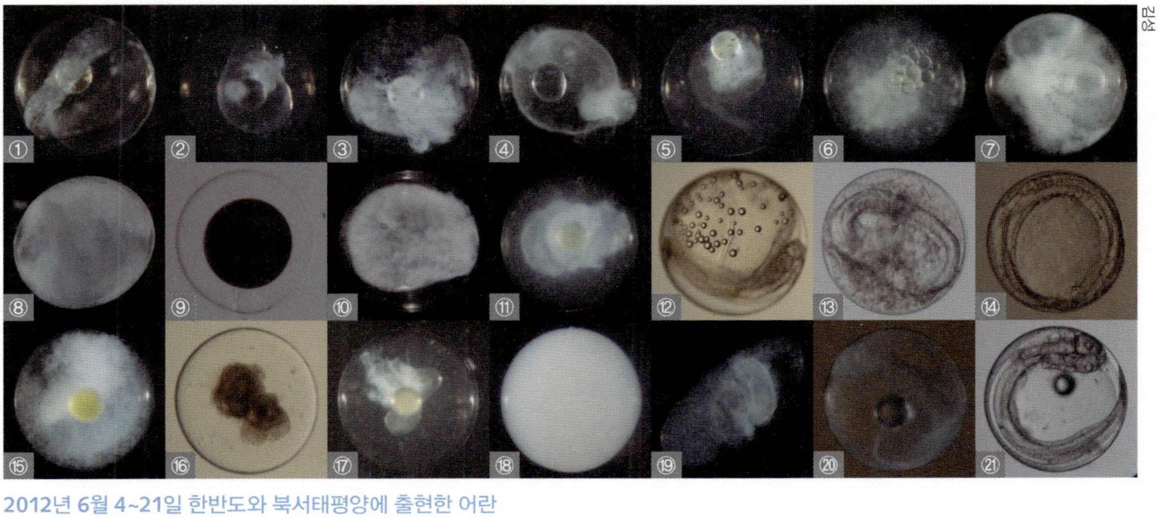

김성

2012년 6월 4~21일 한반도와 북서태평양에 출현한 어란

① 가다랑어, ② 다랑어류, ③ 녹새치, ④ 잿방어, ⑤ 줄만새기, ⑥ 몽치다래, ⑦ 가시복, ⑧ 오징어류, ⑨~⑪ 곤쟁이류, ⑫~㉑ 기타 어란

고등어 성체의 포란율 변화에 의하면 한반도의 남부와 동중국해의 산란 시기는 2~6월이다. 동중국해에서 수온이 상대적으로 높은 대만 북부 해역의 산란 시기는 2월로 가장 빠르고, 제주도를 포함한 한반도 남부 해역이 6월로 가장 늦다. 한반도 남부에서 수집한 고등어 유어 이석의 일륜 분석에 따르면 이 종은 5월 상순부터 약 5주 간 산란한다. 가장 많이 알을 낳는 절정기는 5월 중에 2회 발생한다. 자치어 분포에 따르면 고등어의 산란장은 제주도 동부 해역과 대한해협으로, 제주도 동부 해역에서는 12~3월, 대한해협에서는 5~6월에 산란한다. 조사 방법에 따라 산란 장소와 산란 시기에 많은 차이가 있다. 이 같은 차이는 많은 연구에도 불구하고 한반도 주변 해역의 고등어 산란장이 아직 명확하지 않다는 증거이다. 산란장 연구의 핵심인 고등어 어란의 출현 정보가 거의 없기 때문이다.

최근 한반도 주변 해역에서 고등어 알의 분포가 확인되었다. 기존에 고등어의 산란장으로 알려진 대한해협(2012년 6월)과 산란장의 존재가 알려지지 않은 황해의 어청도 서남부 해역이다(2008년 6월과 2009년 7월). 고등어 알의 정확성은 단일 개체의 어란에서 추출한 유전자로 확인했다. 황해에서는 어란 이외에도 고등어의 자치어가 함께 발견되었고, 역시 분자마커를 활용해 종의 정확성이 검증되었다. 황해에서 고등어 어란이 발견되기 전에도 이 종의 자치어 출현이 보고되었지만 출현 빈도는 남해나 대한해협보다는 매우 적었다. 황해에서 고등어 어란이 발견된 것은 이 종이 남해에서 황해로의 단순한 계절 회유를 넘어 이 해역을 산란장으로 활용하고 있음을 시사한다.

● 난자치어의 모습

현재 단순한 난자치어 기반의 산란 생태 연구에서 나아가 어란을 분석해 산란장을 규명하려는 연구가 점점 늘어나고 있다. 연구가 진행됨에 따라 실제 어란의 모습도 확인되고 있다. 우리나라 주변 해역에서 수집된 어란 표본 중 분자마커를 통해 종의 정확성이 규명된 종에는 전어, 멸치, 황아귀, 꽃돛양태, 만새기 등이 있다. 한국해양과학기술원에서는 2012년에 북서태평양에서 수집된 다양한 종류의 어란을 분자마커를 활용하여 분석했다. 종 판별력은 어란의 분류군에 따라 종, 속, 과 수준으로 차이가 있었다. 때로는 유전자 정보의 부재로 인해 종 동정이 불가능하기도 했다. 오징어류와 곤쟁이류의 알도 어란과 유사한 점이 흥미롭다.

난자치어는 성어와 매우 다른 모습을 하고 있다. 난자치어의 크기도 종에 따라 다양하다. 발생 단계에 따라 모양이 극적으로 다른 경우도 많다. 대표적은 것은 뱀장어목 어류로, 이 분류군의 유생이 난자치어 중 가장 길다. 북서태평양에서 수집된 갈붕장어류의 댓잎뱀장어는 길이가 25cm에 달한다.

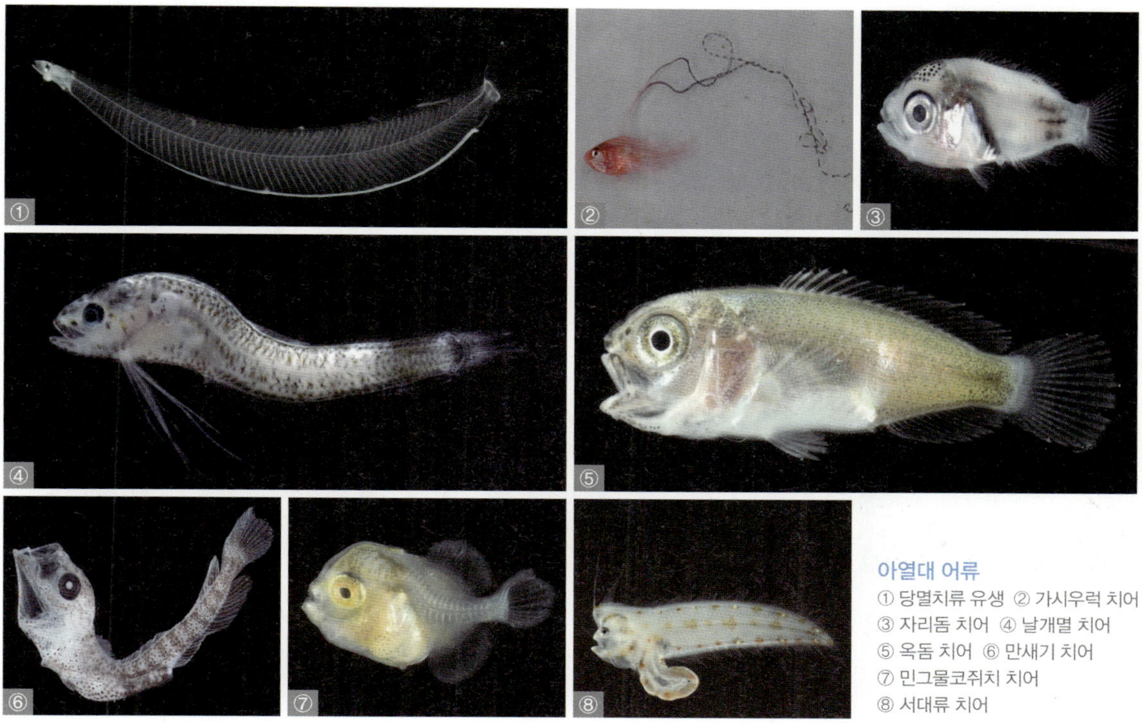

김성

아열대 어류

① 당멸치류 유생 ② 가시우럭 치어
③ 자리돔 치어 ④ 날개멸 치어
⑤ 옥돔 치어 ⑥ 만새기 치어
⑦ 민그물코쥐치 치어
⑧ 서대류 치어

김성

연근해 어류

① 씬벵이류 치어
② 씬벵이류 유어
③ 샛돔 치어
④ 넙치 자어
⑤ 앞동갈베도라치류 치어

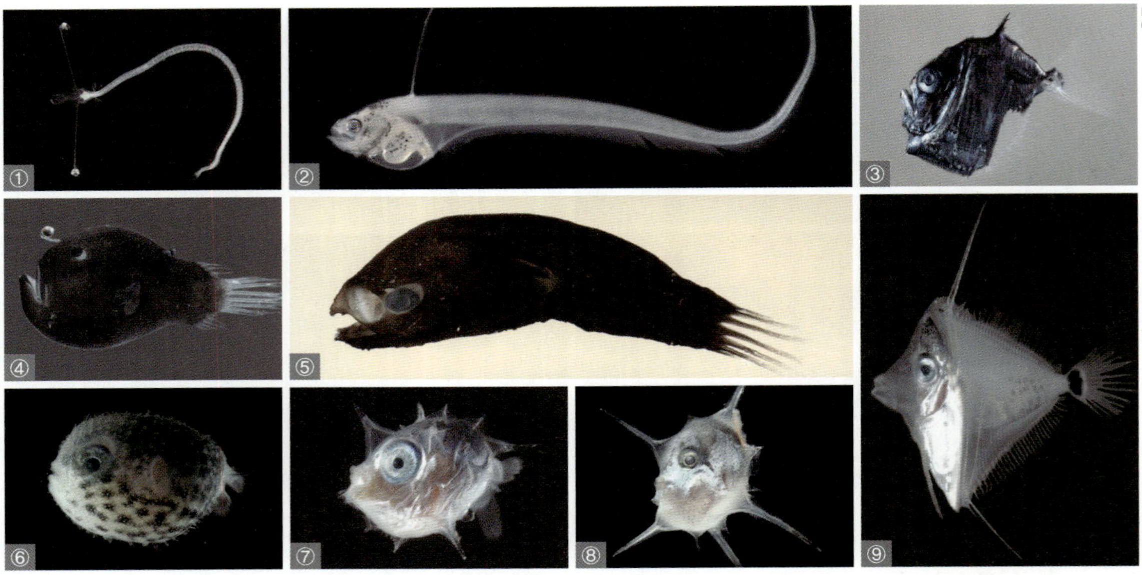

김성

열대와 심해 어류 ① 앨퉁이목 치어, 눈이 가느다란 줄기 끝에 매달려 있다. ② 첨치목 치어 ③ 앨퉁이과 유어 ④ 심해 아귀류 유어 ⑤ 심해 아귀류 수컷 ⑥ 가시복류 치어 ⑦ 쐐기개복치 치어 ⑧ 물개복치 치어 ⑨ 표문쥐치류 치어

우리나라 주변 해역은 물론 북서태평양에서도 많은 종들의 난자치어가 수집되었다. 하지만 아직 이들의 형태형질에 대한 체계적인 정리가 부족한 실정이다. 표본을 정리하고 형태형질을 기록하는데 많은 시간이 소요되기 때문이다. 최근 IT 기술의 발달에 힘입어 난자치어 표본의 형태를 손으로 그리는 대신 디지털기술로 기록한 자료가 점점 증가하고 있다. 본문의 난자치어 사진들은 북서태평양의 선상에서 촬영한 난자치어와 연구실에서 표본의 다중촬영 후 이미지처리 프로그램으로 해상도를 높인 것들이다.

● 난자치어 연구의 어려움

난자치어를 활용하여 어류의 산란장과 자원량을 추정하는 것은 채집의 편리함에도 불구하고 종 분석이 어렵기 때문에, 난자치어 연구자가 매우 적은 실정이다. 전 세계적으로 자치어 연구에 종사하는 연구자는 성어 연구자의 1/10 정도이다. 어란 연구에 관심을 갖는 전문가는 자치어 연구자의 1/10에 불과할 정도로 매우 적다.

형태형질 기반의 난자치어 연구는 많은 한계가 있다. 가장 큰 어려움은 종 분석이다. 어란의 가장 공통적인 모습은 둥글다. 종에 따라서는 타원형이나 표면에 독특한 구조물들이 있어서 쉽게 형태형질로 종 수준의 분석이 가능하다. 한반도 주변 해역에서 이에 해당하는 종은 멸치와 앨퉁이, 꽁치 등이다. 그 이외의 종들은 목, 과, 속 정도만이

김성

난자치어 채집용 그물(IKMT)

분석 가능하다. 형태정보 이외에도 부가적으로 어란을 수집한 장소와 시간도 매우 중요한 정보를 제공한다. 자치어는 어란보다는 분석에 필요한 형태형질들이 더 많다. 자치어가 성장함에 따라 종 분석에 필요한 형태 정보들이 증가하지만 여전히 종을 분석하기는 어렵다.

● 앞으로의 난자치어 연구 방향

최근에 난자치어 연구에 유전자를 활용한 연구 결과가 하나 둘 증가하고 있다. 유전자를 활용해 어란을 하나씩 동정하는 기술도 확립되었고, 대량의 혼합 어란 종 조성도 분석하는 기술이 개발되었다. 그러나 유전자 분석 기술을 활용하여 어란을 연구하기 위해서는 많은 시간과 비용이 든다. 아직도 종 분석의 표준으로 사용할 수 있는 유전자 정보가 부족한 실정이다. 현재 BT와 IT 분석기술의 발전 속도를 보면 가까운 근래에 분석 비용과 시간이 큰 폭으로 떨어질 것으로 보이며, 이로 인해 관련 자료도 증가할 것이다. 따라서 전통적인 형태분류 기반의 난자치어 연구에서 BT와 IT기술의 융합 연구로 발전할 것으로 예측된다.

종 분석이 어려운 난자치어는 물론 다양한 종류의 해양생물의 유생까지 BT와 IT 기술을 활용해 짧은 시간 내에 대량의 표본 분석이 가능한 시점이 다가오고 있다. 이러한 기술의 발달은 향후 해양생태계 구성요소를 밝히는 연구 등에 널리 활용되어질 것으로 생각된다.

해양어류

오랜 시간 복잡한 진화 과정을 거쳐 크게 번성한 어류는 인간과 가장 친숙한 수산자원이다.

유재명 한국해양과학기술원

어류, 즉 물고기는 척추동물 중 종이 가장 많은 무리이다. 현재 지구상에 살고 있는 물고기 종류만 약 20,000~22,000종으로, 척추동물인 양서류, 파충류, 조류, 포유류를 모두 합한 종보다 많다. 물고기가 지구상에 나타난 것은 대략 5억 년 전인데, 초기의 물고기는 오늘날 물고기와 달리 턱이나 지느러미, 비늘이 없었다. 그러나 척추동물의 특징인 등뼈가 있었고 뼈대가 매우 단단해 화석으로 보존될 수 있었다. 비록 진화 과정에서 수천 종이 멸종했지만 그 가운데 일부는 화석으로 남아 오늘날 살고 있는 물고기와 어떤 관계가 있는지 살펴볼 수 있다. 진화과정에서 턱이 가장 먼저 발달한 까닭에 먹이의 포식이 쉬워 물고기가 크게 번성할 수 있었다고 볼 수 있다.

kixxhunt.tistory

칠성장어의 입

● 물고기란 무엇인가

물고기는 크게 세 갈래로 나눌 수 있는데, 턱이 없는 무악어류와 뼈가 물렁뼈로 된 연골어류, 그리고 뼈가 딱딱한 경골어류로 구분된다. 이들 세 갈래의 물고기는 모양과 내부구조, 습성이 매우 다르지만, 아가미로 호흡하고 지느러미로 헤엄치며 대부분 등뼈와 비늘을 갖고 있다는 점이 공통점이다.

무악어류 – 턱이 없는 물고기

턱이 없는 물고기를 무악어류라 하며, 흔히 입이 둥글다는 뜻의 원구류(圓口類)라고도 부른다.

김웅서

오스트리아 빈 자연사박물관의 어류화석

무악어류는 고대에도 존재했던 물고기로 한때는 크게 번성했지만 오늘날에는 칠성장어, 먹장어 두 무리만 존재한다.

칠성장어는 일생을 연안에서 살다가 산란기에만 강으로 올라와 산란한다. 먹장어는 보통 곰장어로 불리는 물고기로, 일생을 바다에서 보낸다. 이들은 물렁뼈로 이루어져 있고 비늘이 없으며 피부에서 점액을 분비한다. 입은 둥근 흡반 모양으로 머리에는 1개의 콧구멍을 가진 것이 공통점이다. 그러나 칠성장어가 입 속의 둥근 빨판 속에 작고 강한 이빨이 있는데 비해 먹장어는 육질의 수염이 있고 가늘고 긴 구멍 모양의 입을 가진다. 칠성장어는 기생성 물고기로 살아 있는 물고기에 붙어 빨판의 입으로 구멍을 내고 근육과 혈액을 먹는 반면 먹장어는 주로 죽은 물고기나 무척추동물을 먹는다. 칠성장어는 산란기 때 강으로 올라와 자갈에 수천 개의 알을 낳으며, 이 알은 암모시테스(ammocoetes)라 하는 지렁이 모양의 어린 물고기로 부화한다. 이 어린 물고기는 3년 정도 강에서 생활하다가 어미가 된 후 바다로 이동한다. 이와는 달리 먹장어는 칠성장어보다 적은 수의 큰 알을 바다에 낳는다. 두 종류의 무악어류는 대서양, 태평양 등지에 45종 정도 살고 있는 것으로 알려져 있다.

연골어류 – 물렁뼈로 된 물고기

연골어류는 상어, 가오리, 은상어와 같이 뼈가 연골로 된 물고기로, 수백만 년에 걸쳐 살아 왔지만 큰 변화가 없는 무리로 알려져 있다. 이 무리는 대체로 심해에 살며 새끼를 낳는데, 온혈성인 물고기에서 보기 드문 형질을 갖는 종이 있다. 이빨은

김웅서

연골어류
① 상어
② 가오리
③ 괭이상어

단단한 에나멜질로 덮여 있으며 비늘이 방패비늘인 것이 특징이다. 그리고 이 무리는 부레가 없어 헤엄을 치지 않으면 대부분 가라앉지만, 대신 기름이 가득 찬 큰 간을 갖고 있어 부력을 조절하는 데 보조 역할을 한다. 현재 전 세계에 알려진 연골어류는 약 620종이 있다.

모든 연골어류는 수컷의 배 쪽에 교미기가 있고, 암컷의 배설강에 정자를 사정하면 몸속에서 알이 수정된다. 대부분의 상어와 가오리는 오랜 임신기간을 거쳐 새끼를 낳는데 어떤 종은 알을 낳는 난태생인 반면 어떤 종은 새끼를 낳는 태생이다. 상어류 중 태생인 종은 10% 정도이며 난태생인 종은 부화할 때까지 어미의 몸속에서 보호를 받는다.

연골어류의 대부분을 차지하는 상어는 그 종류가 약 370종이나 된다. 대부분 상어의 크기는 1m 미만이 절반 정도이며 고래상어 같이 12m가 넘기도 한다. 상어는 주변의 바닷물보다 체온을 높게 유지할 수 있는 온혈동물로, 체온이 높으면 근육을 따뜻하게 할 수 있어 빠르게 움직일 수 있다는 장점이 있다. 상어는 이빨이 무척 많은데, 앞줄의 이빨이 부러지거나 닳으면 바로 뒷줄에 있는 새 이빨로 교체된다. 이들은 일생동안 이빨을 수천 개나 가는 것으로 알려져 있다. 보통 상어라 하면 사람을 공격하는 물고기라고 여겨지지만, 실제 사람을 해치는 상어는 백상아리, 청상아리 등 몇 가지 종에 불과하다. 우리나라 연안에도 종종 나타나는 백상아리와 청상아리 중 크기가 6m 이상 자라고 몸무게가 2톤이 넘는 것도 있다. 반면 최근 우리나라 제주도 해역에서 잡힌 물고기 중 가장 큰 고래상어는 큰 몸집에 비해 성질이 유순한데, 몸집만큼 많은 먹이를 먹어야 하므로 아열대 바다처럼 먹이가 풍부한 곳에서 주로 살며 바닷물을 걸러서 먹이를 먹는다.

사람들이 상어의 뼈를 장신구 및 기념품으로, 지느러미는 고급 요리로, 간은 의약품과 화장품으로 이용하면서 상어 포획이 급격히 늘고 있다. 더욱이 상어는 번식속도가 느리기 때문에, 이러한 남획으로 최근 상어의 수가 계속 줄고 있는 실정이다.

연골어류 중 가오리는 납작한 원반모양으로, 날개처럼 큰 가슴지느러미를 갖고 있는 것이 특징이다. 가오리 중 쥐가오리는 날치처럼 물 위를 비행하는 습성이 있으며, 전기가오리는 전기를 저장하는 배터리와 같은 발전기관을 갖고 있다. 대서양산 전기가오리는 220볼트의 전기를 낼 수 있다. 이들은 전기를 이용해 먹잇감을 기절시키거나 포식자를 공격한다.

경골어류 – 굳은 뼈로 된 물고기

물고기의 대부분은 딱딱한 굳은 뼈로 된 경골어류로, 그 수가 20,000종이 넘는다. 다양한 모양과 크기의 경골어류는 남극과 북극 심해에 이르기까지 서식처도 매우 다양하다. 경골어류의 3분의 1은 하천 등의 민물에 살고 나머지는 바다에 살거나 바다와 강을 오르내린다. 경골어류는 일반 척추동물처럼 두개골, 척추, 늑골을 가지고 있다. 그리고 정교하게 움직일 수 있는 지느러미를 가지며, 지느러미에는 지느러미줄기가 있어 방향을 전환하거나 뒤로도 움직일 수 있다. 대부분의 경골어류는 부력을 조절할 수 있는 부레를 가지고 있는데, 예외적으로 바다 바닥에 사는 가자미와 같은 종류는 부레가 퇴화하거나 없다. 많은 경골어류가 부레를 진동시켜 소리를 내기도 하며, 참조기 같은 민어과의 물고기는 산란기 때 부레를 이용하여 내는 소리를 탐지해 어장을 판단하기도 한다. 부레가 없는 연골어류는 주로 헤엄을 잘 치고 큰 지느러미를 많이 활용하는데 비해 부레를 가진 경골어류는 지느러미를 이동하는 역할 이외에 구애, 섭식, 공격과 방어 등 다양하게 활용한다.

경골어류는 미각, 촉각, 청각, 후각의 감각 기관이 발달해 있다. 산호초에 사는 다양한 색깔을 가진 물고기는 색상을 구별하는 시각이 뛰어나고, 빛이 없는 심해에 사는 물고기는 눈이 퇴화한 대신 생존과 번식을 위한 후각과 청각이 발달해 있다. 심해 물고기는 먹이를 유인하거나 짝을 찾기 위한 발광 기관을 갖고 있으며 어둠 속에서도 먹이를 포획하기에 유리한 큰 입과 이빨이 발달해 있다.

대부분의 경골어류는 난자와 정자를 수중에 방출해 수정이 되게 하는 체외수정을 하는 것이 일반적이지만, 망상어나 열대어인 구피와 같은 어떤 종은 독특한 모양의 교미기로 암컷과 교미하여 새끼를 낳는 체내수정을 하기도 한다. 경골어류는 지느러미가 육질로 된 실러캔스(1938년 남아프리카에서 발견된 고대 물고기)나 허파로 호흡하는 아프리카산 폐어와 호주산 폐어 등 그 종류가 무궁무진하다.

경골어류
호주산 폐어

김웅서

어류의 골격구조

● 물고기의 구조

물고기의 내부는 일반 포유류의 몸 기관과 비슷한 구조로 되어있다. 물고기는 머리, 몸통, 꼬리 및 지느러미의 네 부분으로 이루어진다. 머리의 뇌는 눈이나 옆줄 등 감각기관을 통해 다양한 정보를 받아들이고 근육의 움직임으로 일어나는 여러 가지 동작이나 행동을 조절하는 역할을 한다. 물고기의 몸통 양쪽 중앙에 있는 옆줄은 체액이 가득 찬 관으로 되어있다. 이 옆줄은 물의 흐름이나 진동, 온도, 깊이 등을 감지하는 역할을 한다.

지느러미는 이동하거나 멈추기 위한 동작과 몸의 평형을 유지하는데 이용된다. 칠성장어, 먹장어 등의 무악어류는 지느러미가 잘 발달되어 있지 않고, 상어, 가오리 등의 연골어류는 지느러미가 두꺼운 피부에 싸여서 거의 고정되어 있다. 경골어류는 지느러미에 줄기가 있어 지느러미를 자유롭게 펴고 움직일 수 있다. 경골어류는 등지느러미를 몸을 회전하거나 균형을 잡는데 주로 이용하지만 연골어류는 물을 뒤쪽으로 밀어내는데 주로 이용한다. 뒷지느러미는 등지느러미의 역할과 비슷한데, 연어는 산란할 때 자갈을 파헤치는 데 이용하기도 한다. 가슴지느러미는 등지느러미, 배지느러미와 함께 방향을 전환하거나 멈추는데 이용하고, 꼬리지느러미는 주로 추진력을 내는데 쓰인다.

보통 지느러미의 모양만 보더라도 물고기의 생활방식을 알 수 있다. 가늘고 깊게 패인 꼬리지느러미를 갖는 다랑어나 돛새치는 빠르게 헤엄치는데 유리하며, 산호초에 사는 물고기들은 작은 동작에 알맞게 비교적 크고 넓은 가슴지느러미를 가진다.

물고기의 비늘

물고기는 대부분 표면이 비늘로 덮여있다. 무악어류를 제외한 연골어류 및 경골어류에는 모두 비늘이 있다. 종이 동일한 물고기는 비늘이 일정한 모양을 하고 있기 때문에 물고기 종류를 구분하는 형질로 쓰이기도 하며, 비늘에 나타나는 나이테 모양의 무늬로 연령을 알 수 있다. 경골어류의 비늘 모양은 평생 거의 같은데 물고기가 성장하면서 비늘도 같이 자란다. 나무의 나이테처럼 간격이 넓으면 그해 성장이 빨랐다는 것을 의미한다. 비늘이 없는 물고기의 경우 단단한 피부에 점액을 분비함으로서 물과의 마찰을 줄여 쉽게 헤엄치는 동시에 기생생물의 부착을 방지한다.

물고기의 비늘은 방패비늘, 코스민비늘, 둥근비늘, 굳비늘 및 빗비늘이 있다. 방패비늘은 상어류와 같은 연골어류에서 보이는 특이한 비늘로, 가오리류는 거의 퇴화한 모습을 보여 준다. 코스민비늘은 주로 화석어류에 보이는 비늘로, 고대 물고기 중 현존하는 실러캔스는 네 층으로 된 코스민비늘이 겹쳐 덮여 있다. 둥근비늘은 비교적 하등한 경골어류에서 볼 수 있는 일반적인 비늘인데 원형, 타원형, 사각형 등 여러 가지 모양을 하고 있다. 둥근비늘은 정어리, 연어 등에서 볼 수 있고 뱀장어는 아주 작게 퇴화한 둥근비늘이 피부 속에 묻혀 있다. 굳비늘은 철갑상어나 동갈치 등에서 볼 수 있는 비늘로 마름모꼴 모양을 하고 있다. 빗비늘은 대부분 비늘의 뒷부분에 작은 가시가 있으며, 농어, 숭어 등의 경골어류에서 많이 볼 수 있다. 그리고 전갱이, 철갑상어의 몸통 가운데 줄지어 있는 모비늘이 있다.

물고기의 색깔

바다에 사는 물고기는 다양한 색깔을 가진다. 물고기의 색깔은 생존을 위한 중요한 전술로 위장과 방어, 세력 과시를 위해 다양한 모양으로 발달해 왔다. 물고기의 색깔은 서식 환경, 먹이, 빛, 행동에 따라 다르며 상황에 따라 색깔을 변화시키기도 한다. 일반적으로 해양의 표층이나 한대지방에 사는 물고기는 흑갈색 또는 청록색을 나타내고 온대나 열대지방에 사는 물고기는 복잡한 무늬를 한 아름다운 색깔을 띠고 있다. 수심에 따라 보통 표층에서는 청색이나 은백색, 중층은 붉은색, 심해에서는 보라색과 검은색을 띤 물고기가 많다. 산호초에 사는 물고기는 점, 줄무늬, 얼룩무늬가 있는 화려한 색깔을 가지고 있는데 이러한 무늬는 포식동물로부터 은폐하거나 위협을 주기 위한 목적으로 이용하기도 하며 짝을 찾을 때 신호를 주는

산호초에 사는 어류

① 나비고기 (*Chelmon rostratus*)
② 옐로우 탱 (*Zebrasoma flavescens*)
③ 황제천사고기 (*Pomacanthus inperator*)

김웅서

①

②

③

수심에 따른 어류의 종류
바다의 표층부터 깊이가 깊어짐에 따라 각 층에는 서로 다른 종류의 물고기가 살고 있다.

역할을 한다. 화려한 색을 가진 물고기로는 나비고기, 놀래기, 쥐치 등이 있다.

● 물고기의 서식처

지구 표면적에서 바다는 70%, 담수는 1%를 차지하며 부피는 바닷물이 97%, 담수가 0.0093%를 차지한다. 여기서 물고기 종의 58%는 바다에 살고 41%는 담수에, 1%는 바다와 강을 넘나들며 살 수 있다. 바다는 수심이 증가할수록 수압은 증가하지만 수온은 낮아지며 이에 따라 먹이생물은 감소한다. 육지에 가까운 200m 이내의 대륙붕은 담수의 유입으로 영양염의 공급이 잘 이루어져 먹이생물이 풍부해 청어, 멸치 등 대부분의 상업적 물고기가 이 해역에 산다. 바다에 사는 물고기의 78% 정도가 수심 200m 이내에 분포하는 것도 먹이생물이 많기 때문이다. 그리고 미약하게 빛이 들어오는 1,000m 이내에는 참치, 상어 등이 분포하고 빛이 전혀 없는 4,000m 이내에는 심해아귀, 먹장어류가 살며, 뱀장어의 경우 이런 심해에서 산란한다.

2008년도에 일본에서 해양탐사 카메라로 태평양의 7,700m에 살고 있는 물고기를 촬영했는데 이 물고기가 지금까지 제일 깊은 곳에 사는 종으로 알려져 있다. 이 종은 몸길이 30cm 크기의 꼼치류의 일종으로, 보라색을 띤 분홍색 몸에 꼬리가 천사의 날개와 같다 하여 '천사의 물고기'라 불리기도 한다.

지금까지 알려진 바닷물고기 종류의 3분의 1 이상이 인도양과 태평양의 산호초에 살고, 대부분 상업적으로는 거의 이용되지 않는다. 우리가 상업적으로 많이 이용하는 고등어, 멸치, 청어 등은 보통 온대해역에서 무리를 지어 산다. 북극과 남극 바다에 서식하는 물고기는 종류가 적고, 상업적으로 이용되는 물고기는 남극대구, 등가시치류 등 매우 제한적이다.

● 다양한 형태와 습성의 물고기

바다는 매우 다양한 환경을 갖고 있기 때문에 물고기도 이에 적응하기 위해 다양한 모양과 독특한 습성을 가진다. 세계에서 가장 큰 물고기는 고래상어로, 길이가 15m나

김응서

다양한 형태의 물고기
① 고래상어
② 쏠배감펭
③ 해마
④ 흰동가리

된다. 가장 작은 물고기는 다 자란 수컷이 6.2mm 정도밖에 되지 않는 아귀류로, 특이한 것은 상대적으로 큰 46mm 정도의 암컷의 등이나 배에 붙어산다는 것이다. 그리고 가장 빨리 헤엄치는 물고기는 돛새치로 수중에서 시속 100km 이상 질주한다. 제주도에 많이 사는 동갈돔류는 암컷이 알을 입에 넣어 부화시키고, 해마와 실고기는 암컷이 수컷의 몸에 알을 낳아 부화할 때까지 수컷이 보살핀다. 어떤 놀래기는 능성어 같은 큰 물고기의 입 속의 찌꺼기나 피부에 붙어 있는 기생충을 먹으며 보호받는 공생생활을 한다. 그리고 말미잘과 흰동가리, 해파리와 물릉돔의 경우 말미잘과 해파리가 안전한 피신처를 제공하는 대신 흰동가리와 물릉돔이 먹이를 유인하는 공생관계로 살아간다. 그리고 수백 미터를 날 수 있는 날치가 있는가 하면 성대 같이 가슴지느러미로 기어다니는 물고기도 있다. 한 마리가 사람 수십 명을 죽일 수 있는 맹독을 가진 복어, 가시에 찔리면 통증과 마비 증세를 일으키는 노랑가오리, 쑤기미, 쏠배감펭 등 독을 가진 물고기도 50종이 넘는다.

해양 저서식물

바다의 바닥에 붙어 살아가는 해양 저서식물은
해양생태계의 1차생산자이자 서식처이며,
바이오에너지 자원으로도 각광받고 있다.

강래선 한국해양과학기술원

해양에는 미세한 크기의 단세포 식물성플랑크톤부터 수 미터에 이르는 다양한 크기의 해조류(macroalgae), 그리고 수십 미터 크기의 현화식물 등 광합성을 하는 다양한 1차생산자가 존재한다. 이 중에서도 다세포로 이루어져 부착기 또는 뿌리를 이용해 바닥에 붙어 살아가는 종류를 해양 저서식물이라 부른다.

해양 저서식물은 바다 속에서 광합성 과정을 통해 이산화탄소를 유기탄소로 만들어 내는 광독립영양생물(photoautotroph)이다. 이들은 광합성 과정을 거쳐 여러 해양생물들의 호흡에 필요한 산소를 생산 · 제공하고, 다른 해양생물들의 먹이가 되어 에너지를 전달하는 1차생산자 역할을 수행함으로써 해양생태계의 에너지 순환에 매우 중요한 역할을 하고 있다. 또한 해양 저서식물은 많은 어류 및 무척추동물들에게 포식자 등의 위협으로부터 몸을 보호하거나 정착하고 살아갈 수 있는 산란지와 서식처를 제공하는 역할을 한다. 인류에게는 식용, 의약품 및 기능성 물질로 사용되는 동시에 전 지구적 탄소 순환과 오염물질의 정화 등의 서비스를 제공하고 있다.

조하대 갈조류
감태 군락

강래선

해양 저서식물은 크게 해조류(macroalgae)와 해산현화식물(marine angiosperms)로 구분된다. 일반적으로 해조류에는 남조류, 녹조류, 갈조류, 홍조류를 포함시키고 있으며, 해산현화식물에는 해초류(sea grasses), 염습지 식물(salt marsh plants), 맹그로브(mangroves)가 있다.

● 해조류

남조류

전 세계에 분포하고 있는 남조류는 핵막이 없는 원핵세포로 이루어진 생물체이기 때문에, 진화 계열에서 박테리아와 같이 매우 하등한 생물로 분류한다. 두 개의 광반응계(photosystem)가 존재하고 광합성 부산물로 산소를 대기 중에 방출하는 최초의 생물이기에, 생물의 진화 역사에 있어서 중요한 위치를 차지하고 있다. 또한 남조류는 매우 뛰어난 환경적응력을 가지고 있어 해수뿐만 아니라 담수에서도 살 수 있고, 다른 생물체와 공생하는 등 다양한 환경에서 서식하고 있다.

형태적으로 남조류는 세포 및 엽체의 분화가 제대로 이루어져 있지 않다. 현미경으로만 식별이 가능한 아주 작은 크기인 남조류는 대부분 몇 개의 가지를 지닌 하나의 열을 이룬 실 모양이며, 생식기관이 뚜렷하게 분화되어 있지도 않다.

대부분의 남조류는 몸체의 일부분이 몸체로부터 떨어져 나와 다시 하나의 개체로 살아가는 영양생식법으로 번식한다. 그러나 일부 남조류는 다량의 저장물을 포함한 두꺼운 막으로 싸인 휴면포자(생활사의 한 시기 중에 운동성을 잃어버리고 세포막의 표면에 강한 막을 형성하여 휴면상태로 되는 포자)를 형성한다. 휴면포자는 형성된 후에 곧 하나의 개체로 자랄 수 있는 능력이 있으나, 아주 건조하거나 높은 온도와 같은 혹독한 환경을 거친 이후에만 성장한다. 휴면포자의 생존 능력은 매우 뛰어나, 실제 표본실에서 87년 간 보존되었던 포자가 다시 개체로 발생하기도 했다.

남조류는 환경에 대한 뛰어난 적응력으로 인한 형태적인 변이가 너무 심하기 때문에 분류하는 작업이 대단히 어렵다. 문헌 중에 나타난 종류는 7,500종에 이르고 있지만 자연에서는 200종 이하라는 주장이 제기되고 있는 실정이며, 우리나라에는 약 50종이 보고되어 있다.

녹조류

녹조류는 생식법이나 엽록체의 구조, 광합성 색소가 육상식물과 가장 가까운 종류로서 해조류중에서 가장 진화한 분류군이다. 현재까지는 녹조류가 육상식물의 조상이라는 직접적인 증거인 화석 기록이 존재하지 않지만, 최근 핵산의 서열, 세포의 구조, 물질대사 등의 연구를 통해 녹조류가 육상식물의 직접적인 조상인 것으로 인식되고 있다.

녹조류가 선명한 초록색을 띠는 이유는 이들이 현화식물과 거의 유사하게 엽록소 *a*와 *b*, 크산토필(xanthophyll), 카로테노이드(carotenoid) 등의 광합성 색소가 복합되어 있기 때문이다. 이들은 대부분 암수로 구분된 개체들로부터 발생한 생식세포에

강래선

조간대 녹조류 구멍갈파래 ①

조간대 녹조류 염주말 ②

의해 새로운 개체가 자라게 된다. 예를 들어 홑파래의 경우, 암수 홑파래는 성숙기가 되면 각 세포에서 수많은 암수 배우자를 형성한다. 암수 배우자는 어미세포로부터 튀어나와 접합하여 공 모양의 접합자로 자란다. 접합자에서는 다시 유주자라는 새로운 형태의 생식세포를 만들고, 이 유주자가 다시 눈에 보이는 홑파래로 자란다.

우리나라에서 보고된 녹조류는 80종 이상으로 알려져 있으나, 생물량이 가장 많은 종류는 파래류와 갈파래류이다. 우리나라의 녹조류들은 그 크기가 대개 50cm 이하로 작으며, 대규모로 분포하는 것을 볼 수 없다. 그러나 캘리포니아 연안에서는 옥덩굴류의 일종이 1km^{2}에 달하는 면적에 넓게 펼쳐져 서식하고 있으며, 10cm의 두께로 융단처럼 밀집해 있다고 알려져 있다. 또한 멕시코 연안에서 살아가는 청각류 중에서 아주 큰 것들은 폭 25cm, 길이 8m에 이른다.

최근 제주 연안과 시화호 인근 연안 등에서 녹조류 대발생(green tide) 현상이 나타나 환경문제로 부각되고 있다. 녹조류 대발생은 국내 연안에 흔하게 분포하는 파래류와 갈파래류가 과잉 성장해 연안의 바위를 뒤덮거나, 조류에 떠밀려 연안에 띠 모양으로 쌓이는 현상이다. 이러한 현상은 연안에서 이루어지는 어업 활동에 지장을 주고 연안의 심미적 기능을 떨어뜨려 여가 활동에 피해를 준다. 또한 연안에 밀려온 녹조류가 부패하여 발생하는 황화수소는 악취를 발생하고 연안에 서식하는 저서생물의 생존을 위협하는 등 환경 문제를 야기한다. 2006년 제주 연안에서는 765톤의 녹조류가 수거되기도 했다.

갈조류

갈조류는 우리에게 매우 친숙한 해조류로, 식탁에 흔하게 오르는 미역, 다시마, 모자반, 톳 등이 갈조류에 속한다. 대부분의 갈조류는 크기가 대단히 크고 구조가 어느 해조류보다 잘 분화되어 있다. 세계에서 가장 큰 갈조류는 마크로시스티스(*Macrocystis*)로 그 길이가 30~40m에 달한다. 우리나라 바닷가에서 흔하게 볼 수 있는 괭생이모자반도 자라는 수심에 따라 10m 이상까지 성장한다. 갈조류가 갈색을 띄는 것은 엽록소에 비해 푸코잔틴(fucoxanthin)이라는 갈조류 고유의 광합성 색소가 상대적으로 많기 때문이다.

다수의 모자반에는 몇 년을 사는 줄기가 있다. 줄기에서 여러 개의 가지가 나오며, 가지에서는 다시 작은 가지가 나온다. 잎은 작은 가지에 붙어 있고, 잎과 작은 가지 사이에는 기낭이 있다. 기낭은 엽체가 물 속 또는 해수면에 떠 있게 하는 역할을 한다. 부착기는 모든 해조류에서와 같이 엽체를 암반에 부착시키는 역할을 할 뿐이며, 부착기를 통해 영양분을 흡수하지는 않는다.

모자반류를 제외한 대부분의 갈조류는 암수가 구별되지 않는 무성세대와 암수가 구별되는 유성세대가 번갈아 일어나는 세대교번을 하며, 대표적인 세대교번의 예를 미역에서 볼 수 있다. 우리가 먹는 미역은 무성세대인 포자체이며, 이 포자체의 줄기 아랫부분에 위치한 생식기에서 작은 유주자가 방출된다. 유주자는 바다 속에 떠다니며 우연한 기회에 바위에 붙게 되고, 바위에 붙은 유주자는 싹을 내어 암수 배우체로 자란다. 성숙 조건에 이르게 되면 암배우체에서는 구형의 난을 만들고, 수배우체에서는 정자를 방출한다. 두 생식세포가 수정하여 어린 포자체로 자라며, 어린 포자체는 겨울 동안 충분히 자라 봄이 되면 먹을 수 있을 정도의 크기에 이른다.

강래선

모자반의 생식법은 갈조류 중에서 가장 잘 발달되어 있다. 대표적으로 괭생이모자반의 암수로 구분된 엽체는 성숙기에 이르면 잎과 작은 가지의 사이에서 암수 생식기관을 만든다. 암수 생식기관에서 난자와 정자가 방출되어 수정되면 어린 괭생이모자반이 된다.

조하대 갈조류 감태 ①
조간대 갈조류 톳 ②
조하대 갈조류 왜모자반 ③

조간대 홍조류 진두발

홍조류

홍조류는 전 생활사 중 편모가 없고 광합성 기구와 색소가 원시적 형태를 띤다는 점 때문에 진핵식물 가운데 가장 하등하다고 분류한다. 그러나 해양 저서식물 중에서 종류가 가장 다양한 무리이며, 전 세계에 분포하는 홍조류는 모두 4,000종에 이른다. 우리나라 연안에 분포하는 약 600종의 저서 해조류 중 홍조류가 70%에 이를 정도다. 우리나라에서 가장 잘 알려진 홍조류는 김이며, 김은 원시 홍조류에 해당한다.

홍조류의 색깔은 일정하지 않다. 일부 종류들은 녹색인 경우가 있으며, 갈조류로 혼동하는 경우도 있다. 이는 홍색의 광합성 색소인 피코에리드린(phycoerythrin)이 다른 광합성 색소에 덮여 특유의 홍색을 나타내지 못하기 때문이다.

조간대 홍조류 돌가사리

홍조류 중에서 가장 특색을 띤 무리는 석회조류로, 조간대나 조하대에서 큰 무리를 이루어 열대해안부터 극지방까지 널리 분포하고 있다. 석회조류 중 덩이 형태의 무리는 19세기 중반까지 산호와 같은 식충류로 취급되었다. 현재 이들은 홍조류의 산호말과에 속하는 식물로, 덩어리 산호말(crustose coralline algae)이라 부르고 있다. 제주 우도에 위치한 서빈백사해수욕장은 죽은 덩어리 산호말이 잘게 부서져서 생성되었으나 여전히 산호사해변으로도 알려져 있고, 죽은 산호가 잘게 부서져서 생긴 해변으로 오해하기도 한다. 석회조류의 또 다른 무리는 여러 개의 마디로 서 있는 형태의 마디산호말(articulated coralline algae)인데, 이들은 석회질로 굳은 마디 사이에 석회질이 없는 접속부가 있어 자유롭게 움직일 수 있다.

상업적 측면에서, 홍조류는 카라기난(carrageenan)과 한천(agar)의 원료로도 사용된다. 카라기난은 식품의 안정제, 화장품, 애완동물 먹이의 원료로 사용되고 있으며, 한천은 식품용 겔과 더불어 분자생물학 연구에 필수적인 재료인 미생물 배양용 배지와 전기영동용 겔의 원료로 사용되어 고부가가치 재료로 각광받고 있다. 최근에는 우뭇가사리의 섬유질을 이용한 종이 제작 기술이 개발되어 목재를 이용한 종이 생산의 대안으로 주목받기도 했다.

해조류의 공간 분포

해조류의 공간 분포를 지배하는 1차적인 환경요인은 수온이다. 대체로 수온이 낮을수록 생물량과 다양성이 증가한다. 기후적으로 우리나라는 온대에 속하기 때문에 비교적 다양한 종류의 해조류가 살 수 있다. 다만 서해안에서 해조류를 찾아보기는 어렵다. 이는 서해 대부분의 해안가가 갯벌로 이루어져 해조류가 붙어서 살 수 있는 암반이 많지 않고, 암반이 있다고 하더라도 심한 조수간만의 차이로 인해 공기 중에 노출되는 시간이 많아 생존이 힘들기 때문이다. 예외적으로 조차가 적은 수심골이나 태안반도처럼 외해에 노출되어 있는 곳에서는 일부 해조 무리가 발달되어 있으나, 이곳에서도 수심 5m 이상에서는 펄이 암반을 뒤덮고 있기 때문에 해조류가 거의 분포하지 않는다.

우리나라에서 해조류가 풍부하게 서식하는 곳은 남해이며, 해안보다는 사람들의 손이 잘 미치지 않는 외양에 홀로 떨어진 섬일수록 그 양이 많다. 특히 이러한 곳은 경사가 가파르고 물이 맑기 때문에 해조류가 깊은 수심에서도 살 수 있다. 동해의 경우에는 바다로 흘러드는 큰 강이 없어서 바닷물은 매우 맑지만, 연안의 경사도가 완만하고 수심 5m만 도달해도 바닥이 모래로 덮여 있어 해조류가 붙어 살 수 있는 암반이 많지 않다. 다만 암반이 있는 곳에서는 다시마 등 매우 큰 해조류가 무리를 이루어 살고 있다.

해수 중으로 투과되는 빛의 양은 해조류가 서식할 수 있는 깊이에 영향을 미친다. 대개 바다 속으로 들어오는 빛은 표층에서 90% 가까이 흡수되며, 수심이 증가하면서 흡수와 산란에 의해 점점 줄어든다. 동해 남부 해안에서 측정된 빛의 양을 볼 때 수심 15m에서의 빛의 양은 표층광의 0.5%에 불과하다. 빛의 투과량은 바닷물의 맑기에 따라 달라서 물이 맑은 제주도와 독도의 경우에는 수심 30~40m에서도 해조류가 살고 있다.

해조류는 각 종마다 살아가기에 적합한 수온을 지니고 있다. 대부분의 해조류가 넓은 수온 범위에 적응할 수 있고, 특히 충분히 자란 개체들의 수온 적응력은 대단히 높다. 추운 지방에 사는 자연산 다시마는 동해의 울진 이북의 고위도 해역에서만 살지만 양식에 의해 남해에서도 키울 수 있다. 이것은 다시마의 배우체가 수온이 여름에 높은 남해안에서 살 수 없지만, 크기가 큰 포자체는 살 수 있기 때문이다. 대부분의 해조류는 종마다 매우 복잡한 생활사를 지니고 있다. 특히, 수온의 영향을 크게 받는 어린 단계에서의 적응이 그 장소에서 종이 살아갈 수 있느냐 아니냐를 결정하게 된다.

바다 사막화와 해조숲 조성

제주도를 비롯한 우리나라 남해와 동해 연안 암반지역에서 최근 해수온 상승과 해양 오염으로 인해 해조류 군집이 사라지는 바다 사막화 현상, 즉 백화현상이 일어나고 있다. 갯녹음 또는 기소현상이라고도 불리는 백화현상은 해조숲을 형성하는 미역, 다시마, 감태 등의 대형 해조류가 사라지고 대신 홍조류의 일종인 탄산칼슘 성분의 무절석회조류가 암반서식지를 뒤덮어 바다 속 바위 표면이 하얗게 보이는 현상에서 유래되었다. 백화현상에 의한 해조류의 감소는 오염물질을 정화하는 능력을 떨어뜨리며, 부영양화를 가속화 시키고, 해조류를 먹이나 산란처, 서식지로 삼는 많은 해양 생물들의 대규모 감소를 유발해 해양생태계의 불균형과 함께 연안 어장에 많은 경제적 손실을 가져온다.

동해 중부 조하대 에서의 백화현상

강래선

백화현상으로 인한 문제를 해결하기 위해 인공어초의 개발과 감태 및 곰피 등의 다년생 갈조류 이식을 통한 해조숲 조성 연구가 활발히 진행되고 있다. 이를 통한 이산화탄소 저감과 해양산성화 억제, 그리고 연안 생태계 군집 구조의 회복과 우량화를 시도하는 중이다. 이러한 해조숲 조성 방법에는 인공어초에 직접 다년생 갈조류 종묘를 이식하거나, 모조 주머니를 조림초에 매달아 유주자 및 포자를 방출시키는 방법, 그물망에 유주자 및 포자를 수집해 암반에 결착시키는 방법 등 여러 가지가 있다.

해조류를 이용한 지구 온난화 해소

산업혁명 이후 화석연료 사용과 인류 활동의 증가로 대기 내 이산화탄소 농도는 꾸준히 증가했다. 증가한 이산화탄소가 지구로부터 우주로 나가는 복사열을 차단하는 온실가스(greenhouse gas) 역할을 하게 되면서, 지구의 온도는 이전보다 높아졌다. 지구 온난화 현상은 각종 기상 이변과 수온 상승, 그리고 해양 산성화를 야기했다. 이에 따라 유엔기후변화협약(United Nations Framework Convention on Climate Change, UNFCCC)과 정부 간 기후변화패널(Intergovernmental Panel on Climate Change, IPCC)에서 채택한 교토의정서(Kyoto protocol)의 발효를 비롯해 청정개발체제(Clean Development Mechanism, CDM), 배출권 거래제도(Emission Training, ET) 등의 전 지구적 대처 방안이 요구되고 있다.

우리나라의 해조류 생산량은 세계 4위이다. 해조류가 대기 중의 온실가스를 흡수해 지구 온난화 현상을 줄이는 흡수원(sink)으로 인정받게 된다면, 관련 연구를 통해 실제 온실가스의 감축과 더불어 교토의정서 이행에 유리한 위치를 차지하게 된다. 최근 연구 결과 남해안과 경북, 제주 등지에 자생하는 대형홍조류인 개도박의 경우 1초에 m^3당 150μg의 이산화탄소를 흡수하여 열대우림의 흡수량인 31.7μg보다 약 5배 정도 많은 것으로 밝혀졌다. 이같이 해조류를 이용한 온실가스 감축 기술을 통해 환경 친화적인 연안 관리 및 해양생태계 건강성 회복과 동시에 온실가스 배출권 거래 시장에 적극적으로 참여할 수 있게 된다면, 많은 경제적 이득을 얻을 수 있을 것으로 예상하고 있다.

해조류와 바이오에너지 개발

화석연료 고갈에 대한 새로운 대체에너지 개발과 관련해 해조류와 미세조류의 생물량에서 에너지원을 뽑아내는 '바이오에탄올'에 대한 연구가 활발히 진행되고 있다. 해조류를 이용한 바이오에탄올의 생산은 기존 1세대(육상식물의 당질 및 전분질 계) 및 2세대(목질 계) 개념을 넘은 3세대 기술로, 해양 저서식물의 주요 구성물질인 다당류(polysaccharide)를 이용한다.

해조류는 단위면적당 원료 생산력이 높고 생산주기가 짧아 풍부한 원료를 얻을 수 있다는 이점이 있다. 때문에 경작 가능한 국토가 좁아 육상식물을 이용한 바이오에너지 개발에 한계를 가진 우리나라에서는 해조류를 이용한 기술 개발에 관심이 많을 수밖에 없다. 특히 녹조류인 갈파래에는 바이오에탄올의 원료 성분인 당과 전분의 건조중량이 전체 구성 성분의 절반을 차지할 정도로 많아 바이오에너지의 잠재적인 자원으로 주목받고 있다. 더욱이 우리나라의 경우 매년 모든 해안에서 갈파래의 급속 번식 현상인 녹조현상이 나타나고 있으므로, 이를 잘 이용한다면 환경 문제의 해결과 동시에 바이오에너지 자원 획득에 많은 도움을 줄 것으로 예상된다.

● 해산현화식물

해초류

보통 해초류로 알려져 있는 해산현화식물은 전 세계적으로 57종이 보고되어 있고, 절반에 해당하는 종류가 호주에 서식하고 있다. 대부분의 해초류는 열대지방에 살고 있고, 대표적인 해초는 카리브해의 거북말(*Thalassia*)이다. 우리나라와 같은 온대해역의 대표적인 해초는 거머리말과에 속하는 거머리말(*Zostera*)과 게바다말(*Phyllospadix*)이다.

거머리말은 퇴적물이 펄이나 모래로 이루어진 얕은 만에 큰 무리를 이루어 살고 있다. 하동이나 완도처럼 파도가 많이 치지 않는 곳에서는 큰 거머리말 무리를 볼 수 있다. 거머리말은 겨울에 자라기 시작해 봄부터 여름 사이에 꽃을 피우는데, 꽃의 형태는 완전하지 않고 암술이나 수술 중 하나만을 가진다.

게바다말은 파도식물(surge plants)이라고 불리며, 짧고 단단한 뿌리줄기로 파도에 의해 흘러 다니는 얇은 모래층 아래의 바위에 굳게 붙어 있다. 꽃은 암수가 구분되어 있고, 수분은 물이 밀려 나갔다가 다시 들어오는 밀물 때 이루어진다.

강래선

동남해 조하대 해초 게바다말

해초류의 서식처인 연안이 오염되면서 우리나라 해초류의 서식 면적이 급격하게 줄어들고 있다. 다행히 연안 생태계에서 해중림과 더불어 해초류가 차지하는 생태학적 중요성이 부각되면서 해초류 군락을 복원하기 위한 노력이 지속되고 있다.

강래선

갯벌 외곽의
염생식물 군락

염습지 식물

염습지(salt marsh)는 온대 또는 아열대에서 흔하게 볼 수 있다. 우리나라의 경우 서해 연안에 많은 염습지가 발달되어 있고, 염생 목초, 골풀, 쌍자엽의 관목들이 살고 있다. 염습지는 파도가 강하지 않고 담수가 많이 흘러 들어오지 않으며, 퇴적물이 많이 깔려있으면서 조간대의 경사가 완만한 곳에 잘 발달되어 있다. 염습지는 조류 또는 파도가 퇴적물을 침식시키지 않으며 식물이 항상 바닷물에 잠기지 않는 조간대의 중부에서 상부 사이에 서식한다.

염습지는 바다에서 육지 쪽으로의 경사가 매우 완만해 바다 쪽에서 물에 잠기는 시간이 가장 많고, 육지 쪽에는 물이 빠지는 시간이 많다. 그 차이에 의해 퇴적물의 종류가 달라지며, 결국 살아가는 식물의 종류가 달라진다. 염습지에서는 조석간만의 차이에 의해 퇴적물 속에 염분이 존재하게 된다.

염습지는 상당한 경제적 가치를 지니고 있다고 평가되고 있으며, 수많은 종류의 어류 또는 무척추동물의 산란지와 서식지의 기능을 하고 있다. 한 연구에 따르면 미국 조지아주의 염습지는 1km^{2}당 약 100만 원의 생산가치가 있다고 평가되고 있다. 또한 우리나라 염습지 식물 중 오래전부터 식용으로 활용되어온 퉁퉁마디는 다양한 미네랄이 함유되어 있다고 밝혀져 건강식품으로 각광받으면서, 자연채취뿐만 아니라 인공재배도 활발히 이루어지고 있다.

맹그로브

강래선

최근 연안의 개발과 갯벌의 매립 등으로 염습지 식물의 서식 공간이 급격히 줄어들고 있으나, 한편으로는 염습지에 서식하는 다양한 식물에서 기능성 물질과 의료용 천연물질들이 발견되어 중요 생물자원으로 인식되고 있다. 또한 해양환경과 육상환경의 완충지대로서 염습지의 생태학적 가치가 주목받고 있어 염습지 보전 및 복원의 노력도 커지고 있다.

맹그로브

맹그로브(mangrove)란 말은 나무의 포르투갈어인 'mangue'와 조그마한 숲이라는 뜻의 영어 'grove'가 합쳐진 것이다. 이들은 주로 북위 25°와 남위 25° 사이 열대 또는 아열대 해안가의 물이 들고 빠지는 조간대 중 바닥이 느슨한 갯벌로 이루어진 습지에 분포하고 있다. 전 세계적으로 약 110종의 맹그로브가 분포한다고 알려져 있지만, 해양환경에 적응된 진정한 맹그로브는 약 54종에 불과하다.

맹그로브가 살아가는 조간대 습지는 만조 시에는 바닷물로 차 있고, 간조 시에는 습지에 남아 있는 해수의 증발로 인해 급격한 염분 상승을 겪는다. 이러한 환경 속에서 살아남기 위해 맹그로브는 이들의 사촌 격인 육상의 나무 또는 관목(shrub)과는 다른 자신들만의 생존 전략을 갖는다. 먼저 맹그로브는 염분의 투과를 막는 특수한 뿌리를 통해 육상의 다른 부분에서 흡수된 염분을 제거한다. 경우에 따라서는 몸체 곳곳에 축적된 염분을 오래된 잎으로 이동시킨 후, 이를 떨어뜨려 체내에 축적된 염분을 제거하기도 한다. 또한 맹그로브는 불안정한 습지에 고착하기 위해 다양한 형태의 뿌리를 사방으로 뻗은 후 다시 이 뿌리에서 토양의 상부 쪽으로 호흡근(pneumatophores)이라는 뿌리를 뻗어 공기 중에 노출시키고, 침수 시 이 뿌리를 통해 생존에 필요한 공기를 얻는다. 여기에 체내에 축적된 수분을 보존하기 위해 잎의 기공으로부터 대기로 날아가는 증산작용에 의한 수분의 손실을 최소화한다. 이를 위해 맹그로브는 기공을 최대한 닫아두고, 한낮의 태양광을 피하기 위해 잎의 배열을 조절한다. 더불어 맹그로브는 열악한 환경에서 종족 번식의 성공률을 높이기 위해 물에 뜨는 씨앗을 생산하여 바닷물의 흐름에 의해 잘 퍼지도록 한다. 씨앗은 어미 몸에서 미리 발아되는 경우도 있다. 이는 씨앗이 바닥에 떨어진 후 토양 속에서 발아되는 육상식물과 크게 다른 점이다. 흥미로운 점은 이 씨앗은 광합성을 통해 생존에 필요한 영양분을 스스로 생산한다는 것이다. 또한 물속으로 떨어진 씨앗은 자신이 뿌리 내리기에 적합한 장소에 도달하기까지 최대 일 년 동안 휴면상태로 존재할 수 있다.

강래선

맹그로브 뿌리

기능적인 측면에서 맹그로브 숲은 해안의 침식을 막는 중요한 역할을 한다. 맹그로브 숲에서 무더기로 뻗은 뿌리는 큰 파도가 밀려들 때의 강한 에너지를 흩뜨리고, 평상시에는 조류의 속도를 낮춰 물이 찰 때 수송되는 퇴적물을 쌓아놓는다. 이러한 방법으로 이들이 서식할 수 있는 면적을 점진적으로 증가시킨다.

생태적인 측면에서 맹그로브 숲은 생태계의 먹이망을 유지하는 중요한 역할을 한다. 무더기로 뻗은 뿌리는 물고기 치어의 보육장 기능을 하며, 해조류, 따개비 등과 같은 부착생물의 고착기질로 이용된다. 습지의 퇴적물은 새우 및 펄닭새우와 같은 갑각류의 집으로 이용되며, 맹그로브 잎은 맹그로브 크랩과 같은 동물의 먹이로 이용된다.

안타깝게도 맹그로브 숲의 절반은 이미 개발되거나 훼손된 상태에 있다. 그러나 위와 같은 이유로 인해 맹그로브 숲을 보전하고자 하는 노력이 범지구적으로 이루어지고 있다.

해양 간극생물

간극생물은 퇴적물 입자들 사이의 작은 공간에서 살아가는 생물들을 의미한다. 간극생물 연구는 아직 일부에 국한되어 있기 때문에 그 가능성이 무한하다.

민원기 한국해양과학기술원

바닷가의 모래사장에서부터 수천 미터 수심의 깊은 해구 해저면까지, 바다 밑바닥은 진흙, 모래, 자갈 등 다양한 입자들의 퇴적물로 구성되어 있다. 그리고 그 퇴적물 표면과 내부의 틈에는 많은 저서생물들이 살고 있다. 이처럼 해저 바닥에 사는 생물 중에 수적으로 가장 많은 동물은 '간극생물(間隙生物, interstitial organisms)'이라고 불리는 아주 작은 무척추동물이다. 간극생물은 육상의 토양을 비롯해 갯벌, 연안, 심해를 포함하는 바다의 해저면이나 호수, 계곡, 강의 바닥에 쌓여 있는 모든 퇴적물 입자들 사이의 작은 공간에서 살아가는 생물들을 의미한다.

간극생물은 크기가 매우 작아서 현미경으로 관찰해야 어떤 생물인지 알 수 있는데, 학술적으로는 중형저서동물(中型底棲動物, Meiofauna)이라고 부르기도 한다. 학술적 용어 마이오(meio)는 작다는 뜻의 그리스어 어원에서 나타나듯이 저서생물을 구분하기 위해 크기의 개념으로 정의했다. 1940년대 초에 간극생물의 개념이 등장한 이래 각 연구자들의 연구 결과 및 전문 학자들 간의 협의를 거쳐, 근래에는 구멍의 크기가 1mm인 네트(net)를 통과하여 63μm 혹은 42μm의 네트에 남는 이동성 혹은 부착성의 저서성 무척추동물(benthic invertebrate)을 의미하게 되었다. 그 후 점차 심해에 대한 연구가 축적되면서 42μm의 네트를 통과할 수 있는 작은 크기의 심해 선충류가 다수 발견됨에 따라, 이보다 더 작은 37μm 혹은

민원기

간극생물을 표현한 삽화

간극생물은 퇴적물 틈에서 살아가는 소형 무척추동물을 말한다.

민원기

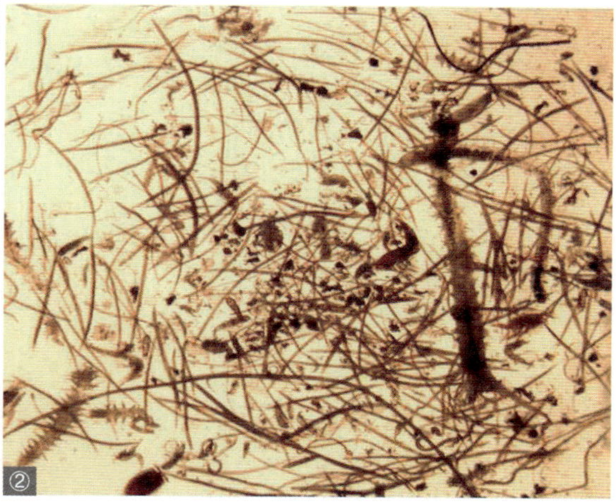

노현수

해저 퇴적물에서 분리한 간극생물 군집의 현미경 사진

① 독도 해역의 간극생물
② 여수 가막만의 간극생물

32μm의 네트를 사용하게 되었다. 최근의 간극생물이란 1mm 그물 구멍의 네트를 통과하고 32μm의 네트에는 걸러지는 크기의 범주에 속하는 수생태계(水生態界)의 모든 저서동물(底捿動物, benthic organisms)로 정의한다.

● 간극생물의 종류

간극생물의 크기 구분에 들어가는 동물의 종류는 매우 다양한데, 40개의 전체 동물 문(門, phylum) 중 22개의 동물 문이 이에 속한다. 대표적인 동물 문은 후생동물(Metazoa)에서는 선형동물(Nematoda), 절지동물(Arthropoda), 동문동물(Kinorhyncha), 복모동물(Gastrotricha), 동갑동물(Loricifera), 편형동물(Plathyhelminthes) 등이며, 원생동물(Protozoa)로는 육질편모충류(Sarcomastigophora)와 섬모충류(Ciliophora)를 들 수 있다.

이들 중 해저 퇴적물에서 가장 흔하게 볼 수 있는 선형동물은 간극생물 군집 연구에 있어서 가장 중요한 생물 문이다. '지구는 선형동물의 필름으로 덮여있다'는 히긴스 박사(Dr. Higgins)의 표현이 있을 만큼 선형동물은 해양의 다양한 환경 뿐 아니라 육상의 토양과 식물체 내부, 동물체 내부까지 기생 서식하고 있다. 해양 선형동물은 현재까지 약 5,000종이 기록되어 있으나, 최근에 반복적으로 이루어진 생태 조사에 의하면 전 지구상에 서식하는 선형동물의 종(species) 수는 대략 4만에서 1억 종으로 추정되고 있다. 이들 추정치의 50% 이상이 해양에서 자유생활을 하는 선형동물로 예상하고 있다. 이러한 추정치는 해양 선형동물의 생물량과 다양성이 매우 높다는 점을 시사한다. 그러나 엄청난 종 다양성, 미세한 크기로 인해 형태를 통한 종 분류의 어려움, 채집상의 어려움, 표본 제작과정 및 조작 등 기술적인 어려움 때문에 현재까지 국내에서는 해양 선형동물에 대한 분류학적 연구가 극히 일부분만 이루어지고 있는 현실이다.

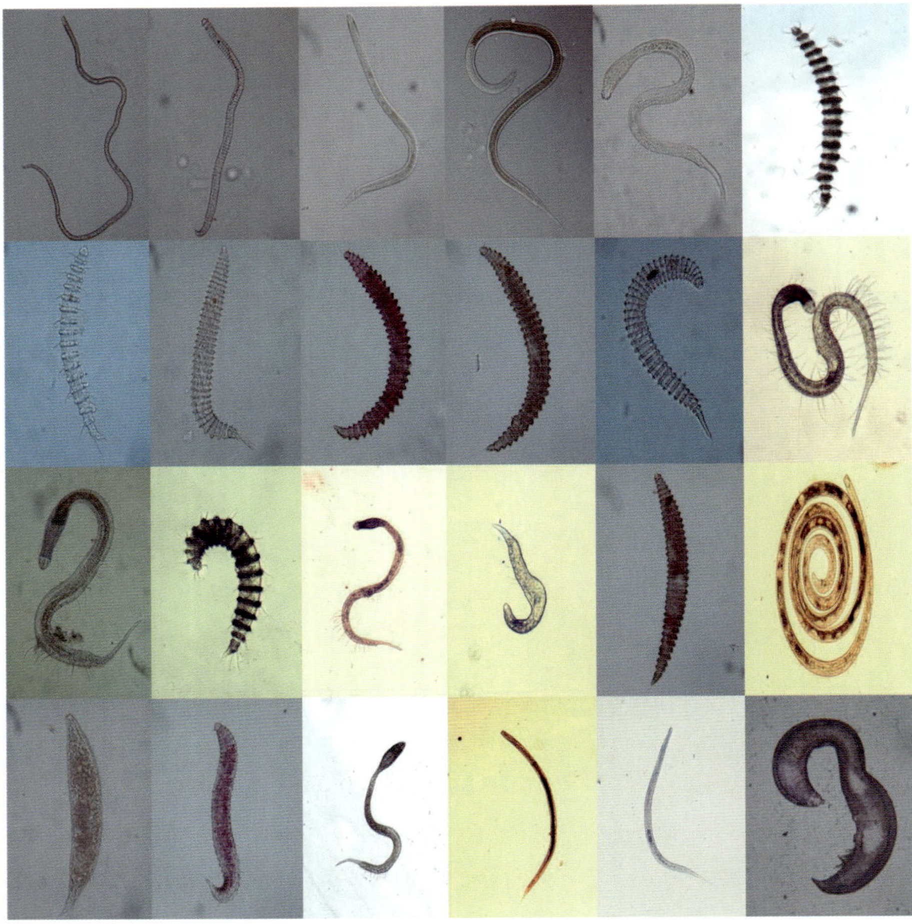

민원기

선충류(Nematodes)
간극생물 중 가장 우점하는 생물군인 선형동물의 다양한 종(독도 해역 서식)을 촬영한 현미경 사진

선형동물의 몸은 실 모양 또는 원통 모양이고 앞부분은 방사대칭이지만, 전체적으로는 좌우대칭을 이룬다. 몸체의 겉 부분은 큐티클(cuticle, 각피)로 덮여 있고, 가시(spine)와 강모(seta), 점착선(mucus gland)을 가지며 탈피한다. 대부분 암수딴몸으로 암컷이 수컷보다 크고 생식선은 관 모양인데, 암컷은 항문 부위에 생식공이 있고 수컷은 꼬리 부근에 교미침(spicule)을 가지는 것이 특징이다. 선형동물의 생활사는 아직까지 잘 알려져 있지 않은데, 크로마도라목(Chromadorida)에 속하는 선형동물 종의 경우 한번에 약 50개의 알을 낳고 알은 네 번의 탈피를 거쳐 성체가 되는 것으로 알려져 있다. 이들의 세대기간은 약 13~60일 정도이고 1년에 약 8~10회의 세대가 교체되는데, 특정 종은 1년에 한 번만 생식을 하기도 한다. 이들 선형동물은 전체 해양에서 평균 서식 밀도가 m^2당 약 백만 개체에 이를 정도로 많은 개체들이 살고 있다.

선형동물과 더불어 간극생물의 대표적인 생물군은 저서성 요각류(benthic harpacticoid copepods)로 분류학적으로는 절지동물 문의 갑각강(甲殼綱, Crustacea)의

민원기

저서성 요각류 (benthic harpacticoids)

독도주변해역에서 출현한 다양한 저서성 요각류의 현미경 사진

갈고리노벌레목(Harpacticoida)에 속한다. 이들 저서성 요각류는 지금까지 4,000~4,500종 정도 보고되었는데, 이 중 20%는 담수성으로 알려져 있다. 대부분의 저서성 요각류 종들은 모래 틈 사이에서 살아가기에 적합한 가늘고 긴 원통형의 몸체와 짧은 다리, 뭉툭한 부속지와 돌기들을 가지고 있다. 이러한 형태적인 특징을 활용해 모래 틈에서 몸 전체를 이용한 매우 빠른 움직임을 보인다. 이들 저서성 요각류는 지금까지 대부분 해수나 퇴적물 내의 공극수 안에 포함되어 있는 유기물 파편들을 먹는 쇄설물식자(碎屑物食者, detritus feeder)로 알려져 있었으나, 최근의 연구에 의하면 모래 알갱이나 해조류 표면에 붙어 있는 저서성 규조류나 박테리아, 원생동물 등의 특정 먹이를 긁어서 선택적으로 섭취할 수 있다고 보고되었다. 특히, 규조류를 주된 먹이로 삼는 요각류 종들은 미세식물플랑크톤의 변동과 매우 밀접한 상관관계를 보이기도 했다.

저서성 요각류의 생존을 결정하는 주된 요인은 온도와 먹이 공급으로 알려져 있으며, 특정 종은 산소 공급에 민감해 빈산소 환경을 지시하는 환경지시자로 이용되기도 한다. 해양 퇴적물 내에서의 서식밀도는 m^2 당 수백~수천 개체로 대부분의 서식환경에서 선형동물 다음으로 많은 수가 출현하기 때문에 생태적으로 매우 중요한 간극생물 분류군 중 하나다. 저서성 요각류는 심해환경에서는 서식밀도가 연안에 비해 약 100분의 1 수준으로 감소하나, 서식밀도 감소에 비해 다양성은 매우 높게 나타나는 특성을 가지고 있다.

선형동물, 저서성 요각류와 더불어 수적으로 큰 비중을 차지하는 간극생물 분류군은 원생동물에 속하는 육질편모충 문(肉質鞭毛蟲門, Sarcomastigophora)으로, 이 중 유공충류(Foraminifera)가 가장 빈번하게 나타나는 간극생물로 저서 유공충류로 표현하기도 한다. 이들 유공충류는 12cm가 넘는 특정 종을 제외하고는 대부분 간극생물 크기 범주에 속하는데, 화석종을 포함해서 모두 34,000 종이 알려져 있고 이 중 4,000종 정도가 현생하는 종이다. 이들 유공충류는 작은 원통형, 달팽이형, 리본형, 원형 등 매우 다양한

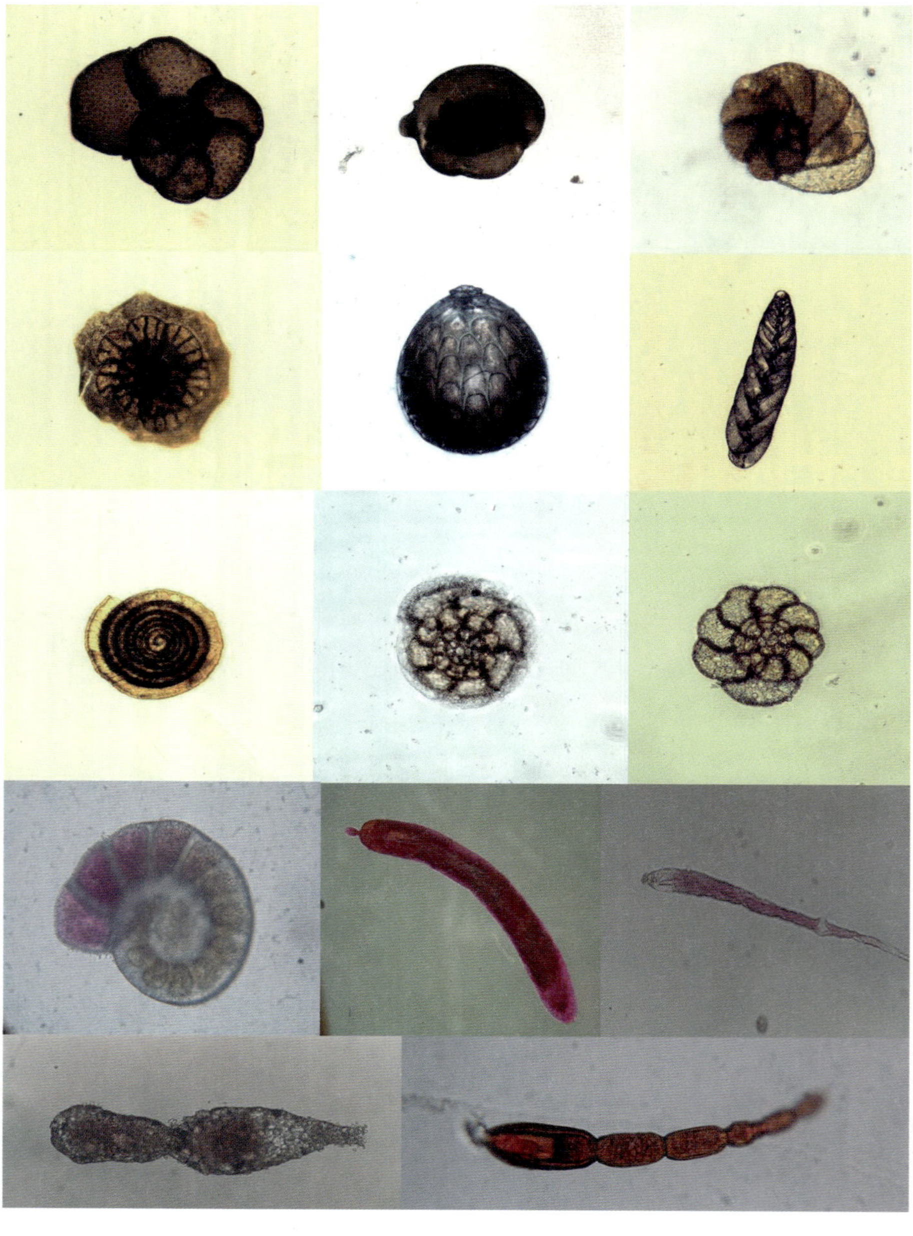

민원기

육질편모충 문 (Sarcomastigophora)

원생동물에 속하는 간극생물 분류군인 저서 유공충류의 다양한 형태

형태를 가지고 있다. 외각의 재질은 대부분 탄산칼슘으로 되어있으나, 알로그로미대과(Allogromiidae)에 속하는 종들은 유기물질로 된 연한 껍질을 가지고 있다.

이들 유공충류는 대부분이 저층 퇴적물의 표면이나 내부에 서식함에도 불구하고, 일부 그룹인 부유성 유공충류에 비해 저서성 유공충류에 대한 연구가 매우 적다. 이들 저서 유공충류는 기생성을 제외하고 퇴적물 표면 위로 족사를 펼쳐서 떠다니는 먹이를 섭취하는 그룹, 퇴적물 표면에서 쇄설물이나 식물성 먹이를 섭취하는 그룹, 퇴적물 내에서 서식하면서 먹이를 섭취하는 그룹, 식물체 표면에 붙어서 식물성 먹이를 섭취하는 그룹 등 네 가지 생활형으로 구분한다. 아직까지 이들 저서 유공충류의 생태적 기능에 대해서는 자세히 알려져 있지 않지만, 특정 해역의 환경에서 $10cm^2$의 좁은 면적에 1,000개체 이상이 우점하는 양상을 보일 정도로 높은 서식밀도를 나타내는 중요한 간극생물의 분류군이다. 특히 심해에서 저서 유공충류의 비중이 50~80%로 크게 나타나 그 중요성이 더 부각되기도 했다.

● 간극생물의 분포

간극생물은 물이 있는 곳이라면 그 어느 곳에서도 서식하고 있다. 이들은 산 정상의 호수에서 심해의 해구에 이르기까지 다양한 서식처에 서식하는 여러 종류 동물들의 집합이라 할 수 있다. 연안의 하구역만 하더라도 모래로 이루어진 사질에서 진흙으로 이루어진 니질까지 다양한 퇴적상을 가지며, 염분의 농도 역시 저염에서 고염까지 다양하게 나타난다. 또한 서식하는 공간에 따라 퇴적물 표층 혹은 내부에 서식하거나, 식물체를 포함한 다른 생물에 구멍을 뚫고 살아가는 등 다양한 종류들로 구성되어 있다. 연안역에서의 지금까지 연구 결과에 의하면, 간극생물의 전체 서식밀도는 10^6 개체/m^2 정도로 나타나고, 생체량은 0.75~2.0g/m^2의 범위를 보였다. 이러한 현존량 값은 유기물이 풍부한 니질 퇴적물에서 높아지고 깨끗한 모래에서 낮은 경향을 나타냈다. 일반적인 환경의 퇴적물 내에서는 선형동물이 가장 우점하게 나타나서 60~90%의 조성비를 보이고, 저서성 요각류가 그 뒤를 이어 10~40%를 차지한다. 지역에 따라서는 와충류, 복모동물류, 유공충류 등이 가장 많이 나타나는 경향을 보이기도 한다. 특히 일시적으로 간극생물 그룹에 속하는 대형저서동물의 유생이나 어린 개체들이 산란 시기 혹은 바닥에 정착한 시기에 따라서 매우 높은 서식밀도로 나타나기도 한다.

출현 분류군에 따른 경향을 살펴보면, 가장 많은 선형동물의 경우 호주의 특정 해역을 대상으로 3년 간 연안역 니질 퇴적물에서 98종이, 사질에서 123종이 서식한다는 연구 결과가 있었다. 저서성 요각류의 경우, 11년 간 연구를 통해 니질 퇴적물에서는 47종이, 사질에서는 56종이 출현했다고 밝혀졌다. 복모동물류에서는 32종이 한 지역의

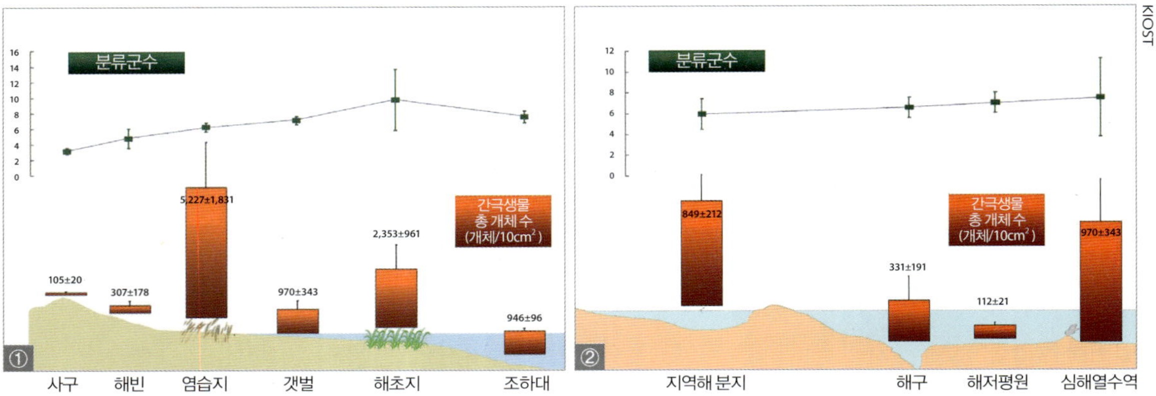

다양한 서식지에서의 간극생물 분포 특성
① 연안역 ② 심해역

사질 퇴적물에서 서식한다는 연구 결과가 보고되어 있다. 이러한 사례들에서 살펴볼 수 있듯이 우점하는 상위 분류군 3종류만 고려해도, 한 지역에서 분류가 가능하다고 알려진 종의 숫자가 200종 이상 되는 것을 알 수 있다. 그러나 대다수의 경우 한 지역에서 나타나는 종은 우점하는 몇 종이 대부분의 수를 차지하는 것으로 나타난다. 이러한 특정 종에 의해서 우점되는 현상의 원인은 여러 가지가 있겠지만, 인위적인 교란과 깊은 관계가 있다는 사실이 다수 보고되었다. 이런 환경에 대한 간극생물 군집의 반응성을 근거로, 간극생물을 환경 변화의 지시종으로 사용하려는 연구들이 진행되고 있다.

아직까지 간극생물의 생물학적인 위도별 분포 패턴은 명확하게 밝혀져 있지 않다. 왜냐하면 간극생물은 남극의 빙하 위에서도, 고온의 열대지역 연안에서도 매우 높은 다양성과 높은 서식밀도를 보일 때가 있기 때문이다. 이들은 새로운 생태학적 환경에 잘 적응할 수 있는 능력을 가지고 있기 때문에, 심해 해구나 모래언덕의 퇴적물 등에서도 높은 서식밀도를 나타낸다. 이렇듯 간극생물은 극지방의 극한 해역에서부터 열대역의 고온 해역에 이르기까지 전 지구적으로 폭넓게 서식하고 있다.

간극생물의 분포 특성을 결정하는 환경 요인은 각 분류군별로 그들이 서식하는 퇴적물의 물리적 · 화학적 특성과 생물학적 조건이 복합적으로 작용해 결정된다. 조간대에서는 조석이 간극생물의 서식밀도와 분포를 결정하는 가장 중요한 요인이 되지만, 조차가 거의 없는 지역에서는 생물학적 요인이 더 중요한 제한 요인이 될 수 있다. 퇴적물 내의 유기물 함량 역시 간극생물의 서식밀도를 결정하는 핵심 요인으로 알려져 있는데, 한 연구결과에 따르면 간극생물의 서식밀도는 퇴적물 내 유기성 쇄설물 함량 및 이를 이용하는 미생물 현존량과 매우 높은 상관관계를 나타냈다. 다노바로(Danovaro, 1995) 등의 연구에서도 대서양 심해에서 간극생물의 서식밀도도 미생물 및 유기물량과 유의한 상관관계를 나타냈다. 특히 심해 간극생물의 분포 특성은 대형저서동물에 비해 수심 증가에 따른 서식밀도 및 생체량의 감소 기울기가 매우 완만하며, 표층 해역의 생산성과 밀접한 연관이 있다는 연구 결과가 다수 보고되었다.

이렇듯 간극생물의 분포를 결정짓는 요소로는 서식지에 따라 물리적, 화학적, 퇴적학적, 지형학적, 생물학적, 때로는 인위적 요인 중 어느 한 요소가 중요 인자로 작용하기도 하지만, 대부분의 경우 여러 요인들이 복합적으로 작용한다.

● 간극생물 연구

간극생물 즉, 중형저서동물의 연구는 1800년대 중반부터 현미경의 발달로 인해 모래 속의 새로운 작은 분류군을 발견하는 데에서 시작되었다. 그러나 독립된 개념으로 자리 잡은 것은 1930년대에 들어 채집 도구들이 발전되면서 모래 속의 간극생물로 명명될 때부터라고 볼 수 있다. 이후 1960년대 들어서야 생태학적인 관점에서 간극생물의 연구가 본격적으로 시작되었으며, 서서히 단편적인 생태학적 연구 결과들이 종합되고 발표되었다. 1969년에 국제중형저서생물학회(International Association of Meiobenthologists, IAM)가 발족되어 유럽과 북미를 중심으로 많은 연구들이 진행되었고, 1970년대 들어 간극생물을 이용한 현장 실험이나 실험실에서의 배양을 통한 실험적 연구들이 시작되었다. 이후 여러 연구자에 의해 그간 연구된 연안 및 심해에 대한 간극생물 군집의 서식밀도 및 분포 특성들이 일부 정리되었다.

퇴적물 직접 채집

해변에서 직접 투명 아크릴 코어러로 간극생물 정량용 퇴적물 시료를 채집하고 있는 모습

민원기

최근 2000년대의 연구 동향을 살펴보면, 간극생물의 생태학적 연구가 주로 실리는 주요 해양 생태학 논문지의 관련 논문들을 분석한 결과, 이들 중 전체의 27%가 간극생물의 분포 특성을 다룬 연구들이었으며, 환경 변화에 대한 군집의 반응을 다룬 논문이 18%를 차지했다. 생태계 내에서의 에너지 순환에 관한 연구나 다양성 측면에서의 응용적인 연구도 18%를 차지했지만, 현재까지는 분포 패턴과 분포를 결정하는 환경적 요인이 주를 이루고 있다. 연구 지역으로는 심해가 전체 27%로 가장 높은 비율을 차지하고 있었으며, 조하대 지역 20%, 조간대 지역 20%, 대륙사면 14% 등으로 나타나 심해저 및 대륙사면 등 수심 200m 이상의 심해에 대한 연구 비중이 매우 높게 나타났다. 연구 대상 분류군은 간극생물 전체 군집 단위에서 기술된 논문이 27%로 가장 많았고,

열대지역에서 퇴적물 채집

열대 조하대 해조류 서식지의 간극생물 분포 특성을 분석하기 위해, 스쿠바를 이용하여 주사기형 코어러로 퇴적물을 채집하는 장면

민원기

저서유공충류가 24%, 선충류 군집 22%, 저서성 요각류 21%로 나타났다. 사용된 네트의 구멍 크기로 보면 63μm의 체를 사용한 연구가 전체의 51%로 가장 높은 빈도수를 보였으며, 37μm 네트는 16%를 차지했다.

현재는 수많은 간극생물 관련 연구자들이 빙하호에서부터 심해 해구 해저면에 이르기까지 전 세계의 전 영역에 걸쳐 간극생물의 생태학적 연구를 수행하고 있다. 그러나 아직까지도 아시아와 아프리카, 남아메리카 등 연구 후발 국가들에서의 연안역

김웅서

조하대 및 심해 퇴적물 채집 ① 북태평양 심해 퇴적물을 채집하고 회수 중인 박스 코어러
② 울릉도 부근 조하대 퇴적물을 채집하기위해 사용 중인 반빈그랩 (van Veen grab)

김웅서

멀티플코어러

멀티플코어러로 북동태평양 수심 5,000m에서 채집된 퇴적물 모습

연구는 매우 미비한 실정이다. 국내의 경우 1990년대 후반에 들어서야 연안의 내만과 갯벌, 독도 심해역, 해초지에서의 환경과 간극생물의 분포 특성을 고찰한 몇 편의 연구가 보고되기 시작했다. 또한 북동태평양의 심해역 및 남태평양과 인도양의 열수 해역, 미크로네시아 열대 연안역에서 몇 편의 연구가 이어지고 있다.

● 간극 생물 연구 방법

간극생물을 생태적 혹은 분류학적으로 연구하기 위해서는 먼저 효과적인 정량적, 정성적 해저퇴적물 채집이 우선적으로 시행돼야 한다. 해양 간극생물을 채집하는 주된 방법으로 갯벌이나 모래사장 등의 조간대에서는 아크릴 코어러나 삽을 이용하여 채집자가 직접 채취하는 방법이 대표적이다. 조하대에서는 스쿠바(Self-Contained Underwater Breathing Apparatus, SCUBA)를 이용해 잠수하여 아크릴 코어러나 비닐 등으로 직접 채집하는 방법이 있다. 또한 선박에서 반빈 그랩(van Veen grab)이나 SM 그랩(Smith McIntyre grab)을 사용해 해저퇴적물을 1차적으로 선상에 퍼 올린 후 다시 아크릴 코어러 등 정량분석을 위한 도구를 통해 부시료를 채집하는 방법을 사용한다. 심해역에서는 주로 대형 장비인 박스 코어러(Box corer), 멀티플 코어러(Multiple corer)로 채집한다. 카메라와 수중라이트가 부착되어 있고 개폐가 전동으로 작동되는 TV 그랩(TV grab)을 사용하면 특정 서식지에서 모니터를 통해 해저면을

GTVA

독일 연구선 Sonne에서 퇴적물 및 생물시료 채집에 사용된 TV 달린 그랩

관찰하면서 선택적으로 채집하는 것이 가능하다. 유무인 잠수정의 로봇팔(Manipulator)을 이용하면 고화질 영상으로 서식지 환경을 파악할 수 있으며, 가장 안정되고 세밀한 퇴적물의 정량적, 정성적 채집이 가능하다. 그러나 TV 그랩이나 잠수정의 경우 채집 비용이 매우 많이 들기 때문에, 대부분 열수해역 등의 특수한 조건의 서식지에서만 채집이 이루어진다.

간극생물의 정량적 분석을 위한 퇴적물 채집 시 주의할 점은 퇴적물 표면이 교란되지 않게 조심히 채집하는 것이다. 그 이유는 해수와 퇴적물의 경계면인 표층 퇴적물에 가장 많은 생물들이 서식하기 때문이다. 또한 선상 작업 시 해상 조건 등에 의해서 박스 코어러나 그랩 같은 채집기기의 경우 표층 퇴적물이 물에 휩쓸려 부유되거나 기기 밖으로 흘러나가면서 손실되는 경우가 많으므로 주의를 요한다. 멀티플 코어러는 수압을 이용해 서서히 퇴적물을 코어링하는 댐퍼가 부착되어 있어서 퇴적물 채집 시에 발생할 수 있는 교란을 최소화시키고, 퇴적물과 상부 해수를 실리콘 마개로 밀봉해 선상에 올린다. 이로 인해 해수의 휩쓸림이나 충격에 의한 퇴적물의 교란 또는 소실을 방지할 수 있기 때문에 많은 연구자들이 가장 효과적인 채집 방법으로 선택한다.

● 간극생물 관찰 방법

채집된 퇴적물은 선상 등의 현장에서 즉시 깊이별로 퇴적물 두께를 일정하게 자르거나 코어를 통째로 얼린다. 혹은 단백질 염색제인 로즈벵갈을 혼합한 5~10%의

잠수정 채집

무인잠수정의 로봇팔(Manipulator)을 이용하여 열수분출공 주변 퇴적물 시료 채취

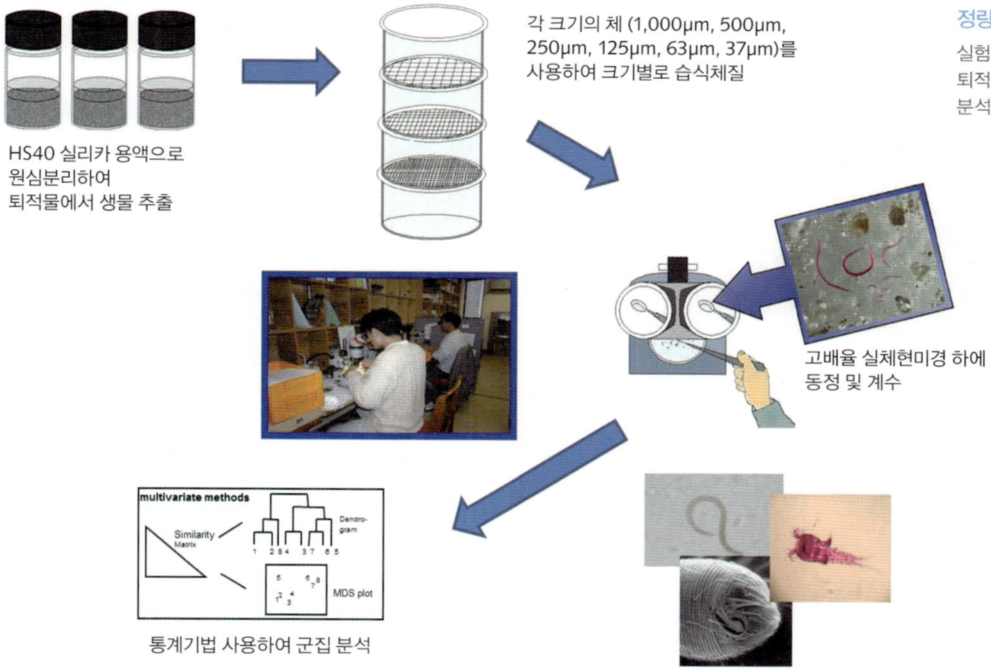

정량 · 정성 분석 절차
실험실로 운반된 퇴적물 시료 처리 및 분석 절차

포르말린 용액으로 고정시켜 밀폐용기에 보관한다. 이렇게 고정되어 실험실로 운반된 퇴적물 시료는 분석을 용이하게 하기 위해 크게 두 가지 방법으로 퇴적물에서 간극생물을 분리하는 절차를 거친다. 하나는 일련의 구멍 크기가 다른 네트를 사용해(1,000μm, 500μm, 250μm, 125μm, 63μm, 37μm) 순차적으로 습식체질을 거쳐 불필요한 입자를 제거한 후 시료 동정을 용이하게 하는 방법이다. 나머지 방법은 퇴적물과 생물체의 서로 다른 비중을 이용해 둘을 분리시키는 방법으로, 여기에는 퇴적물에서 생물체를 부유시켜 이를 거르는 방법과 루독스 용액(colloidal silica)에 넣고 원심분리로 분리하는 방법, 그리고 밀도차를 줄 수 있는 다른 매체를 사용하여 밀도차를 통해 분리시키는 방법 등이 있다.

이렇게 몇 단계의 처리를 거친 시료를 실체 현미경 및 고배율 광학현미경으로 분석한다. 간극생물의 종 분석은 자세한 형태 특성을 관찰하기 위해 보통 1,000배 이상의 고배율 현미경으로 관찰해야 한다. 이를 위해서 고정액을 글리세린, 에탄올, 증류수를 혼합한 용액으로 바꿔 대상 간극생물 시료를 건조기에 넣고 서서히 증발시킨 후 제습기 안에 넣어 완전히 수분을 증발시킨다. 그리고 양면을 관찰할 수 있도록 구멍이 뚫려있는 H-S 슬라이드에 작은 유리구슬과 캐나디안 발삼(Canadian balsam) 혹은 파라핀을 사용해 영구보존용 생물슬라이드 시료로 제작한다. 이러한 방법을 사용하면 간극생물의 관찰 및 촬영이 용이하다.

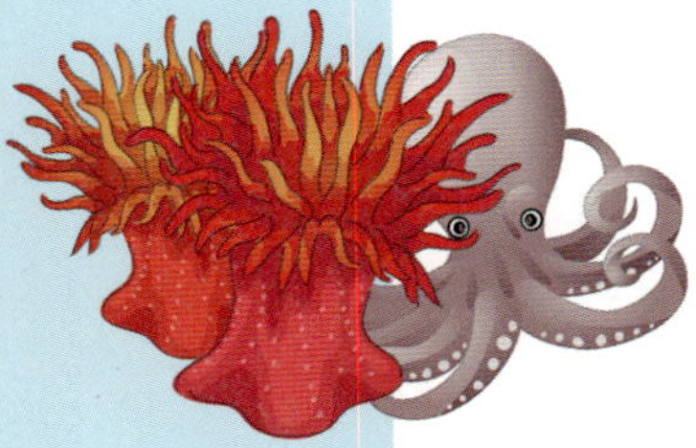

해양 대형저서동물

바다의 밑바닥에서 사는 대형저서동물은 독특한 환경에 적응하기 위해 다양한 모습으로 진화한 척추가 없는 동물로 구성되어 있다. 오래전부터 인간과 친숙한 동물도 있으며, 최근에 유용한 신소재로 이용되기도 한다.

박흥식 한국해양과학기술원

바다생물은 살아가는 위치에 따라 크게 3가지로 나뉜다. 물 흐름에 따라 떠다니는 생물을 부유생물(浮游生物, Plankton), 물속을 헤엄치면서 다니는 유영생물(遊泳生物, Nekton) 그리고 물에서 살지만 주로 펄이나 모래 또는 바위 주변에서 사는 생물을 저서생물이라고 한다. '저서(底棲)'는 '바닥에서 산다'는 뜻으로, 벤토스(Benthos)라고 부른다. 여기에는 해조류(바닷말)와 대형동물이 포함되는데, 동물 중에도 주로 뼈가 없는 무척추동물이 대부분을 차지한다. 저서동물은 해양에서 가장 다양한 생물로 구성되어 있다.

박흥식

암반조간대 썰물 때 수분을 유지시켜 저서동물이 살아갈 수 있는 공간을 만들어 주는 암반조간대의 해조류

● 복잡한 생존 방식

저서동물은 바다생물 중에서 가장 다양한 방식으로 살아간다. 바위에 평생 붙어서 살거나 옮겨 다니기도 하고, 빠르게 기어 다니기도 한다. 또한 펄이나 모래 위에서도 기어 다니거나 모래를 파고 들어가서 살기도 한다. 사는 위치가 달라도 이들에게 공통점이 있는데, 물속에서 살아가기 때문에 아가미를 가지고 있다는 것이다. 즉, 공기 중에서는 호흡을 못해 반드시 물속에서만 살 수 있다. 환경에 따라 호흡할 수 있는 조건도 다양하다. 하루에 여러 시간 동안 공기에 노출되는 조간대 지역에서 사는 저서동물은 스스로 호흡량을 조절하여 오랜 시간 호흡을 하지 않고도 살 수 있으며, 이때 수분 방지를 막기

정무용

저서생물이 서식하는 바위지역

① 해조류와 저서동물의 공간경쟁
② 공간대비 생물 다양성이 높은 암반

위한 방식도 함께 가지고 있다. 저서동물은 워낙 종류가 다양하기 때문에 물이 있는 곳이면 어디서나 살아갈 수 있도록 적응하면서 진화했다. 하지만 도망가거나 적응하는 것보다 환경이 더 빠르게 변하면 심각한 영향을 받는다. 이런 생활 방식을 응용하여 자연 재해나 유류 사고와 같은 환경 충격으로 인한 해양생태계의 영향을 파악하는데 저서동물의 생태 변화를 이용하기도 한다.

저서동물은 바다에서 다양한 조건에 따라 살아가도록 진화했다. 파도가 센 지역에 사는 저서동물은 바위에 단단하게 붙어있을 수 있고, 펄에서는 구멍을 파고 들어가며, 구멍을 파기 어려운 모래 지역에서는 몸만 모래 속에 숨겨 잠입하기도 한다. 바위에 부착하는 생물도 한 가지 방법이 아닌 여러 가지 방식으로 부착한다. 따개비는 몸속으로부터 규소 성분이 나와서 마치 시멘트와 같이 단단하게 부착할 수 있다. 거북손은 단단한 껍질로 파도와 부딪치는 것을 막아내면서 거친 피부표면을 활용하여 바위 틈 사이에 꽉 끼여 있도록 한다. 홍합은 접착제 성분을 가진 실을 만들어서 서로 엉키어 바위에 부착한다. 최근에는 이런 성분을 연구하여 의료 과정에서 접착제로 이용하는 소재로 개발하기도 했다.

기어 다니는 생물들도 다양한 방법을 사용한다. 바위 표면에 부착하기 위해 마치 유리에 붙이는 흡착판과 같은 원리를 사용하고, 기어 다닐 때 바닥과의 마찰을 최소화하기 위해 물이나 기름과 같은 물질을 만들어서 원활하게 바위 표면에서 움직일 수 있도록 한다. 이런 방법을 사용하는 종류로는 전복, 소라 등 연체동물이 있다. 성게나 불가사리는 가시 사이에 수많은 흡착판을 가진 팔(관족)을 사용해 붙이고 떼기를 반복하면서 아주 천천히 앞으로 이동한다. 이동 속도는 더디지만 하룻밤에 50m 이상 이동하기도 한다. 또한 갯지렁이는 여러 마디가 길게 이어진 모양을 하여 몸이 유연하게 꺾이고, 몸 옆에 많은 족사가 있어 유연하게 움직인다. 이들은 바위뿐 아니라 모래와 펄에서도 쉽게 이동한다.

저서동물 중에는 순간적으로 날아다니거나 점프를 하도록 진화한 생물도 있다.

다양한 이동 방식을 가진 해양생물

① 관족으로 이동하는 분홍성게 ② 바위나 펄을 기어 다니면서 이동하는 매끈이고둥 ③ 바위틈 사이에 빈틈없이 공간을 차지하고 있는 거북손 ④ 양쪽 패각을 움직여서 유영하는 가리비류 ⑤ 물을 뿜어 빠르게 이동하는 문어

문어는 제트추진의 원리와 같이 물을 머금다가 힘차게 내뿜어서 바다 속을 헤엄쳐 다니는데, 한 번에 50m 이상 이동하기도 한다. 이때 방향키 역할을 하는 발을 이용해 방향을 바꾸어가며 헤엄친다. 이런 원리를 사용하는 조개도 있다. 가리비는 조개껍데기를 쉽게 움직일 수 있는데, 물을 들이마셨다가 한 번에 뿜어내면서 모래 위를 미끄러지듯이 이동한다. 반면에 새조개는 두껍고 강한 새부리처럼 생긴 발을 가지고 있어서 바닥을 짚고 높이뛰기 하듯이 뛰어서 도망갈 수 있다. 불가사리와 같은 포식자가 나타나면 펄 속에서 나와 뛰어올라 도망간다.

펄 속에 구멍을 파는 동물들도 각각 독특한 특징을 가진다. 마치 강아지가 구멍을 파듯이 발을 이용해 펄을 밖으로 내버리면서 구멍을 파고 들어가는 갯가재, 눈사람을 만들 듯 조금씩 펄을 모아 굴리면서 구멍 밖으로 펄을 끌어내는 엽낭게, 아예 펄을 먹어치우면서 구멍을 파는 개불 같은 동물들도 있다. 갯지렁이는 입구가 무너지는 것을 방지하기 위해 시멘트를 발라놓듯이 몸에서 분비한 물질과 펄 또는 모래입자를 섞어 단단하게 갱도를 만들기도 한다. 이들이 구멍 속에서 살아가려면 산소가 공급되어야 하므로 물이 소통하도록 항상 입구와 출구 등 여러 개의 구멍을 만들어 놓는다.

①

②

박흥식

● 다양한 모양을 가진 저서동물

모양과 형태가 다양한 해면동물

① 물을 순환시키는 관 모양 구조

② 표면에 미생물 등에 의한 천연물질 풍부

해양생물을 분류학적으로 구분할 때 가장 다양하게 분류되는 생물이 저서동물이다. 또한 해양생물 중에 95%가 바닥에 살고 있거나 주변과 관계를 맺고 있다. 이처럼 저서동물은 매우 다양하고 넓게 분포한다. 분류학적 기준에 따라, 우리가 잘 알고 있는 저서동물을 대상으로 각각의 동물들의 특색을 정리해본다.

해면동물

다세포로 구성된 생물 중에서는 가장 원시적인 동물이다. 소화기관, 혈관 등 조직 기관이 없고, 심지어 신경, 근육, 감각기관을 가진 세포도 없다. 반응이 없어서 살았는지 죽었는지 판단하기도 어려운 동물이다. 이들은 물이 흘러가는 것을 이용하여 물이 통과되면서 걸러지는 유기물을 세포별로 흡수한다. 물속에 떠다니는 작은 먹이를 걸러내고 물속에서 몸을 지탱하기 위해 골편(骨片, spicule)과 같은 구조를 얽어서 피부를 형성하기 때문에, 표면이 거칠고 미세한 망과 같은 모양을 한다. 이런 모습 때문에 그리스어로 '구멍을 가진'이란 뜻으로 '포리페라(Porifera)'라고 부른다. 조간대에서부터 수심 수천미터 심해 등 대부분 바다에서 살고, 담수에서도 일부 발견된다. 전 세계적으로 5,000여 종이 살고 있으며 우리나라에서는 160여 종이 서식하는 것으로 기록되어 있다. 생태적으로 강한 재생력과 성장으로 간혹 굴, 홍합 표면을 감싸면서 해를 주기 때문에 해적생물로 불리기도 한다. 오래전부터 해면동물의 뛰어난 흡수성을 응용해 의학용, 목욕용품으로 사용해 왔다.

정무웅

자세포를 발사해 먹이를 잡는 자포동물

① 바다맨드리마(연산호)
② 부채뿔산호
③ 풀색꽃해변말미잘

자포동물

자포동물은 해면동물보다는 다소 진화한 형태를 보이지만, 몸속에 빈 공간 하나만을 기관으로 가지고 있다. 입을 통해 들어온 먹이를 이 공간에서 소화하고, 다시 입으로 찌꺼기를 버린다. 신경 기능과 빛을 감지하는 매우 원시적인 감각기관이 존재하지만, 아직까지 배설기관이나 순환기관은 없다. 번식하는 방식도 암컷과 수컷에 의한 수정이 일어나기도 하고, 몸이 반으로 나누어져서 두 개가 되는 이분법, 몸 옆에 마치 싹이 나는 듯한 모습으로 번식하는 출아법 등을 동시에 사용한다. 자포동물이 가지는 가장 독특한 특징은 촉수 부분에 마치 작살처럼 발사할 수 있는 자세포(刺細胞)를 가지고 있다는 점이다. 여기에는 독액을 포함하고 있어서 찔린 생물을 마비시켜 입으로 운반해 몸 속에서 소화시킨다.

자포동물은 우리와 친숙한 동물들이 다양하게 포함되어 있는데, 대표적으로 해파리 종류가 여기에 포함된다. 산호, 말미잘 등도 자포동물에 속하며, 약 9,000종이 지구상에 서식하는 것으로 알려져 있고 아직까지도 새로운 종이 계속 발견되고 있다.

연체동물

해양동물 중에서 가장 친근한 동물은 연체동물일 것이다. '부드러운 동물'이란 뜻의 연체동물은 독특한 모습을 가지고 있다. 문어, 오징어류를 포함해, 바깥에 단단한 껍질이

사람에게 친숙한 저서동물인 연체동물(1)

① 군부류
② 지중해담치
③ 군소

발달했지만 연체동물로 분류되는 고둥, 조개 등이 여기에 속한다. 연체동물부터는 몸 구조가 비교적 진화되어 다양한 기능을 가지고 있다. 우선 소화기관으로 입, 식도, 위, 장, 항문이 있으며, 혈관은 원시적인 혈관 구조가 아닌 개방식 구조를 통해 심장으로부터 혈액을 순환시킬 수 있고, 외부 피부조직에서 석회질이 분비되어 단단한 껍질을 만든다. 또한 암수가 구분되어 있어서 물속에서 수정을 하며, 수정된 알은 처음에 플랑크톤 형태로 일정기간 물속에 떠다니다가 어미 모양으로 바뀌면서 바닥에 내려앉는다.

연체동물은 외형적으로 매우 다양한 모습을 가진다. 우선 바위 근처에서 볼 수 있는 군부를 다판류(多板類, Polyplacophora)라고 부르는데, 이들은 기와지붕과 같이 판이 여러 장으로 분리된 껍질을 가진다. 주로 바위를 기어 다니면서 '치설'이라고 부르는 구조의 이빨로 바위에 붙은 작은 식물이나 유기물을 긁어 먹는다. 조간대에 사는 종들은 물 밖으로 노출된 시간 동안 수분을 유지하기 위해 껍질 아래 살과 바위 사이를 진공 상태로 만들어서 수분을 유지하기도 한다. 이들은 성장하면서 여러 장으로 이루어진 껍질이 한 장으로 바뀌는데, 껍질은 처음 만들어진 부분에서 휘어진 형태로 둥근 모습으로 성장한다. 이런 갯민숭달팽이, 군소, 고둥, 소라, 우렁이 등은 복족류(腹足類, Gastropoda)에 포함된다. 복족류는 연체동물 중에서 가장 많은 종류를 가지며 심지어 동물계에서 곤충류 다음으로 양과 종류가 다양한 동물군이다. 껍질 모양은 다양하여,

정무용

정무용

정무용

서정우

사람에게 친숙한 저서동물인 연체동물(2)

① 밤고둥 무리
② 전복
③ 눈송이갯민숭이
④ 갑오징어

전복이나 삿갓조개처럼 납작한 원추형 모양이 있고 원통형 구조로 진화하면서 표면의 색깔과 모양이 다양해진 소라와 고둥이 있다. 복족류에는 껍질이 없는 것도 있다. 아름다운 모습을 한 갯민숭달팽이와 민달팽이는 껍질이 없으며, 우리나라에서 쉽게 볼 수 있는 군소는 껍질이 몸속에 가려져 있다. 복족류는 발달된 촉수와 원시적인 눈을 가진 머리가 있으며 조개나 다른 고둥을 잡아먹을 수 있도록 강한 산성 물질을 가지고 있다. 이 기능으로 조개의 패각에 구멍을 내고 살을 녹여서 잡아먹기도 한다.

다음으로 이매패류(二枚貝類, Bivalvia)라고 부르는 조개가 있다. 복족류와는 달리 두 개의 껍질이 한쪽(등 쪽)에 경첩 모양으로 붙어 있고, 다른 쪽이 열려있는 구조를 가진다. 이들은 머리가 없어서 복족류와 같은 감각기관이 발달하지 못했다. 대신에 몸통의 단단한 근육이 두 개의 껍질을 붙잡고 있어서 열고 닫을 수 있으며, 길고 단단하게 발달한 근육질 발이 펄이나 모래를 파고 들어갈 수 있도록 발달했다. 대부분 이매패류는 물을 몸속으로 빨아들여서 먹이를 걸러 먹고, 호흡을 하기 때문에 복족류와 같은 치설이 없다. 대신 먹이활동을 위해 상당히 많은 물을 빨아들이는데, 굴은 한 마리가 하루 평균 3톤의 물을 걸러내고 바지락은 3L의 물을 걸러낸다고 한다. 이들은 암수가 구별되어 알과 정자를 뿌려서 물 속에서 수정을 한다.

이들 외에 연체동물에서 가장 독특한 모습을 가진 동물로는 오징어와 문어가 있다. 이들을 두족류(頭足類, Cephalopoda)라고 부른다. 두족류 중에 앵무조개만이 껍질을 가지고 있으며 오징어는 몸속에, 문어는 아예 껍질이 없다. 대신에 커다란 눈과 더불어 척추동물처럼 알에서 깨어날 때 어미와 똑같은 모습을 가져서 연체동물 중에 가장 발달한 기관을 가지고 있음을 시사한다. 다른 특징으로는 작은 동물들을 직접 잡아먹을 수 있도록 흡착판을 가진 발과 몸 색깔을 다양하게 바꿀 수 있는 색소체가 발달했다. 또한 적으로부터 도망가기 위해 제트 추진 방식으로 빠르게 헤엄칠 수 있으며, 먹물을 발사하기도 한다. 전 세계적으로 약 650종이 살고 있는데 화석종이 약 7,500종인 것을 고려하면 진화적으로 쇠퇴해 가는 종류라고 볼 수 있다.

박흥식

바위에 부착하여 살아가는 환형동물

이중으로 둥글게 촉수를 내밀어서 먹이를 잡으려는 꽃갯지렁이

환형동물

환형동물은 갯지렁이로 대표된다. 몸이 길고 유연하여 부드럽게 휘어지므로, 펄 속을 자유롭게 이동하거나 고둥과 같이 껍질을 만들어서 들락날락하기도 한다. 갯지렁이는 조간대에서 심해까지, 바위에서 펄까지 바다 속 다양한 환경에서 사는데, 지구상에 약 5,000종이 알려져 있다. 낚시 미끼 등으로 이용되어 양식 산업종으로 개발되기도 하며, 이동이 빠르지 못하고 종에 따라 한정된 지역에서 살아가기 때문에 해양 오염의 지표동물로 사용되기도 한다. 빛을 감지하는 눈이 있고 촉각이 발달한 더듬이를 가지고 있어서 환경 변화에 민감하다. 혈액은 있지만 혈관이 없기 때문에 체액이 움직이면서 마디마다 일정하게 힘을 줄 수 있기 때문에 펄에 구멍을 파거나 입을 밖으로 내밀어서 먹이를 잡기도 한다.

절지동물

절지동물(節肢動物, Arthropoda)은 다리가 마디로 되어 있다고 해서 지어진 이름으로, 지구상의 동물 중에 약 85% 정도의 종이 포함되는 가장 큰 무리이다. 세부적으로 다지류, 거미류, 곤충류 그리고 갑각류 등으로 다시 나누어지는데, 해양에서는 바다거미류(Pycnogonida)와 갑각류(Crustacea)만이 존재한다. 절지동물은 연체동물과 다르게

서정우

정무웅

김익수

다리가 마디로 이루어진 갑각류

① 민꽃게
② 끄덕새우
③ 빨강따개비

탄수화물 성분으로 된 다당류 복합체인 키틴(chitin) 질로 이루어진 껍질을 가지고 있다. 피부에서 분비된 껍질은 갑옷과 같이 단단하여 몸을 보호할 수 있지만, 성장을 위해서는 스스로 껍질을 벗어내는 탈피를 한다. 탈피할 때마다 더욱 큰 껍질을 만들면서 성장해 간다. 민물과 바다에서 모두 살 수 있고 아가미로 호흡하며 암수가 구분되어 있다. 일부는 물에서 수정을 하지만 일부는 교미를 통해 암컷 몸속에서 수정을 한다. 알을 수정시킨 후 유생이 되기 전에 바다로 흘려보내면, 플랑크톤 생활을 하다가 어미와 같은 모습으로 변태하여 정착한다.

절지동물은 종류가 많기 때문에 생태도 다양하다. 특히 해양에서 절지동물은 육상의 절지동물과 형태적으로 차이가 있어, 일부 학자들은 다른 동물로 분류하려는 시도도 있었다. 그러나 해양 절지동물은 육상 절지동물과 달리 대부분 바다에서 저서생활을 하며, 4,000m 수심에서도 발견된다. 갑각류의 경우 대부분 머리와 가슴이 갑각을 통해 아래에 합쳐져 있다. 이런 부분이 곤충류와 다른 특징이다. 갑각류는 대부분 해양성이며, 매우 많은 종류와 개체수를 가지고 있다.

일반적으로 잘 알려진 동물군 중 흔히 따개비라고 불리는 만각류(蔓脚類, Cirripedia)는 바위나 암벽에 붙어산다. 모양으로는 일반적인 갑각류와 전혀 달라서 연관성이 없는 동물로 이해하기 쉽다. 하지만 껍질을 제거해 보면 머리를 바위에 고정시킨 갑각류라는 것을 알 수 있다. 요각류(橈脚類, Copepoda)는 대표적인 동물플랑크톤으로 갑각류 중에 해양환경에 가장 잘 적응한 동물군으로 알려져 있고, 모래 속이나 해초 사이 등 바다 밑바닥에 사는 종도 발견된다. 대형갑각류는 연갑류(軟甲類, Malacostraca)에 속한다. 몸이 마디로 구성된 것이 특징으로, 세계적으로 약 23,000종이 알려져 있다. 연갑류에 속하는 주요 동물을 다시 세분해 보면, 쥐며느리 같은 모습을 한 등각류(等脚類, Isopoda)가 있다. 이들은 바다에 쌓인 나무에 구멍을 뚫는 종류도 있지만, 주로 모래나 펄 속에 묻혀 살거나 해조류 부착기 또는 조간대 자갈 밑에서 서식한다. 조간대 바위 주변에서 볼 수 있는 갯강구도 여기에 속한다. 옆새우라고 부르기도 하는 단각류(端脚類, Amphipoda)는 평균 1cm 미만으로 주로 등각류처럼 연안의 다양한 서식처에서 사는데, 모양은 작은 새우와 유사하다. 심해에 사는 종은 크기가 무려 10cm에 이르기도 한다. 구각류(口脚類, Stomatopoda)에는 대표적으로 갯가재가 있다. 이들은 사마귀처럼 생긴 한 쌍의 집게발을 가지고 있는데 작은 동물을 절반으로 자를 수 있을 만큼 빠르고 정확하게 움직일 수 있어서 물고기도 잡을 정도로 포식력이 강하다. 다음으로 가장 잘 알려진 갑각류 중 하나인 십각류(十脚類, Decapoda)가 있다. 여기에 새우, 집게, 게가 포함되며, 세계적으로 약 1만 종이 알려져 있다. 다섯 쌍으로 된 다리가 있고, 머리와 가슴부가 서로 융합되어 덮여있으며 그 양면에 아가미가 들어있다.

극피동물

그리스어로 '밤송이와 같은 피부를 가진'이라는 말에서 유래한 극피동물(棘皮動物, Echinoderm)은 표면에 가시가 나 있는 것이 특징이다. 불가사리, 거미불가사리, 성게, 해삼, 바다나리 등이 포함된다. 모두 바다에서 살며, 몸은 방사대칭형 구조로 되어 있다. 해삼이나 바다나리 등은 부착기나 입 모양에서 방사대칭을 확인할 수 있다. 머리와 뇌가 없고 혈관계는 퇴화되어 있지만, 입 주변에 신경계를 가지고 있으며 재생 능력이 강하다. 몸에 나 있는 가시나 관족으로 운동 기능을 하고 감각 기관으로도 사용한다. 세계적으로

박흥식

다양한 모양을 가진 극피동물

① 바다나리(갯고사리)
② 아무르불가사리
③ 문어다리불가사리
④ 말똥성게
⑤ 돌기해삼

정무용

유생시기에 척색을 가지는 피낭동물

우렁쉥이(멍게)

약 6,000종이 알려져 있으나 화석종으로는 약 20,000종이 나타나고 있어서 화석생물로 더 많이 존재했던 동물군이다. 소화계는 완전한 역할을 하지만 배설기관이 없어서, 불가사리의 경우 위가 몸 밖으로 나와서 먹이를 완전히 소화한 후 찌꺼기를 버리는 특징이 있다. 불가사리는 조개를 잡아먹는 가장 위협적인 존재로 알려져 있으나 실제로 모든 불가사리가 조개를 잡아먹는 것은 아니며, 썩은 것이나 펄 위에 놓인 유기물을 먹기도 한다. 성게는 표면이 가시로 된 독특한 모양을 한다. 가시 사이에 수백 개의 관족이 있어서 먹이를 입으로 옮기거나 이동하는데 도움을 준다. 해삼은 성게나 불가사리와는 다른 모습과 기능이 있다. 가시가 없지만, 두꺼운 가죽질 속에 작은 골편이 들어있고 관족이나 단단한 피부로 바위나 모래 위를 기어 다니거나 구멍을 팔 수 있다. 입과 항문이 발달해 물을 통과시키면서 호흡을 하고, 단단하고 복잡한 촉수로 펄을 먹거나 썩은 유기물을 먹어치운다.

척색동물

척색동물은 척추가 있는 동물을 모두 포함하는데, 피낭동물과 척추동물이 모두 여기에 속한다. 척색(脊索, notochord)이란 평생 또는 발생 과정 중 어느 시기에 몸의 중심이 되는 지지 기관을 말한다. 피낭동물인 우렁쉥이, 미더덕의 경우 외형적으로는 척추가 있을 것 같지 않은 모습이지만 플랑크톤 시기에 올챙이 모양을 나타낼 때 꼬리 부분에 척색이 생기다가 소멸해 버린다. 피낭동물은 전 세계적으로 약 2,000종이 살고 있으며 바다에서만 발견된다. 이들은 해안가에서 수심이 깊은 곳까지 다양한 장소에서 서식한다.

기타 무척추동물

이 밖에도 저서동물에는 여러 동물군이 포함된다. 빗해파리가 포함된 유즐동물, 납작벌레의 편형동물, 성구동물, 유형동물, 태형동물 등 20여 분류군이 속해 있는 매우 다양한 생물 집단으로 구성되어 있다.

● 생태계에서 살아남기

생태계에서 살아남기 위해서는 잡아먹히지 않도록 항상 주변을 경계하거나, 어떤 방법을 써서라도 생존을 위해 먹이를 잡아야 한다. 저마다 살아남기 위해 동물들은 다양한

박흥식

정무용

연안에서 저서동물에게 주요 먹이원인 해조류

① 해조류를 먹는 둥근성게
② 밤에 해조류 주변에서 먹이활동을 하는 소라와 밤고둥

전략을 가지고 있다. 강한 무기로 빠르게 적을 공격하기도 하고, 호기심을 자극해 유인하거나 마취제 등 독특한 물질을 사용해 기절시키는 등의 방법이 대표적이다. 더불어 바위나 펄, 모래 또는 해조류처럼 보이는 겉모습이나 색으로 눈에 띄지 않도록 위장하는 방식, 심하게 냄새나는 물질을 가지고 있어서 함부로 접근하지 못하게 하는 방식, 독을 가지고 있어서 공격하면 양쪽 모두 죽게 되는 방식, 밤에만 움직이면서 적으로부터 피하며 살아가는 방식, 다른 생물과 서로 공존하여 상호 보완된 전략을 펴는 방식 등 생존을 위해 사용되는 다양한 방식이 존재한다. 이처럼 저서생태계는 매우 다양한 생물과 함께 복잡한 구조를 가진 구성체를 유지한다.

박흥식

박흥식

박흥식

박흥식

정무용

박흥식

주변과 비슷한 색으로 위장해 포식자로부터 위험을 피하는 생물
① 모래와 비슷한 색으로 위장한 가시불가사리 ② 잘피와 같은 색으로 위장한 민달팽이 ③ 껍질에 말미잘을 붙여서 바위처럼 위장한 집게

몸 밖으로 독특한 냄새를 뿜어 포식자가 접근하지 못하도록 하는 생물
④ 겉으로는 보호해줄 장치가 전혀 없는 안경테군소

침을 이용해 적으로부터 몸을 보호하는 전략을 가진 생물
⑤ 히드라로부터 섭취한 자세포를 몸에 보관해 무기로 사용하는 하늘소갯민숭이 ⑥ 독을 가진 불산호(fire coral)

고대의 해양생물

고생대와 중생대 바다에서 크게 번성했던 실러캔스, 투구게, 앵무조개는 현존하는 고대의 해양생물로, 이들을 통해 고대 지구와 생태계를 추측해볼 수 있다.

장순근 한국해양과학기술원 부설 극지연구소

무섭고 원시적인 모습의 커다란 물고기 실러캔스는 고생대 데본기 후기인 3억 7,500만 년 전에 나타났다가 8천만 년 전 화석을 남기고 지구상에서 사라졌다고 여겨졌다. 그러나 놀랍게도 1938년 12월 산채로 발견되었다. 그 후 한동안 발견되지 않다가 14년이 지나 다시 세상에 모습을 드러냈다.

실러캔스가 워낙 유명했기 때문에, 지금은 없어진 국제잠적동물학회(International Society of Cryptozoology, ISC)에서 실러캔스 발견 50주년 뉴스레터를 1989년 봄에 8권 1호로 발간했다. 여기에 실러캔스를 최초로 발견한 마조리 꾸르트내-래티머(Marjorie Courtenay-Latimer, 1907~2004) 박사가 실러캔스를 발견했던 부두에 선 사진이 실려 있다. 또한 박제되어 이스트 런던 박물관에 영구히 전시된 최초 실러캔스의 사진들을 포함해 실러캔스에 관련된 다양하고 자세한 사진 기록을 찾아볼 수 있다.

국제잠적동물학회는 꾸르트내-래티머 박사와 헨드릭 구센(Hendrik Goosen) 선장의 인터뷰를 별책으로 발간했다. 별책에서 구센 선장이 꾸르트내-래티머 박사에게 실러캔스를 전하는 과정 등 당시에 관련된 자세한 에피소드를 소개하기도 했다.

실러캔스 화석

한스 프리케

인도네시아 실러캔스

남서인도양 코모로제도 근해와 남동아프리카 연안에서만 잡히던 실러캔스가 1997년 인도네시아 셀레베스 섬에서 발견되어 이듬해 확인되었다. 1938년 실러캔스가 처음

김웅서

발견된 지점에서 북동쪽으로 1만 킬로미터나 떨어진 태평양 인도네시아 부근에서 발견된 것이다. 물고기의 전체 모양과 크기, 지느러미들의 특징으로 보아 분명히 실러캔스였으나, 다만 색깔이 파란색보다는 갈색으로 보인다는 점이 달랐다.

실러캔스 표본
남서인도양에서만 잡히던 실러캔스가 태평양에서도 발견되었다.

인도네시아 실러캔스를 처음 본 사람은 생물학자 마크 에르드만(Mark V. Erdmann) 박사의 부인인 아르나스 메타(Arnaz Mehta)이다. 캘리포니아대학교에서 산호 연구로 박사학위를 받은 에르드만 박사는 2년 간 북부 술라웨시에서 산호의 생태를 연구할 계획으로 1997년 9월 18일 마나도(Manado)의 파사르 베르세하티(Pasr Bersehati) 어시장을 방문했다. 마나도는 인도네시아 술라웨시(Sulawesi, 우리나라 지도에는 Celebes 섬으로 표기) 섬의 북쪽에 있는 마을이다.

아르나스는 현지인이 끌고 가는 수레에 실린 큰 물고기를 발견했고, 이 때 에르드만 박사는 그 물고기가 어려서 읽었던 『오래 된 네발이(Old Fourlegs)』(James L. B. Smith, 1956), 즉 실러캔스임을 알았다. 그러나 에르드만 박사는 실러캔스가 서인도양 바깥에서 발견된 적이 없었기 때문에 그것이 정말 실러캔스인지 확신할 수 없었다. 당시 실러캔스를 운반하던 현지인은 그것을 바다 바닥에서 잡았으며 전날 저녁 수심 100~200m에 친 그물에 걸렸고 드물게 과거에도 잡힌 적이 있다고 했다.

처음으로 잡힌 실러캔스의 박제표본

JLB 스미스 어류연구소

에르드만 박사는 미국 내셔널 지오그래픽 사의 후원으로 제2의 실러캔스를 찾기 시작했다. 어촌을 조사한 결과 다섯 달 만에 첫 실러캔스를 싣고 갔던 현지인을 만났고, 상어잡이가 주업인 그의 아들 옴 막손 하니코(Om Maxon Haniko)가 상어 자망(刺網)으로 실러캔스를 잡았다는 것도 알았다.

실러캔스보존협회(Coelacanth Conservation Council)의 기록을 따르면, 기록번호가 174번인 이 실러캔스는 마나도 투아 섬의 캄풍 네게리 마을 앞 200~300m 떨어진 바다에서 잡혔다. 위치는 북위 1도 37분, 동경 124도 43분이며 9월 17일 오후 6시에 쳤다가 다음날 아침 6시 반에 걷은 그물에 걸렸다. 길이 1.3m에 무게 30kg 정도이고 성(性)은 모르며 잡힌 지 몇 시간 동안은 살아있었다.

인도네시아의 두 번째 실러캔스는 1998년 7월 30일 같은 지역에서 잡혔다. 길이 124cm에 무게 29.2kg인 이 실러캔스는 6시간 정도 살아 있었고, 에르드만 박사와 부인은 물고기와 함께 헤엄치면서 그 동안 실러캔스의 움직임을 기록했다. 실러캔스는 약한 수류에서 가슴지느러미로 균형을 잡았고, 10m 정도 수심에서는 부채 같은 제1등지느러미를 세워서 넓게 펼쳤다.

이 실러캔스는 죽은 후에 냉동 보존되었으며, 중요한 연구 재료로써 실러캔스보존협회의 요구사항에 따라 세밀하게 측정되었다. 이 실러캔스의 기록번호는 175번이다. 암컷인 이 실러캔스의 난소에는 지름이 3cm인 알 3개가 자라고 있었다. 실러캔스의 다 큰 알의 지름은 8.5~9cm 정도로, 이 실러캔스는 알을 가지고 있는 실러캔스 가운데 가장 작은 두 번째 실러캔스로 기록되었다.

1998년 9월, 에르드만 박사는 인도네시아 바다에서 실러캔스가 발견되었다는 사실을 두 장의 사진과 함께 네이처 395권에 발표했다. 네이처도 실러캔스의 머리 사진으로 표지를 장식했다. 이로써 인도네시아 실러캔스가 공식적으로 발표되었다. 에르드만 박사는 첫 실러캔스 발견 경위와 두 번째 실러캔스를 자세하게 기술해 1999년 발표했다(Environmental Biology of Fishes, 1999). 이어서 그는 유전자 분석에 들어갔으며 실러캔스를 인도네시아 정부에 기증했다.

프랑스 학자 로랑 뿌요(Laurent Pouyaud)는 1998년 여름 두 번째 실러캔스가 잡히자, 표본을 구해 유전자 분석을 바탕으로 논문을 만들었다. 또한 그는 프랑스 학술원에서 발간하는 학술지(C. R. Acad. Sci. Paris, Sciences de la Vie, 1999)에 인도네시아 학자 다섯 명과 함께 1999년 4월 신종 '메나도 라티메리아(Latimeria menadoensis)'라는 이름으로 실러캔스를 발표했다. 이 논문에서 1998년 7월 새로운 실러캔스가 발견된 곳을 메나도투아(Menadotua) 섬 가까운 곳이라고 쓴 것으로 보아, 그는 섬의 이름을 잘못 알았던 것으로 보인다. 나아가 그는 유전자 염기서열을 잘못 분석해, 차룸나 라티메리아와 메나도 라티메리아가 142만~122만 년 전에 갈라졌다고 밝혔다. 그러나 최근 연구에서 4,000만~3,000만 년 전에 갈라졌다는 사실이 밝혀졌다. 이 사실을 통해 인도가 5천만 년 전 아시아 대륙과 충돌하면서 실러캔스의 서식처가 갈라지기 시작했던 것으로 추측되고 있다.

해양물리학자의 연구에 따르면, 서태평양 민다나오 해류가 술라웨시 섬의 서쪽을 지나 남쪽으로 흘러내려가고, 소순다 열도를 지나 남위 10도 부근에서 서쪽으로 흘러가 모잠비크 해협을 지나 남아프리카 끝을 돌아 북쪽으로 올라간다. 그러므로 적어도 현재 두 지역의 물이 섞인다고 볼 수 있다. 과거에도 그랬다면 코모로제도 부근의 인도양 실러캔스가 인도네시아 태평양 실러캔스에서 갈라져 나와 따로 발달했다고 추정하고 있다.

● 투구게

지름이 30cm 정도 되는 큼직하고 반달 같은 둥그스름한 뚜껑에 침이 솟은 형태의 투구게(horseshoe crab)도 4억 5천만 년 전 고생대 오르도비스기에 출현해 지금까지 살아있다. 우리나라의 바다에는 없지만, 동남아시아 해안이나 일본 동해안에 서식하고 있다. 갑각류인 투구게는 게나 가재와 비슷하게 보이나 해양의 갑각류보다는 거미와 전갈에 더 가깝다. 투구게가 거미와 전갈과 비슷하다는 점은 고생대 중기 얕은 바다에서 거미와 전갈의 조상을 찾을 수도 있다는 것을 가리킨다.

세숫대야를 엎어 놓은 것 같은 등껍데기를 한 투구게는 길이 60cm 정도이며 등껍데기 아래에는 5쌍의 다리가 있어 걷고 먹이를 먹거나 짝짓기를 하는 데 이용한다.

4억 5천만 년 전 부터 생존한 투구게

유라시아와 북아메리카 대륙의 동해안에서만 서식하는 투구게

긴 꼬리는 몸을 뒤집을 때 쓰는데, 사고로 꼬리가 부러지면 몸을 뒤집지 못해 죽을 가능성이 높아진다.

투구게는 특이하게도 모두 북반구 대륙인 유라시아와 북아메리카대륙의 동해안에서만 서식한다. 투구게 4종 가운데 맹그로브 투구게는 동남아시아에서 서식하며, 대서양 투구게는 미국 동해안과 멕시코만에서 서식한다. 동아시아 해안에도 새로운 종의 투구게가 발견되었다.

투구게는 얕은 바다 모래나 갯벌에서 살며, 짝짓기를 하고 알을 낳기 위해 육지로 올라온다. 투구게는 크면서 6회 탈피와 함께 변태하며, 변태할 때마다 몸길이가 33% 증가한다. 투구게는 껍데기 위에 두 개의 커다란 복눈과 여러 개의 작은 홑눈이 있다. 이들은 절지동물이나 작은 물고기를 먹고 산다.

포유동물의 피는 철을 함유하는 색소로 인해 색이 붉고, 단백질의 화합물로 산소를 운반하는 헤모글로빈이 있어 쇠 비린내가 난다. 그러나 투구게의 피 속에는 헤모글로빈이 없고 구리 성분이 함유돼 있어 우유빛이 감도는 파란색을 띤다. 투구게의 피는 의료용으로도 이용되는데, 1950년대에 투구게의 피에 백혈구에 해당되는 세포가 있어 병원균에 저항하며 응고된다는 사실이 발견되었다. 세균이나 병원균을 발견하는 능력은 투구게가 자신을 보호하기 위하여 진화한 것으로 보인다. 이 같은 성질을 이용해 미국에서는 투구게의 피를 채집해서 대장균 같은 세균이나 뇌막염을 일으키는 병원균을 발견하는 약품을 만든다. 또한 미국에서 투구게는 뱀장어와 식용쇠고둥의 미끼로 쓰인다.

투구게는 6만~12만 개의 알을 낳으며 2주 만에 부화한다. 알을 낳는 때는 음력 보름과 그믐 무렵 밀물이 아주 높을 때이다. 물이 높을 때 알을 낳는 이유는 알이 모래 속에서 사는 동물들의 먹이가 되는 것을 막고, 물에 젖는 부분은 온도가 낮을 것이므로 햇볕을 피해 천적을 막으려는 본능인 것으로 추측된다. 2주 후 알이 부화했을 때에도 물이 아주 높아, 새끼들이 바다로 돌아가는 데 문제가 없다. 투구게의 대표적인 천적인 물새들이 해안에서 알을 파먹으며 살아가는데, 최근 미국에서 투구게가 적어져 물새 또한 개체수가 줄고 있다는 주장이 있다.

투구게의 종은 한때 고생대 바다에 상당히 많았지만, 지금은 단 4종만이 살아남아 있다. 초기의 투구게는 지금의 투구게보다 작았으며, 사는 곳도 바다가 아니라 늪지에서 살았던 것으로 추측된다. 민물에 적응했던 이 투구게는 공기 중에서도 어느 정도 살았던 것으로 보인다. 그러나 이 종은 현재 투구게의 가까운 조상은 아닌 것으로 조사되었다.

오늘날 투구게의 직계조상은 바닷물에서 살았던 투구게라고 보고 있다. 3억 1천만 년 전의 투구게는 현재의 투구게와 아주 비슷하며, 이 종이 시간이 흐를수록 커지면서 오늘날 투구게로 진화했다. 1억 5천만 년 전 투구게는 지금의 투구게와 아주 비슷하게 보일 정도인데, 이 투구게는 지금 종보다 더 평평하게 생겼고 좀 더 빨리 헤엄쳤다. 물론 모든 종이 한 방향으로 비슷하게 진화한 것은 아니어서, 중생대 초에는 양쪽 옆의 가시가 아주 길어지고 벌어지며 꼬리도 길어져, 마치 날개처럼 보이는 괴상한 모양으로 진화한 종도 있었다.

● 앵무조개

우리나라 바다에서는 볼 수 없지만, 열대 바다에서 둥근 몸으로 천천히 헤엄치는 앵무조개(nautilus)를 볼 수 있다. 앵무조개는 조개의 앞부분인 아래의 큰 쪽에 있는 길고 짧은 20개 정도의 촉수를 움직여 천천히 헤엄친다. 앵무조개의 껍데기는 아주 매끈하며 내부는 몇 개의 방으로 나누어져 있다. 방에는 질소와 산소로 차 있어 앵무조개가 쉽게 헤엄칠 수 있도록 돕는다.

앵무조개는 각막이 없는 간단한 구조의 눈을 가지고 있으며, 촉수를 이용해 헤엄도 치면서 절지동물 같은 먹이들도 잡는다. 앵무조개는 마주보고 짝짓기를 하고 이 때 수컷의 생식용 촉수가 알을 수정시킨다. 암컷이 수정된 알을 얕은 바다의 바위에 붙여 놓으면 이 알들은 8~12달 후에 지름 3cm 정도의 새끼로 부화된다. 앵무조개는 최대 20년 정도 사는 것으로 알려졌다.

멸종된 암모나이트의 친척 뻘인 앵무조개

김웅서

연체동물의 한 부류인 두족류에 속하는 앵무조개는 사모아제도에서 필리핀에 이르는 태평양과 오스트레일리아 부근의 인도양에 산다. 사는 지역은 남북위 30도에 동경 90~175도 사이의 바다이다. 그러나 얕은 바다에서는 살지 않아, 수심 100~150m보다 얕은 곳에서는 거의 발견되지 않는다. 주로 300~350m에서 많이 발견되며 500~700m인 곳에서도 가끔 발견된다.

앵무조개가 물을 내뿜으면 무게가 줄어들어 물에 쉽게 뜰 수 있다. 그러므로 앵무조개는 바닷물의 밀도와 비슷한 비중을 유지하며, 헤엄치는 데 에너지를 적게 쓴다. 이를 통해 지질시대에 길이가 3m에 이르는 직선형 두족류나 지름이 2m에 이르는 거대한 암모나이트가 존재할 수 있었던 것으로 추정된다.

앵무조개의 멸종된 친척 가운데 우리가 잘 아는 암모나이트가 있다. 중생대 바다에서 살았던 대부분의 암모나이트와 앵무조개의 겉보기 다른 점은, 암모나이트는 둥글게 말린 몸의 각 부분(격실, 隔室)이 보이지만 앵무조개에서는 보이지 않는다는 점이다. 앵무조개에서는 다음에 생긴 격실이 먼저 있던 격실을 완전히 둘러싸기 때문에, 앵무조개에서는 겉의 큰 껍데기만 보인다. 그러나 지질시대에 나타난 두족류 가운데에도 앵무조개처럼 보이는 종들도 있다. 암모나이트의 경우, 격실과 격실이 연결되는 부분인 바깥으로 나타난 봉합선(縫合線)이 각 격실이 앞뒤의 격실과 결합되는

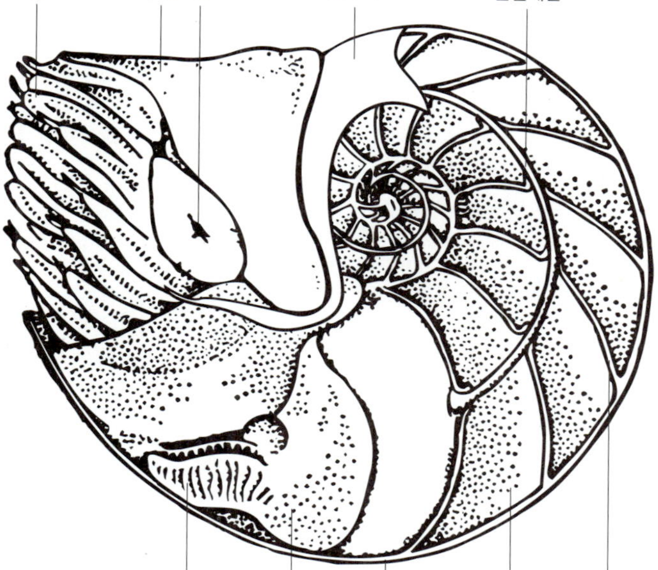

앵무조개의 구조

친척관계인 암모나이트와는 격실의 유무, 격실관의 방향 등 차이를 보인다.

양상을 보인다. 이 봉합선이 종을 나누는 매우 중요한 기준으로, 미끈하고 단순한 봉합선도 있지만 아주 복잡한 봉합선도 있었고 시간이 가면서 더욱 복잡하게 변화했다. 두족류의 대부분을 차지하며 중생대 바다를 누볐던 암모나이트는 6,550만 년 전 공룡이 멸종될 때 함께 사라졌다.

초실에서 시작해 이어서 생기는 격실들을 연결하는 격실관이 뒤쪽을 향한다는 점도 앵무조개의 특징 가운데 하나이다. 다만 이 격실관은 껍데기의 안에 있어 바깥에서는 보이지 않는다. 대신 앞 쪽에 격실관의 끝이 있어 가끔 물을 힘차게 내뿜는 모습이 보인다. 격실관은 앵무조개가 새로운 실을 만들어 크면서 생기는 물을 뽑아내는 데 쓰인다. 또 격실관에 있는 피 속의 질소, 산소, 이산화탄소 같은 기체들을 격실로 보내는 일도 한다. 기체는 격실로 스며드는데, 앵무조개가 물을 배출하거나 피 속의 가스를 격실로 스며들게 한다고 해서 자신의 무게를 급하게 변화시키지는 못한다. 과거에는 암모나이트처럼 앵무조개도 체내에 질소가스를 생산해 바다를 쉽게 오르내린다고 생각했으나, 헤엄을 쳐 물속을 오르내린다는 사실이 밝혀졌다.

앵무조개의 아주 먼 조상인 직선형 앵무조개는 캄브리아기 후기인 5억 년 전에 나타났다. 그러나 앵무조개의 가까운 조상은 중생대의 시작인 트라이아스기의 후기에 나타났다. 트라이아스기는 지금부터 2억 5,100만 년 전부터 1억 9,960만 년 전까지를 말한다. 두족류의 아강(亞綱)에 속하는 앵무조개는 2,500종 정도 되지만, 현재 살아 있는 앵무조개는 몇 종 되지 않는다.

다양한 서식지의 해양생물

Marine Organisms in Various Marine Habitats

생존이 불가능해 보이는 극한 환경에서도
해양생물은 각자의 방식으로 살아간다.

극지의 해양생물

혹한 속에서 유지되는 극지 해양생태계는 고립된 특수한 환경이 아니라 전 지구의 해양생태계를 온전하게 파악할 수 있는 연구의 보고이다.

신형철 한국해양과학기술원 부설 극지연구소

지구 해양생태계의 상당 부분이 저온환경이지만 지구 양쪽 끝의 남극해와 북극해는 늘 추운 곳이다. 양극 지방은 적도보다 빛을 적게 받고, 지구가 기울어져 돌기 때문에 1년의 일부는 한동안 전혀 빛을 받지 못한다. 또한 극지방을 덮고 있는 눈과 얼음이 빛을 반사시켜 극지의 해역은 항상 추울 수밖에 없다. 겨울에 얼음과 접촉해있는 해수의 온도는 해수의 결빙점인 영하 1.8℃ 부근을 유지한다. 이러한 극한의 환경 속에서도 다양한 생물들이 저마다의 조화 속에 안정된 생태계를 이루고 있다.

남극과 북극 바다의 형성

지구의 양 극단에 위치한 남극과 북극의 바다는 공통점도 갖고 있지만 여러 가지 면에서 크게 다르기도 하다. 우선 북극해가 대륙들에 갇혀있는 바다인 반면 남극해는 대륙 하나를 완전히 에워싸는 바다이고 지구의 다른 큰 바다와 통해있다.

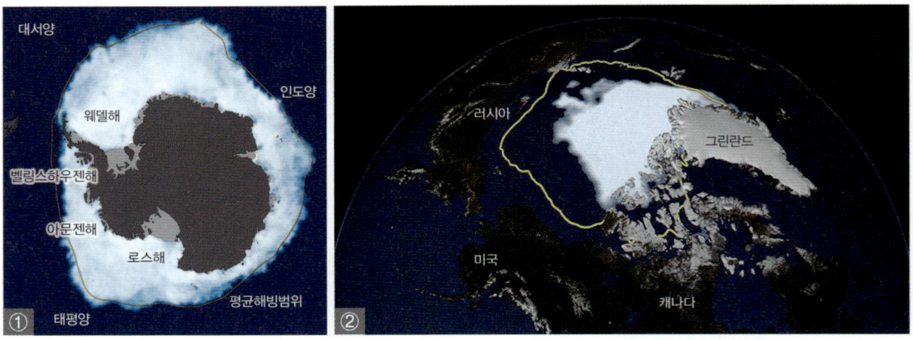

2012년 9월 양극해의 해빙 분포
노란 선은 비슷한 시기의 지난 30년 평균 해빙 범위
① 대륙을 에워싸는 남극바다
② 대륙에 둘러싸인 북극바다

북극해는 유라시아 대륙과 북미 대륙으로 거의 둘러싸여 있으며, 태평양과는 좁은 베링해협으로 연결되고 대서양과는 그린란드해와 라브라도해로 통해 있다. 남극해는 대서양, 태평양, 인도양과 같은 큰 대양들과 연결되어 있으면서 거대한 남극대륙 주변을 감싸고 흐른다. 남극해는 남극수렴선 이남의 남극권과 수렴선 이북의 아남극권(亞南極)으로 나뉜다. 남극수렴선이란 온도와 염분 등 물리적 성질에서 뚜렷하게 차이가 나는 바닷물 덩어리들이 서로 만나는 자연적 경계다.

남북극의 바다는 겨울에 얼고 여름에 녹기를 되풀이하는데 남북극의 바다를 덮는 해빙(sea ice)은 다른 바다에서는 볼 수 없는 가장 특징적인 모습이다. 북극해는 부분적으로 1년 내내 해빙에 덮여있고, 특히 겨울에는 거의 전부 해빙으로 덮인다. 북극해를 덮고 있는 해빙 중 여름에도 녹지 않는 부분은 다시 겨울을 넘기며 다년빙이 되어 간다. 북극바다의 수온과 염분은 해빙이 녹으면서 큰 폭으로 변화할 수밖에 없는데, 해빙이 녹는 반면 증발량은 낮고 강으로부터의 담수 유입으로 인한 영향도 크기 때문에 염분이 상대적으로 낮은 편이다.

남극해는 북극해와 달리 육지로 막혀있지 않기 때문에 겨울에 해빙이 늘어나고 여름이면 녹아서 줄어드는 폭이 훨씬 크다. 남위 50도에서 60도 사이를 불규칙하게 오르내리며 해마다 해빙의 75~80%가 녹고 다시 얼어붙는다.

남북극 해양생태계의 특징과 기본 구성

지구의 양쪽 끝에 있는 특별한 저온환경이지만 남북극에 서식하는 해양생물들도 지구상 다른 곳의 해양생물들과 기본적인 특징은 같다. 양극 해양생태계에도 광합성으로 생산자의 역할을 하는 식물플랑크톤이 있고, 이 식물플랑크톤들을 먹어치우는 요각류와 난바다곤쟁이류를 비롯한 동물플랑크톤들은 생태계 내의 가장 중요한 1차 소비자이다. 다음 단계는 어류를 비롯한 2차 소비자로 먹이사슬의 최상위 단계는 바닷새, 고래, 물개와 같은 해양포유류이다. 다른 해양생태계에 비해 상대적으로 극지방의 먹이 망은 덜 복잡하다.

그렇지만, 온대나 열대 해역에 서식하는 생물들과는 달리 남북극 해양생물들은 적어도

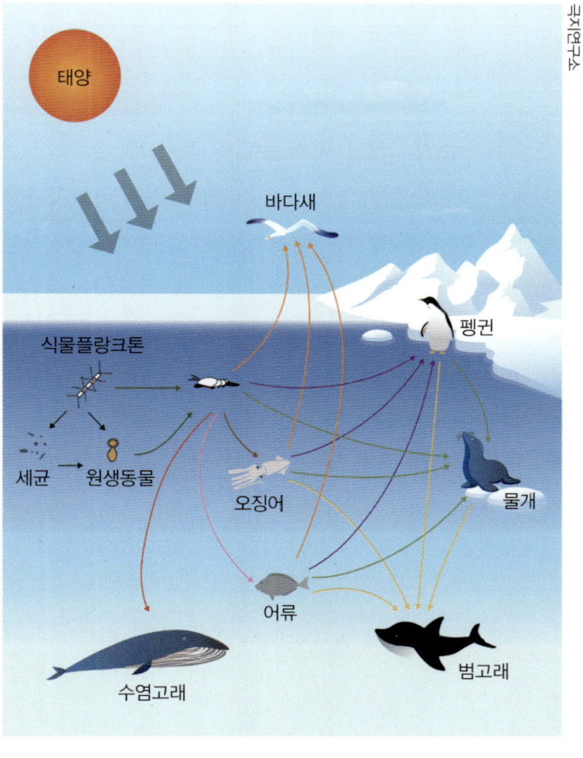

단순화한 남극해양생태계 먹이그물

크릴이라고 흔히 알고 있는 난바다곤쟁이류가 일차생산자와 포식자를 연결하는 고리 역할을 하고 있다.

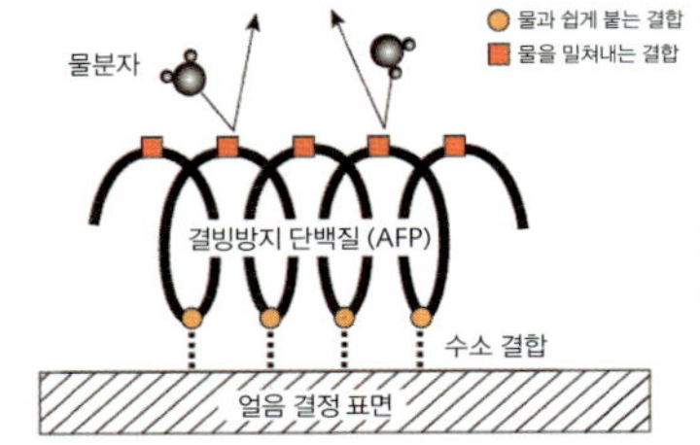

결빙방지 단백질 (Type I AFP)에 의한 얼음 결정 형성 제어 기작

결빙방지 단백질의 주입으로 인해 얼음 결정 형성이 억제되고, 침 모양의 얼음 결정이 둥근 모양의 결정으로 변화하는 모습

극지연구소

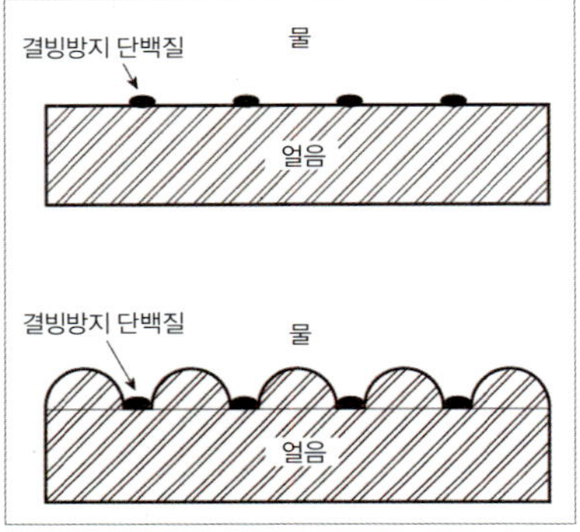

결빙방지물질

결빙방지물질이 얼음 결정의 생성을 방해하는 과정

세 가지 크게 다른 조건들 속에서 살아남아야 한다. 첫째, 특수한 환경 요인인 얼음에 대해 극복해야 하고, 차가운 주변 온도를 견뎌내야 하며, 마지막으로 1년 중 적어도 일부 기간 동안 빛이 현저하게 적거나 혹은 빛이 거의 없는 계절의 변화에 적응해야 한다.

영하의 바다에서 진화한 극지 해양생물

극지 해양생물들은 바닷물이 완전히 얼어붙는 영하 1.8℃에서 기껏해야 영상 4~5℃를 넘지 않는 낮은 온도에 적응해야 살아남을 수 있다. 효소 작용을 포함한 생물기능이 정상으로 유지되야 한다. 더불어 먹이를 취해서 성장하거나, 자손을 낳아 번식하는 것도 모두 저온 환경에서 이루어져야 한다. 저온은 생명현상의 유지에 필요한 생화학 작용의 효율을 크게 떨어뜨리고 체액을 얼릴 수도 있기 때문에, 극지 생물들은 이에 대한 대비책이 필요하다.

그 대비책을 살펴보면, 추위를 이겨내기 위해 마치 옷을 껴입듯 가죽이나 털로 체온을 유지하거나 두꺼운 지방층 단열재로 스스로를 보호하는 물개나 고래 혹은 펭귄과 같은 대형 항온동물들이 있다. 펭귄은 따뜻한 공기층을 품고 있을 수 있는 빳빳한 깃털이 온 몸에 빽빽하게 나 있고, 물개는 피부 밑에 아주 두터운 지방층이 있다. 이들은 여름에 기온이 상승할 때 일어나는 과열에도 대비해야 한다.

온도가 떨어지면 생화학 반응 속도가 느려지는 것은 당연한 현상이다. 극지 해양생물들의 특징인 저온 활성 효소는 온도가 올라갈수록 어느 정도 임계점에 이를 때까지 활성이 다소 증진되지만, 다른 일반 효소와 비교해서 더 낮은 온도 범위에서도 활성을 유지한다. 특히 저온에서 세포막의 탄력과 구조적 유연성을 유지하는 것이 적응의 핵심이다. 저온에서도 기능을 유지하는 대신 열에 의해 변성되기 쉽고 특히 고온에 대한 내성이 약하다.

빙점 아래 수온에서 서식하는 극지 어류나 무척추동물, 심지어 영하 20℃ 이하로 낮아지는 해빙 속에서 사는 단세포 식물들은 체액이 얼지 않도록 세포 안에서 특별한 물질을 분비한다. 탄수화물인 다당류나 단백질, 당단백질로 구성된 이들 물질은 얼음 결정의 표면에 달라붙어 얼음 결정이 더 커지지 못하도록 하여 세포의 파괴를 막는다. 또 남극빙어라고 불리는 어류는 혈액의 점성을 낮추기 위해 아예 헤모글로빈 없이 혈액에 산소 공급을 하는 기작을 채택하기도 해, 속이 훤히 들여다보이는 투명한 몸을 갖기도 한다.

● 극지의 사계절에 적응한 해양생물

극지에 사는 생물들은 1년 중 일부 시기 동안 빛을 전혀 쬐지 못하거나 아주 적은 양의 빛으로 살아남아야 한다. 일사량은 계절적으로 크게 변하고, 생물생산의 규모와 생산이 시작되는 시점과 중단되는 시점을 결정한다. 여름에 접어들면서 얼었던 바다가 녹아 상대적으로 덜 짜고 가벼운 물이 수층의 윗부분을 차지하게 되면, 한동안 물이 위아래로 잘 섞이지 않는 층이 생성된다. 겨울에 비해 바람도 약해져 식물플랑크톤은 빛이 잘 들지 않는 깊은 곳까지 내려가지 않고도, 다량의 햇빛을 받아 광합성에 전념할 수 있게 되며, 식물플랑크톤의 대번성으로 고정된 에너지는 먹이사슬의 다음 단계로 전달된다.

따라서 빛 에너지의 유입이 계절에 따라 크게 달라진다는 것은, 결국 먹이의 공급이 계절에 따라 달라진다는 것을 의미한다. 먹이가 귀한 환경에서 성장과 번식에 먹이가 미치는 영향은 중대하기 때문에, 대부분 생물들의 생활사에서 일어나는 주요 사건들은 먹이가 충분한 여름에 맞춰져 있다.

빛과 함께 극지 해양생물에 크게 영향을 미치는 또 하나의 환경요인은 바로 얼음이다. 바닷물이 얼어서 만들어지는 해빙과 대륙의 빙상에서 떨어져 나온 빙산 모두 극지 해양생물의 생활사에 큰 영향을 미치고 있다.

겨울에 바다가 얼면서 바다를 덮는 해빙이 대표적인 극지의 얼음 환경이다. 해빙은

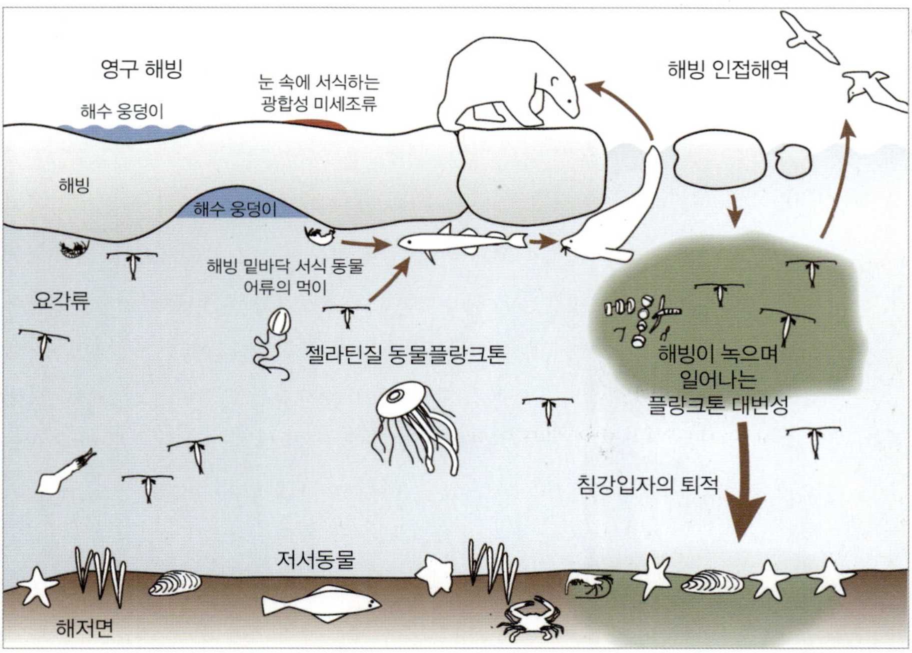

Hugo Ahlenius 유엔환경계획

북극해 해빙 생태계의 먹이그물

북극해 해빙역 인근에서 일어나는 식물플랑크톤의 대번성과 먹이그물

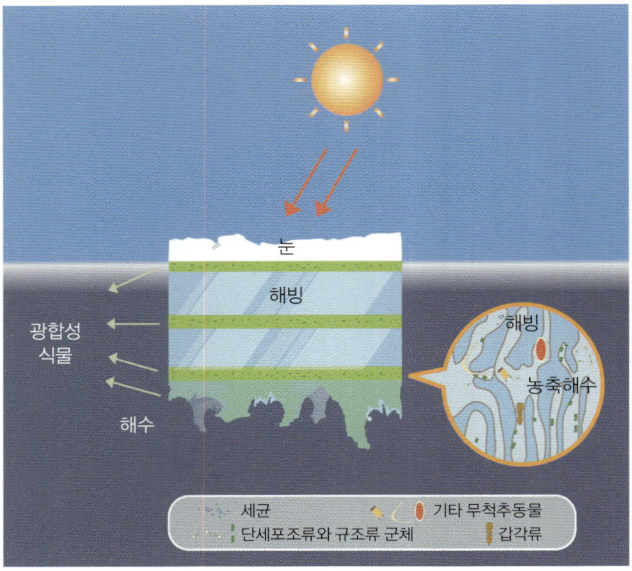

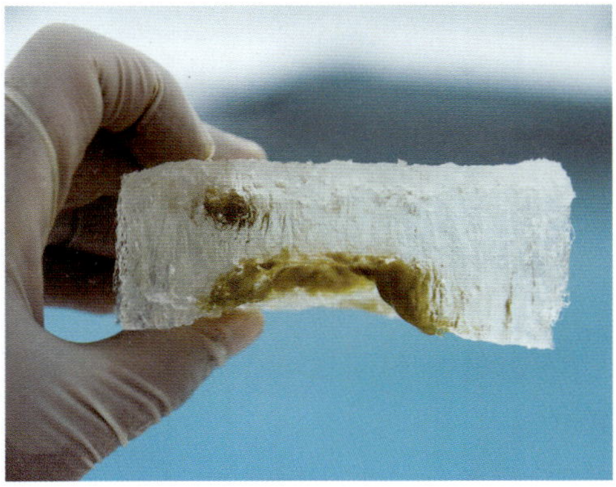

해빙과 미소생물들

① 해빙 속의 미소생물 서식처
② 북극해 해빙 속의 규조류

바다를 덮어 빛이 들어오지 못하게 막고 대기와 바다 사이의 열 교환과 기체 교환을 막는 차단막이 된다. 한편 해빙은 그 자체로 생물들의 서식환경이 된다. 해빙 바닥의 갈라진 틈과 해빙 속의 작은 관은 미소생물 군집의 밀집 서식지나 포식자로부터 몸을 피하는 은신처가 되기도 한다.

다른 독특한 얼음 환경으로는 대륙을 누르고 있는 얼음덩어리가 바다 쪽으로 튀어나온 형태의 빙붕(ice shelf)이 있고, 이 빙붕이 쪼개져 바다로 떨어져 나오면 거대 빙산(iceberg)이 된다. 해안선 가까이의 바다 바닥과 거의 붙어있는 정착빙이 떨어져 나갈 때 바닥을 긁으면서 저서생물 군집을 훼손하고 지나가는 것은 저서생물들에게 큰 위협이 되기도 한다.

해빙 밑바닥의 미소생물을 긁어 먹는 남극크릴

남북극의 얼음 바다에서도 빛과 해빙의 역할이 어우러져 사계절의 리듬이 만들어진다. 남북극에서도 나름대로 계절변화가 뚜렷하다. 빛이 증가하기 시작하는 봄에는 녹색식물들이 해빙 아래쪽을 두꺼운 양탄자처럼 덮는다. 쇄빙연구선이 얼음을 깨고 전진하는 과정에서 뒤집어지는 얼음판의 바닥을 보면 갈색 혹은 녹색식물들이 카펫처럼 덮여있는 모습을 흔히 볼 수 있다. 생물학적인 활동도로 보면 진공상태나 다름없는 겨울동안 생물이 목숨을 부지하고 다음 봄을 위한 준비를 하는 곳이 바로 얼음판의 밑바닥이다. 남극 크릴과 같은 생물에게는 겨울을 굶어 죽지 않고 넘길 수 있게 해주는 월동장이 되기도 한다.

겨울에 얼음 밑에서 숨어 살던 크릴이 식물플랑크톤 등의 먹이가 풍부해지는 여름에 얼음 밖으로 일제히 나와 산란과 번식에 집중 투자하는 방식의 생활사는, 결국 빛과 얼음이 만들어낸 사계절에 적응한 것이라고 할 수 있다.

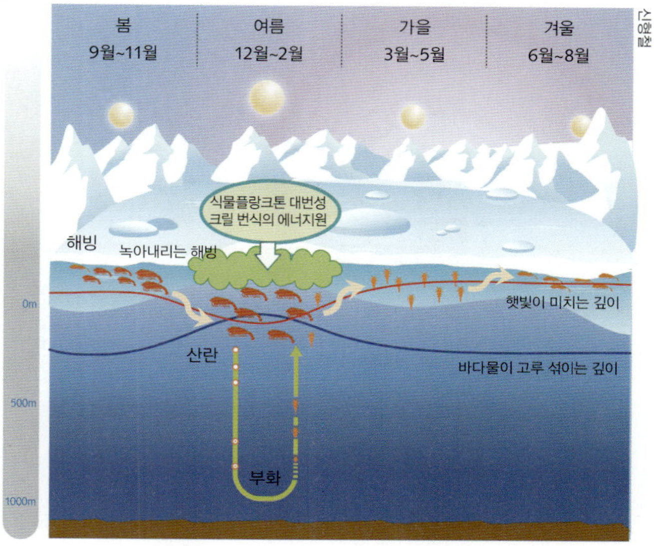

크릴의 생활사

빛과 계절과 해빙과 크릴의 생활사 주기

빛과 먹이가 풍부한 여름에 번식 전략과 생활사의 주기를 맞추는 것은 비단 플랑크톤이나 크릴만이 아니다. 펭귄과 바닷새, 물개 등도 매년 이때에 맞춰 번식한다. 바다에 먹이가 가장 풍부할 때 젖을 먹이거나 먹이를 먹여 성체로 키워내야 한다. 두 마리 이상의 새끼를 기르기 어려워 한 마리만 낳는 황제 펭귄이 한겨울에 내륙으로 들어가 교미와 산란을 시작하는 것도, 알에서 부화한 새끼가 여름에 바다로 돌아갈 수 있도록 하기 위해 오랜 시간 진화를 거쳐 완성한 생존의 지혜인 것이다.

극지의 해빙이 생존에 불리하기만 한 것은 아니다. 남북극에서는 날씨가 너무 따뜻해서 얼음이 적게 얼어 해수면의 많은 부분이 빈 바다로 덮이는 경우가 더 위험할 수 있다. 오히려 해빙 환경이 주기성 없이 불규칙하게 큰 폭으로 변화하거나, 해빙이 계속 사라지는 것이 더 큰 위협이 될 수 있다.

● 남북극 해양생태계의 온실기체 처리 역할

물이 차가울수록 기체가 잘 녹기 때문에, 남북극의 차가운 바다는 대기의 이산화탄소가 녹아들어가기 쉽다. 남북극의 바다가 얼면서 만들어진 차갑고 짠 물이 심해로 가라앉을 때 이산화탄소도 함께 끌려들어가면서, 인간 활동으로 배출된 이산화탄소의 상당분이 남극해에 의해 처리되고 있다. 또한 남북극 해양에 번성하는 식물플랑크톤은 광합성 작용으로 이산화탄소를 흡수해서 유기물 형태로 변환하는 역할을 한다. 적당한 조건이 만들어졌을 때 식물플랑크톤의 대번성으로 인해 대량으로 만들어진 유기물은 식물플랑크톤이 죽어 가라앉거나 동물플랑크톤에 먹혀 배설물로 배출될 때 생물작용에 의해 고정된 대기 이산화탄소가 해양의 심층에서 처리된다. 극지, 특히

남극의 사계절과 황제 펭귄의 번식

3개월 간의 자유생활 이외에는 번식을 하기 위해 모든 시간을 보낸다.

남극의 해양생태계는 온실기체인 이산화탄소를 저장하고 내보내기도 하는 처리 공장으로써의 역할에 일조하고 있는 것이다.

● 빠르게 변하고 있는 극지 해양생태계와 미래

해빙과 유빙, 녹아내리는 빙상의 영향을 받는 남북극 해역은 본질적으로 기후 변화에 민감하고 특히 온난화에 취약할 수밖에 없다. 이미 여러 차례 보도된 것처럼 북극의 바다는 빠른 속도로 녹으며 사라지고 있고, 2007년 북극 해빙 면적이 최저치를 기록한 이래 매년 여름마다 신기록이 수립되고 있다. 조만간 얼음에 덮이지 않은 북극 바다를 보게 될 것이라는 전망이 나오고 있는 실정이다. 눈과 얼음이 덮고 있던 자리를 바다가 차지하게 되면, 반사되던 햇빛 에너지가 지구 속으로 들어와 온난화가 가속화될 것이다. 온도가 높아진 바다는 생물 생산을 증가시켜 생물들에게 새로운 서식처가 될 것이고, 북극해 생태계는 근본적인 구조 변화를 겪게 될 지도 모른다. 몇몇 모델 연구는 북극권 약간 남쪽 해역에 서식하던 생물 종들이 북극해로 진출할 것이라고 예측하고 있다. 남극도 예외가 아니다. 남극에서도 서쪽, 특히 남극반도의 서쪽은 전 지구상에서 유례없는 속도로 기온이 올라가고 있는 곳이다. 지난 수십 년 동안 남극해에서 조사한 플랑크톤 네트 표본과 기록에 따르면, 남극 해양생태계 먹이사슬의 중추를 이루는 크릴은 줄어들거나 더 추운 남쪽으로 이동했으며, 그 자리를 사람뿐 아니라 다른 동물들에게도 먹이로 가치가 훨씬 떨어지는 '살파'라는 동물플랑크톤이 차지했다.

펭귄 중에도 해빙을 서식처로 활용하는 아델리펭귄은 서남극 반도 해역에서 전반적인 해빙 감소와 함께 그 숫자가 크게 감소했고, 반면 해빙에 크게 의지하지 않는 젠투펭귄은 큰 변화를 보이지 않았다. 이미 종의 이동이 일어나고 있고 주요 종의 분포가 달라지고 있음을 알 수 있다.

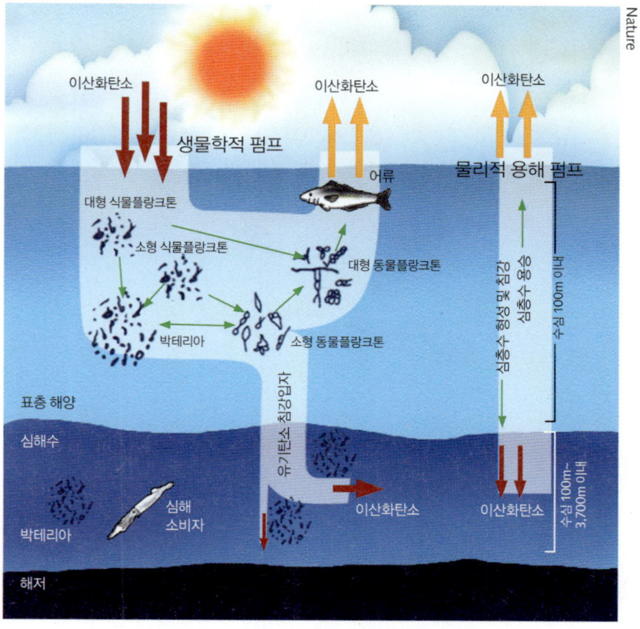

Nature

대기 이산화탄소가 해양 심층으로 유출되는 두 가지 주요 과정

광합성으로 고정된 이산화탄소가 식물플랑크톤의 사체로 혹은 동물플랑크톤에 먹혀 배설물로 가라앉으면 대기 이산화탄소가 생물작용에 의해 해양심층으로 격리되는 효과를 가져온다.

큰 폭의 변화가 일어난 것은 이미 분명하다. 이제 이러한 현상이 몇 십 년 주기로 순환될 것인지, 아니면 진행된 변화가 너무 커서 전혀 새로운 방향으로 재편되고 있는지에 관한 연구가 필요한 시점이다.

극지 해양생물들이 보여주는 극한 환경 적응 메커니즘은 해양생물들이 다양한 환경에서 적응·진화하는 일련의 장치와 방법을 연구할 수 있는 기회가 된다. 특히 극지라는 지리적 위치와 접근의 어려움 때문에, 아직 밝혀지지 않은 전 지구적 해양생물 다양성의 보고이기도 하다. 극지 해양생태계는 고립된 특수생태계가 아니라 전 지구 생태계를 온전하게 이해하기 위해 빼놓을 수 없는 중요한 연구 분야일 것이다.

아직도 계속 밝혀지는 남극 해양저서동물의 다양성

세종기지 근처 바다속에서 촬영한 산호와 우렁쉥이

극지연구소

열수분출공의 생물

심해저의 뜨거운 온천 지역, 즉 열수분출공 지역의 생물들은
지구 생명의 기원과도 직결되어 많은 관심을 받고 있다.

김동성 한국해양과학기술원

약 100년 전까지는 심해에 생물이 살고 있지 않다고 생각했다. 그러나 대영제국의 전함 챌린져 호의 세계일주 탐험(1872~1876)을 통해 심해는 오히려 육상 이상으로 안정된 환경을 가지고 있으며, 어떠한 깊이에서도 다양한 종류의 수많은 생물이 살고 있다는 것을 알게 되었다. 물론 빛과 식물이 없는 세계에 적응해야만 하고 먹이에 제한이 심하다는 점 등 해양생태계를 구성하는 여러 환경 조건 때문에, 단위면적에 비해 많은 수의 생물이 살 수 없는 환경이라 여겨졌다. 그런데 1970년대 말에 이르러 이와 같은 생각마저도 뒤바뀌게 된다.

우리가 익히 알고 있는 용궁에 대한 전설이나 알렉산더 대왕의 잠수 설화가 이야기하는 것처럼 심해저를 직접 탐험한다는 것은 인류의 오랜 꿈이었다. 그 꿈을 최초로 실현한 사람은 1930년의 미국인 윌리엄(William)이었다. 그는 튼튼한 강철구에 밖을 내다볼 수 있는 창문을 낸 도구를 철로 만든 줄에 매달아 900m까지 잠항하여 많은 관찰 결과를 남겼다. 뒤이어 스위스의 피르 교수의 발상과 설계로 자유롭게 잠항할 수 있는 유인잠수정이 실현되었다. 가솔린을 부력체로 한 잠수정은 '아르키메데스 호'에서 '트리에스데 호'로 발전했고, 1960년에는 세계 최심부인 10,900m의 마리아나 해구 잠항에 성공했다. 그 후 잠수정은 세계 여러 곳에서 건조되었는데, 고성능 연구용 잠수정으로는 미국의 앨빈(Alvin), 프랑스의 시아나와 노틸(Nautile), 일본의 신까이2000(Shinkai 2000)과 신까이6500(Shinkai 6500) 등이 대표적이다. 가장 최근인 2012년 6월 27일 중국의 '자오룽'이 7,062m의 심해 잠수에 성공해 세계적인 유인잠수정 잠항 기록을 갖게 되었다.

한편으로는 파일럿이나 연구자가 탑승하지 않는 무인 하이테크 로봇잠수정도 개발되어 위험한 장소의 연구나 장시간의 조사 작업에 사용되고 있다. 세계 최고 성능의 일본의 무인 잠수정 '가이코(Kaiko)'는 약 11,000m에 달하는 마리아나 해구(Mariana trench)의 챌린저 해연(Challenger Deep)에서의 잠항 조사에 성공했다. 잠수정 이외에도 심해 트롤이나 채니기, 카메라 등의 여러 방법으로 심해 조사가 이루어지고 있다. 심해 영상의 최대 장점은 지구의 활동을 포함한 환경과 생물의 상호 작용을 동시에 볼 수 있다는 것이다. 이렇게 해서 인간의 오랜 꿈이 7,000m를 넘는 심해저까지 닿으면서, 현재 인간은 세계 심해저의 99.8%를 직접 방문하는 일이 가능하게 되었다.

김동성

일본 유인잠수정 '신까이6500'

세계 최초로 심해 6,500m까지 탐사가 가능했던 잠수정으로 단 한번의 사고 없이, 오랜 기간 탐사를 수행하고 있다.

● 열수분출공·용수지역과 판구조론

육상 온천과 다르지 않은, 강렬한 지형적 특징과 외형을 갖는 심해의 온천이 바다 속 수천 미터 밑바닥에 있다. 수십 개의 굴뚝이 나열되어 있고 굴뚝의 구멍 속에서는 수백 도의 연기가 뿜어져 나온다. 그 뜨거운 물과 연기에 포함되어 있는 다양한 온천 성분의 화학적 특성과 함께 그 동안 상상하기도 힘들었던 좀처럼 보기 힘든 다양하고 풍부한 생물들로 인해, 그곳은 새로운 세계나 별천지처럼 보인다. 1976년, 태양 빛도 도달하지 않는 칠흑 같은 바다 속에 이러한 세계가 존재한다는 사실이 알려진 이후 전 세계 곳곳에서 바다의 온천이 발견되면서 여러 가지 이유로 바다 연구의 뜨거운 감자로 주목받고 있다. 이 세계를 우리는 열수분출공 지역(Hydrothermal vents)이라 부른다. 또한 이러한 열수분출공 지역이 발견된 지 수 년 후, 활발한 분출이 일어나지는 않지만 미약하게 안개처럼 물이 뿜어져 나오고 열수분출공 지역의 생태계와 유사하게 독특한 생태계를 유지하고 있는 곳이 발견되었다. 이를 냉용수 지역 혹은 용수역(Seep)이라 부르게 되었다.

이처럼 깊은 바다 속의 특수한 세계를 이해하기 위해서는, 해양학 및 지구과학에 있어서 최대의 성과로 일컫는 '판 구조론(plate tectonic)'을 이해해야 한다. 바다 밑 지형은 이 판에 의한 지구의 활동을 반영한 것이다. 지구 내부의 맨틀 대류에 의해 지각이 해저 밑에서 새롭게 올라오고, 대양 밑바닥의 판이 확대되거나 대륙 근처의 오래된 해양 지각이 다시 지구 내부에 말려들어가는 등 대양저가 신진대사를 하는 것과 동시에 때로는 대륙덩어리를 이동시켜 분단시킨다는 이론이다. 예를 들면 동태평양에 있는 해저산맥에서는 지금도 새로운 해양의 바닥이 한쪽으로만 일 년에 10cm

정도 탄생하고, 약 1억 년 전에 만들어졌던 것들이 태평양의 반대쪽인 일본 해구에서 지구의 내부로 말려들어가고 있다. 판이 생산되어 해양저가 확대되는 영역은, 맨틀에서 상승해 발생하는 마그마 활동에 의해 중앙해령이라 일컬어지는 일대 산맥을 형성하고 있다. 판이 말려드는 영역에는 수심 6,000m가 넘는 해구가 존재하기도 한다. 또 이 판이 말려들어가는 곳에서 발생하는 마그마 상승이나 소규모의 판 활동은 중앙해령과는 별도로 화산활동의 기원이 되는 등, 해양에서 발생하는 모든 움직임을 일으키는 원인이라 할 수 있다.

해양의 바닥을 새롭게 만드는 해저화산대에서는 분출되어 나온 마그마가 해수로 인해 급격히 냉각되면서 베개 형태의 현무암으로 변한다. 바위의 갈라진 틈이나 단층에 스며든 해수는 지하에서 마그마와 접촉하면서 따뜻해져 해저에서 온천으로 분출된다. 온천의 주변에는 동, 아연, 금, 은 등의 유용원소가 침전해서 열수광산이 만들어지기 때문에 장래의 광물자원으로도 기대된다.

바다 밑바닥에 존재하는 300℃ 정도의 매우 높은 온도를 지닌 온천지는 이미 오래 전부터 예상되었다. 그러나 따뜻한 물이 뿜어져 나와 일정 높이 위에서 기둥을 이루어 퍼져 나간다는 최초의 명확한 증거는, 1976년 해양학에 있어 세계적으로 선두적 역할을 담당했던 미국의 스크립스해양연구소에서 '딥 토우(Deep-Tow)'라는 장비에 의해 밝혀졌다. 하지만 이때만 하더라도 계통적 지구물리학에 한정되어 있던 연구는 해저 바닥의 열수분출공은 예상했지만, 화학합성 생태계(열수분출공, 용수역 및 고래뼈 지역 생태계를 통틀어 지칭하는 용어)를 발견하리라고는 상상조차 하지 못했다.

● 열수분출공 및 냉용수역의 발견

태양 빛이 도달하지 않는 깊은 바다 속 밑바닥, 즉 심해저 화학합성 생태계 연구의 시작은, 태평양의 동쪽 바다 2,600m, 갈라파고스 확장 지역(위경도 0°47'84"N, 86°09'18"W)에서 1976년 5월 29일 13시 20분 39초에 Deep-Tow 카메라에 찍힌 큰 크기의 흰색조개껍데기 흑백사진으로 거슬러 올라간다. 이곳에서 미국의 잠수정 앨빈이 잠수하는 동안 지질학자 잭 콜리스(Jack Corliss)는 처음으로 분출공에 있는 조개류를 묘사했다. "그들은 조개껍데기들이다. 그들은 껍데기이다. 그들은 큰 껍데기이다. 그들은 살아 있고… 부착되어 있는 조개…" 또한 지화학자인 존 에드몬드(John Edmond)는 "큰 지렁이 같은 것들이 저기 있다. 인디언의 머리 장식물처럼 보인다. 내가 바라보는 오른쪽에 그들 4개가 일렬로 있다. 그들의 색이 궁금하다. 정확히 말하기는 어려우나 빨간색 같다."라고 당시의 상황을 묘사했다. 이것이 현재 '장미의 정원', '에덴동산', '오아시스'라고 불리며 전 세계에서 생태학적 · 광물자원학적으로 가장 높은 인기와 관심을 받고 있는 열수생태계의 첫 발견이었다. 이후, 1979년에 다시 잠수정 앨빈 호를 투입하여 심해저 생물의 생물학적 채집과 관찰, 실험이 행해졌다. 바다 밑바닥에서 뿜어져 나오는 약 20℃의 우윳빛 온수(주변 해수 온도는 약 2℃)를 중심으로, 주변에서 거대한 흰색의 관에 선홍색 아가미를 내밀고 흔들거리는 관벌레류(tube worm), 수많은 갯지렁이들의 관, 길이가 25cm에 달하는 하얀색 껍데기의 이매패류(*Calyptogena magnifica*), 우리에게 친숙한 심해 홍합류(mussel), 소라나 고둥처럼 생긴 작은 크기의 권패류, 허리가 구부러진 새우, 눈이 먼 게, 다알리아 꽃을 연상하게 하는 말미잘류, 그리고 주변을 헤엄쳐 다니는 심해 뱀장어류 같은 어류들로 이루어진 생물군집이 존재하고 있었다. 그 후 태평양 해령에서 캐나다의 후안드푸가(Juan de Fuca) 해령에 이르기까지의 확대축을 따라서 400℃ 전후의 고온수가 분출되는 검은 연기굴뚝(Black smoker)과 그것에 비해 약간 저온인 하얀 연기굴뚝(White smoker)이 다수 발견되어, 역시 그 주변에는 특수한 생물이 살고 있음을 알려졌다. 이곳을 '열수분출공 생물군집'이라 부르게 된다.

WHOI

가장 처음 열수분출공 주변 생물을 발견한 미국의 심해 유인잠수정 앨빈 호

한편, 1980년대에 이와는 다소 다른 획기적 발견들이 있었다. 1984년에 멕시코만의 플로리다 해안과 일본의 사가미만에서의 용출지역 발견이 그것이다. 이어서 미국의 오리건주 해안, 북서태평양 지역, 바베이도스 해안 등에서도 발견되었다. 이들은 열수의 연기가 보이지 않는 해역임에도, 앞서 발견된 열수분출공 지역에 살고 있던 생물들과 매우 비슷한 생물들이 다량으로 서식하고 있었다. 이 발견은 그 후 바다 밑 고래 시체 주변에서 새롭게 발견된 고래뼈 생물군집과 더불어 일련의 화학합성을 하는 생물에 대해 보다 더 넓은 시각의 적용이 필요하다는 것을 분명하게 보여주었다. 이러한 생물들은 조금씩 그 종류를 달리하며, 그 후 아주 멀리 떨어진 서태평양, 대서양, 인도양, 심지어는 극지에 이르기까지 전 세계 바다에서 연이어 발견되기에 이른다.

● 전 세계에서 발견되는 심해 열수 관련 해역

전 세계 곳곳에서 발견된 심해 극한 환경 생태계의 생태학적 비교를 위한 초기 기회 및 연구는 1979년과 1985년 사이에 미국과 프랑스의 주도로 갈라파고스 북위 21도와 13도 열수분출공 지점을 탐사하면서 시작됐다. 갈라파고스와 네파(NEPR, Northeast Pacific Rise) 분출공 지역에 서식하고 있는 저서무척추동물 사이의 유사성은 생태계의 각 특성을 밝혀주었고, 두 개의 해령 축 군집 사이의 교환은 거대한 종

김동성

열수분출공 서식생물
(독일 'Sonne'와 일본 JAMSTEC의 'Shinkai6500'으로 공동연구를 통해 촬영)
① 흰색분말패각 조개류의 일종
② 열수분출공 주변 대형 조개 군집
③ 집단 서식하는 갯지렁이류
④ 심해 홍합류
⑤ 심해 말미잘류
⑥ 심해 뱀장어류

분포 범위를 뒷받침하기에 충분했다. 또한 많은 출현 종들의 해부학적, 생리학적 그리고 영양학적 분석이 이루어졌다. 관벌레(*Riftia pachyptila*)는 독성이 있는 농축된 황을 가지고 물속에서 살아가는 거대한 동물인데, 관벌레의 영양체 내에 공생하는 황산화세균의 중요한 역할에 대한 형태학적, 초미세구조적 그리고 생화학적 연구가 좋은 예다. 유사한 특징은 열수지역에 가장 많이 나타나는 이매패류인 흰색분말패각조개(*Calyptogena* sp.)나 홍합류에서도 보인다. 이러한 공생 관계 및 특이한 먹이습성 등의 연구는 현재까지도 활발히 이루어지고 있으며, 때로는 과거의 연구 결과를 뒤집기도 한다.

열수의 분출 형태는 장소에 따라 다르다. 그러나 그 전형으로는 300℃ 이상, 때로는 420℃의 갈색 고온수가 금속 유화물을 주성분으로 하는 검은 연기굴뚝(Black smoker)에서 뿜어져 나오는 것을 들 수 있다. 후안드푸가(Juan de Fuca)형이 대표적인 예이다. 바로 옆에는 200℃ 전후의 하얀 온수가 유산염 및 실리카를 주성분으로 하는 하얀 연기굴뚝(White smoker)에서 아지랑이를 형성하며 흘러나오는 것도 있다. 한편, 최초 발견 해역인 갈라파고스형의 열수 분출은 바위의 틈새에서 15~20℃의 백탁한 온수가, 마리아나 해분에서는 290℃ 정도의 투명 혹은 조금 백탁한 온수가 분출하는데, 이렇듯 장소나 시간의 경과에 따라 다양한 분출의 형태를 보이기도 한다. 이러한 분출은 주로 높고 긴 형태의 굴뚝이 죽 늘어서 있는 곳이나 부스러진 혈수성 광물 슬랩(slab) 사이에서 산발적으로 끓어 나오기도 한다. 이러한 굴뚝 혹은 분출공 자체가 온천수로부터의 척출물이기 때문에 수십 년 이내에 스스로 분출공을 막아버리게 된다. 또한 근처에서 살고 있는 우점 생물군 중 이매패류인 흰색분말패각조개나 홍합류도 약 25년 정도로 분출공과 거의 같은 수명을 가지고 있다.

용수생물 군집은 지구의 판이 말려들어가는 해역이나 해저 유전, 메탄하이드레이트

등과 같은 배경에서 형성된다. 대표적으로 태평양의 북부 · 서부 · 남서부 · 동부, 멕시코만, 대서양의 동부와 서부, 지중해, 인도양 동부 등이 있다. 오호츠크 해의 경우 수심 300~804m 정도에서 메탄 용출이 있고, 그 주변으로 이매패류가 우점하는 생물군집이 발견되었다. 알래스카 앞바다의 알류잔(Aleutian) 해구(수심 4,530~4,980m), 서태평양 마리아나 화산 앞의 남차모르 해산 정상부(수심 약 2,900m)에 심해 홍합류와 흰색분말패각조개류가 발견되었고, 그 외 파푸아뉴기니 섬, 동태평양의 오레곤 앞, 몬터레이만, 페루 해구, 칠레 해구 등에서 연이어 생물군집이 발견되었다. 멕시코만은 1947년에 세계에서 처음으로 해저 유전 생산을 시작한 해저 유전의 보고로, 여기에는 소금의 퇴적층으로부터 녹아나와 메탄이 함유된 높은 염도의 해수가 소금 호수를 만들어낸다. 이것은 고염분의 해수의 모임이 주위의 해수와 섞이지 않아 마치 해저에 호수가 있는 것처럼 보인다. 그 주변으로 심해 홍합류의 일종인 *Bathymodiolus childressi*가 밀집되어 있고, 메탄하이드레이트가 노출된 장소에는 얇고 라면처럼 생긴 관벌레의 일종인 *Camellibrachia luymesi*가 서식한다. 대서양에서는 바베이도스 프리즘이 있어, 동쪽의 기아나만에도 플로리다 심해 홍합류의 근연종인 B. aff. *heckerae*., 흰색분말이매패류, 아직 논란의 여지가 남아있지만 현재는 환형동물 다모강 그룹에 속해 있는 Siboglinidae과의 *Escarpia southwardae* 등이 분포한다. 지중해의 수심 1,950m에 있는 이화산 해역에서는 Lucinidae과에 속하는 *Myrtea* sp.나 *Vesicomya* sp. 등의 이매패류가 발견되었다. 인도양 조사는 아직까지 시작 단계에 불과하지만 인도양 중앙 해령의 Kairei field, Edmond vent field나 최근 동쪽의 인도네시아 앞의 자바 해구에서 용수생물 군집이 발견되고 있다.

열수분출공 생물군집은 태평양의 서부 · 남서부 · 남부 · 동부, 대서양, 인도양, 지중해, 북극해 등에서 발견되었다. 태평양의 서부에서 남부에 걸쳐 마리아나 해구, 마누스 해분, 북휘지 해분, 라우 해분, 컬마딕 back-arc 해분에 열수분출 해역이 있다. 동부에는 대규모의 열수분출 해역을 형성하는 중앙 해령계가 있다. 대표적인 것은 캐나다 앞의 후안드푸가 · 익스플로러 · 골다 해령이나 미국에서 칠레 앞에 이르는 동태평양 해팽(rise)인데, 많은 수의 열수분출공 생물군집이 나타나 그 어느 곳보다 조사 및 연구가 잘 이루어진 곳이다. 대서양에도 중앙을 남북으로 횡단하는 대서양 중앙 해령이 있어, 동태평양 해팽 못지않은 다수의 생물군집이 발견되었다. 인도양 중앙 해령계에 있어서는 일본의 연구팀이 세계에서 가장 처음으로 열수분출공 생물군집을 발견했다. 최근에는 북극 주변의 가켈 해령(수심 2,000m)에서도 열수분출공 생물군집의 존재가 알려졌다.

열수분출공 및 열수역(붉은 원 표시)

전 세계 해양에서 시간이 지남에 따라, 계속 발견 되는 열수분출공 및 열수역

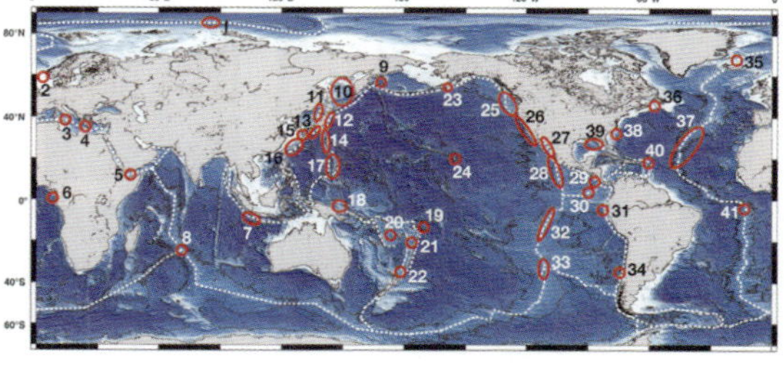

김동성

일본 JAMSTEC의 Hyper-dolphin 3K로 공동연구를 통해 촬영 ① 높낮이 · 형태 및 개수가 지역에 따라 크게 차이가 나는 열수분출공 ② 해저 밑바닥의 열수 분출공에서의 검은 연기굴뚝(black smoker) ③ 열수분출을 멈춘 열수분출공 굴뚝(Chimney)

또한 hot spot 열수분출로는 하와이 앞 Loihi 해산이 유명하다. 여기에서는 유일하게 *Opaepele loihi*가 화학합성 생물군집의 고유한 저서생물로 출현한다.

● 화학합성 생태계

화학합성이란 무기물의 산화에 의해 발생하는 에너지를 사용하여 탄산을 고정한 유기물을 합성하는 것을 말한다. 광합성을 사용한 광 에너지 대신에 무기물의 산화 에너지를 이용하는 것이다. 화학합성 무기영양생물은 메탄산화세균과 같은 류라고 판단해, 이들이 생산자적으로 기능하는 생태계를 '화학합성 생태계'로, 그곳에 형성되는 생물군집을 '화학합성 생물군집'이라고 한다. 화학합성 생태계와 화학합성 생물군집의 주된 것은, 마그마 등의 열원에 의해 발생되어 열수순환계에 형성되는 열수생태계 · 열수분출공 생물군집, 그 이외의 순환계에서 메탄 등 탄화수소가 풍부한 용수가 뿜어져 나오는 장소에 형성되는 용수생태계 · 용수성 생물군집이 있다. 열수분출공 생물군집은 통상 중앙해령이나 열도 · 배호분지(back arc basin)의 활동적인 해저화산 지역에 형성된다. 용수성 생물군집은 해구나 trough라고 하는 판(플레이트)의 수렴 지역, 메탄하이드레이트 형성 지역, 이화산, 해저유전 지역 등에 형성된다. 그 위에 생물의 사체가 해저에 쌓여 부패되면서 유화수소나 메탄이 발생하는 경우도 있다. 여기에는 죽은 고래로 인해 형성되는 고래뼈 생물군집이나 침몰된 나무에 형성되는 침목생물군집이 포함된다.

화학합성 생태계 중 열수분출공 주변에 형성되는 열수생태계의 먹이사슬을 보면, 해저 밑에서 공급되는 화학종의 조성에 차이가 있지만 생태계의 구조로서는 용수 생태계도 기본적으로 다르지 않다. 1차생산자인 세균이나 고세균은 해저 표면이나 저서생물의 몸 표면에 밀집해 박테리아 매트를 형성하기도 하고 성질이 같은 해수 속을 자유롭게 떠다니기도 한다. 이처럼 저서생물의 고유성 · 공통성의 원인으로는 유생 분산 과정과도 밀접하게 관련되어 있다는 것으로부터, 유생분산 메커니즘으로 메가플럼(mega plume)에 의한 유생 운반, 고래뼈 생물군집이 분산의 중계 지점이 된다고 하는 징검다리 가설, 긴 유생 기간에 따른 장거리 분산의 가능성 등이 지적되어 왔다. 화학합성 생물군집의 종 다양성을 보면 광합성 의존형의 심해 생물군집보다 낮게 나타난다. 화학합성 생물군집을 구성하는 동물종의 서식밀도나 생체량은 주로 1~2종이 큰 값을 차지해 상대적으로 군집의 70~90%를 나타내는 것에 비해, 광합성 의존형에서는 주된 종이 출현하지 않는다. 오키나와 해구에 있는 열수분출공 생물군집의 경우 화학합성 생물군집에는 출현 종 수가 적고 최고 밀도의 종과 최저밀도의 차가 크다. 반대로 하쯔시마 앞 주변의 광합성 의존형 생물군집을 구성하는 저서생물을 출현 종 수는 많고 밀도의 차이는 적다. 화학합성 생태계의 다양성이 낮은 이유는 명확하지 않지만, 고온 · 고농도의 유화수소나 중금속으로 이루어진 유독환경에 대한 적응, 비교적 단기적인 열수분출이나 용수현상 같은 환경의 불안정성 등이 영향을 미치고 있다고 추측하고 있다.

지구 최초의 생명

해저의 열수분출에 따른 생명의 기원에 관한 이야기는 최근 뜨거운 화제다. 46억 년 전 원시지구의 표면은 아직 끊임없는 운석의 충돌로 인해 마그마 해양(magma ocean)이라 불릴 정도로 끈적끈적하게 녹아 있는 상태였다. 지구가 서서히 냉각되면서 대기 중의 응축된 수증기는 비가 되어 지구상에 떨어졌다. 이렇게 해서 지구가 탄생했다. 지구상에 최초의 생명이 탄생한 것은 37~39억 년 전이라고 추측된다. 당시의 바다는 상상할 수 없을 정도의 뜨거운 물로 가득 차 있었을 것이다. 그러나 그 안에서는 생명을 만들어내기 위해 필요한 여러 가지 화학성분, 예를 들면 아미노산과 같은 유기물질이 농축되고 있었다.

금세기 전반까지 아미노산은 오직 생물로부터 만들어진다고 믿고 있었다. 그러나

김동성

'Shinkai6500'과 'Hyper-dolphin 3K'로 촬영 (일본 JAMSTEC)

① 인도양의 나열된 열수분출공 검은 연기굴뚝(black smoker) 주변의 심해 새우류

② 오키나와 해역의 미약한 열수분출공 주변에서 걸어 다니는 허리꺽인 새우류

1953년 시카고대학의 유리와 밀러는 환원적인 원시대기를 만들어서, 메탄 · 수소 · 암모니아 · 수증기를 밀봉한 유리용기에 전기 불꽃을 일으켜 아미노산이 무기적으로 합성된다는 사실을 발견했다(Miller-Urey experiment, 1953). 그 후 원시대기는 보다 산화적으로 이산화탄소 · 일산화탄소 · 질소와 수증기로 구성된다고 생각하게 되었다. 또한 이러한 산화적 대기로부터도 고에너지양자선(宇宙線의 주성분)에 의해 아미노산 합성이 가능하다는 것이 밝혀졌다. 한편, 아주 멀리 떨어진 우주 공간으로부터 아미노산이 해양에 유입되었을 가능성도 있다. 1969년에 오스트리아에 낙하한 매치슨 운석은 아미노산을 비롯해 유기물질을 다량 포함하고 있었던 것으로 유명하다.

최근 화성에 생물이 있었을지도 모른다는 이야기가 신문이나 과학 잡지에 오르내리고 있다. 화성뿐만 아니라 우주의 어디에서부턴가 생명의 씨앗이 지구에 낙하해 뿌리를 내렸다고도 상상해 볼 수 있다. 그러나 해양의 내부, 특히 열수분출공 부근에서 아미노산이 합성되었을 가능성도 높다. 홍해의 해저 온천수를 주위의 해수와 비교했을 때 고농도의 글리신(아주 단순한 아미노산)이 검출된 사실이 이를 뒷받침하고 있다. 열수 환경을 재현한 실험 장치에서도 아미노산의 합성이 확인되었다. 열수분출공의 환원적인 환경과 풍부한 열에너지는 아미노산의 합성뿐만 아니라 아미노산의 중합, 조직화를 촉진했을 것이다. 그 위에 열수 중에 고농도로 포함되어 있는 철, 망간, 아연 등의 금속이온이 복잡한 유기물 합성을 위한 촉매나 생명 활동의 필수 원소로써 작용했을지도 모른다. 생화학적인 연구에서도 최초의 생명이 열수 환경으로부터 생겨났다는 가능성이 지적되고 있다.

현재 지구상의 모든 생물은 진핵생물(세포 내에 핵을 갖는 생물, 고등동식물), 진정세균(세포 내에 핵을 갖고 있지 않는 대장균 등의 생물), 고세균(세포 내에 핵을 갖고 있지 않는 메탄균 등)의 3가지로 분류된다. 가장 원시적인 생명으로부터 진정세균이 갈라져 나오고, 다음으로 진핵생물과 고세균이 갈라져 나왔다. 세포 내의 리보소옴 RNA 배열을 토대로 생명의 기원과 가장 가깝다고 생각되는 진정세균이나 고세균의 성질을 조사해 보면, 이들은 예외 없이 90℃나 그 이상의 고온 환경에서만 성장이 가능한 초호열(超好熱)균이다. 그리고 진화한 세균일수록 호열성이 저하되는 경향을 보인다. 즉, 최초의 생명은 초호열성이었을 가능성이 높고, 그들이 탄생한 장소로써 열수분출공의 열탕 안이 유력하다.

● 우리나라의 열수분출공 연구 가능성

앞에서 언급된 바와 같이 약 30년에 걸쳐 태평양, 대서양, 인도양 등 지구상의 많은 해역에서 열수분출공에 관련된 다수의 발견과 연구 결과가 축적되어 왔다. 심해 및 열수 관련 지역에 대해 연구를 할 여력이 없었던 우리나라는 늦기는 했지만, 이러한 연구 현장에 참여해 결과를 도출할 수 있는 틈새가 여전히 많이 남아 있다. 특히 열수분출공이나 열수역의 전혀 새로운 생물군집 발견을 기대할 수 있는 해양이 아직도 많이 남아 있다는 점에서 희망적이다.

이러한 지역 가운데 오랫동안 가장 큰 관심의 대상이 되어 온 곳은 바로 북극해다. 북극해 가켈(Gakkel) 해령의 열수분출공은 분출공 고유의 특색을 잃어버리고 지역화가 되어버렸지만, 그들의 생물상은 여전히 사진 기록과 채집된 시료로 남아 있다. 생물지리학적 · 분류학적으로 주목할 만한 관심이 가는 다른 지역들은 독립된 해령 환경들이다. 대서양 남서부에 위치한 스코셔(Scotia) 해령, 지중해의 케이먼(Cayman) 해팽, 그리고 인도양 북동쪽에 위치한 안다만(Andaman) 배호 해령이 이에 속한다. 중앙해령조차도 아직까지 탐사되지 않은 부분들이 남아 있다. 반드시 조사해야 할 해령들 가운데 하나가 대서양 중앙 해령의 아조레(Azores) 지역이다. 유전인자의 흐름에 대한 연구, 이 단열대가 각 종들의 확장에 있어 장벽으로든 여과지역으로든 어떻게 작용하고 있는지에 대한 연구 등도 필요하고, 남동태평양의 칠레 해팽과 남극 해령들 또한 분류학과 다양성, 유전자의 흐름에 관한 비교 연구가 아직 상당히 미흡한 상태다. 인도양의 트리플(Triple) 해령 환경의 분출공 생물상에 대한 계통지질학적 연구, 그리고 대서양과 서태평양 생물상의 비교 연구의 경우 대서양과 태평양 사이의 종의 확산 방향을 밝히는 것도 연구 주제의 하나일 것이다. 심지어 매우 잘 탐사된 분출공 지역에서도 아직 명확하게 알려지지 않은 적응 방법에 대한 연구가 필요하다. 대부분의 분출공 생물 종들에 대해 생물학적으로 자세히 알려진 바가 거의 없기 때문이다. 이처럼 평범하지 않은 서식지에서 살아가는 개체군의 서식 습성과 생활사에 대한 연구를 통해 적응능력 범위를 파악하는 등 각 개체군에 대한 연구는 무한한 가능성을 내포하고 있다.

독도의 해양생물

화산활동과 더불어 복합적인 해류의 영향을 받는 독도는 전 세계적으로도 고유한 생태계를 보전하고 있다. 독도에서 살고 있는 수많은 해양생물들은 아직 미지의 연구 영역이다.

노현수 한국해양과학기술원

독도는 적어도 270만 년 전부터 210만 년 전 여러 차례의 화산활동에 의해 생성된 것으로 알려져 있으며, 작은 대양이라고 불리는 우리나라 동해의 한가운데 위치한다. 독도는 동해의 해양환경과 기후 특성을 결정짓는 주요 요소인 해류의 주요 이동경로 상에 위치하여, 계절별로 한류와 난류의 복합적인 영향을 받는다. 독도 주변 연안에 영향을 미치는 해류는 대마난류(Tsushima Warm Current)와 북한한류(North Korea Cold Current)이다. 이 중 대마난류는 다시 3개의 지류로 구성되는데, 대마도와 일본 열도 사이를 통과하여 일본 서해안을 따라 흐르는 연안지류, 대마도와 한반도 사이의 대한해협을 통과한 후 다시 2개의 지류로 나뉘어 우리나라 동해안을 따라 북상하는 동한난류(East Korea Warm Current), 동해안으로부터 떨어져 외해 쪽으로 흐르는 외해지류로 이루어진다.

이렇듯 독도 주변 해역은 쿠로시오의 지류인 대마난류와 북한한류가 만나는 지역으로 영양염류가 풍부하며, 이로 인한 동물플랑크톤과 식물플랑크톤이 다양하고 경제적 가치가 높은 회유성 어족이 다량 분포하고 있다. 또한 독도는 지형적으로 수심 2,000m 정도 바다속으로 분출한 화산성 해산이다. 물 위로 솟아 있는 독도의 면적은 작지만 수면 아래 독도의 면적을 합하면 울릉도의 2배 이상 되는 거대한 해산이다. 동도와 서도를 중심으로 주변에 물개바위를 비롯한 크고 작은 89개 이상의 부속 바위섬과 암초가 있어, 단단한

화산활동으로 생성된 독도

김웅서

바닥 암반에 부착해 생활하는 해양 저서생물에게 좋은 서식지를 마련해주고 있다.

독도 주변 해역에서 최근 밝혀진 독도효과는 독도의 해양생태계를 이해하는 데 중요한 정보를 제공한다. 진행하는 해류의 흐름이 독도로 인해 부분적으로 차단되어 발생되는 해수의 수직혼합 효과에서, 생태적으로 중요한 용승작용(upwelling)이라는 현상이 발생한다. 비교적 영양염이 풍부한 저층수의 이런 상승효과는 다량의 영양염을 선호하는 다양한 종류의 플랑크톤을 번성하게 한다. 다양한 어종의 먹이가 되는 플랑크톤의 번성은 독도 주변 해역의 회유성 어종이 풍부하게 분포할 수 있게 해 어장으로서 중요한 가치를 가진다. 또한 수심 2,000m 이하의 심해에 둘러싸여 급경사를 이루는 독도의 해저면은 천해에서 심해에 이르는 광범위한 수심별 저서생물 분포 특성을 직접적으로 연구할 수 있는 유일한 장소이기도 하다. 이러한 자연환경과 생태적인 중요성 때문에, 정부는 독도를 1982년 11월 4일 천연기념물 제336호로, 1997년 12월 13일 '독도 등 도서지역 생태계 보전에 관한 특별법'에 의해 특정 도서로, 1999년 12월 10일 문화재청 고시 제1999-25호에 따라 독도천연보호구역으로 지정해 특별히 관리하고 있다. 2000년에는 환경부 고시 제2000-109호에 의해 '특정 도서'로 지정되었다.

● 독도의 해양생물 서식지

독도는 화산활동에 의해 생성되었기 때문에 대표적인 두 섬인 동도와 서도뿐 아니라, 주변의 89개 부속 바위섬과 암초 모두 암석으로 이루어졌다. 독도의 전형적인 조간대를 살펴보면 전반적으로 경사도가 매우 가파르다. 다만 동도와 서도의 일부 지역에는 크기가 큰 자갈과 몽돌(모가 나지 않고 둥근 돌)로 형성된 완만한 경사의 해안이 일부 있다. 동도의 경우, 독도에서 바람의 영향을 가장 적게 받아 선착장이 건설되어 있는 서쪽 방향에 몽돌 해안이 잘 발달해 있다. 서도에는 주민 숙소를 기준으로 해서 북동쪽 방향으로, 그리고 독도에서 유일하게 담수가 솟아나는 물골 지역에 몽돌 해안이 잘 발달해 있다.

김웅서

독도 동도의 몽돌해안

대부분의 조간대 해양생물은 수면 근처 암반, 암석, 몽돌 등의 표면, 아랫면, 틈 사이에 서식한다. 해수면 아래의 서식지에 해당하는 조하대는 일부 몽돌로 이루어진 조간대 해안을 제외하고는 경사가 급한 수직 직벽 형태의 암반이거나 대형 암석이 겹겹이 쌓여 있는 양상을 보인다. 독도의 조하대는 경사가 매우 급한 조간대에서 대략 수심 15m까지의 얕은 조하대를 제외하고는 매우 완만한

박흥식

노현수

독도의 암반 서식지 ①
완만하고 평탄한 조하대 서식지 조사 ②

경사를 보인다. 대략 수심 20m까지는 대형 암석이 산재하고 있으나, 수심이 더 깊어지면서 대형 암석은 더 이상 보이지 않고 전반적으로 굵은 자갈로 형성된 완만하고 평탄한 조하대 서식지가 있다. 일반적으로 독도 주변 해역의 남쪽보다는 부속 바위섬과 암초가 많은 북쪽 해안에 더욱 다양한 조간대 및 조하대 서식지가 있다.

독도의 동도와 서도 사이 해저의 기질은 기저 암반과 대형 암석이며, 암석 사이사이에는 검은색을 띠는 모래로 이루어진 사질 서식지가 수심 4~15m 지점까지 군데군데 발달해 있다. 동도와 서도 사이의 모래 서식지를 제외하고, 독도 주변 해역 30m 이하의 조하대 대부분 바닥에는 모래, 조개부스러기, 자갈, 진흙 펄이 섞여 있다.

독도 주변 해역의 조하대 서식지에서 가장 우점하는 해조류는 감태와 대황이다. 이들 두 종의 대형 해조류는 해양 무척추동물에게 매우 좋은 서식지 역할을 한다. 대형 어류와 치어뿐만 아니라 연체동물인 고둥류와 후새류, 환형동물인 다모류, 절지동물인 갑각류 등 대부분 해양 무척추동물에게 해조 숲은 중요한 보육장과 은신처이다. 감태와 대황은 독도 주변 전 해역에 골고루 분포한다. 하지만 동도의 독립문바위 조하대 암반과, 해류가 강한 서도의 가제바위 조하대 암반에 가장 많이 자라고 있다.

노현수

독도 조하대의 사질서식지 ①
독도에서는 흔하지 않은 사질의 퇴적물이 쌓인 수중 조하대 서식지

독도 조하대에 우점하는 해조군락 ②
독도 독립문바위 해역의 암반 조하대에 높은 밀도로 서식하는 대황 해조류 군락

● 독도의 해양 포유동물

독도에 서식했던 어린 바다사자(울릉도 소재 독도박물관)

독도 큰가제바위에서 해녀의 손에 들려 있는 독도 바다사자 어린 개체, 지금은 단 한 마리도 찾아 볼 수 없다.

한 때 독도 주변 바위섬에 해양 포유류인 바다사자가 많이 살았던 적이 있다. 분류학적으로 바다사자는 바다사자과(Otaridae)에 속하고 전 세계적으로 3종이 보고되어 있다. 이들 3종의 바다사자류의 분포를 간략히 살펴보면 이 중 한 종은 독도에서 서식한 것으로 기록되어 있는 종(*Zalophus japonicus*)으로, 독도를 포함한 한반도 연안과 일본 홋카이도, 혼슈, 규슈, 시코쿠 연안에 주로 서식한다. 또한 북미 태평양 연안의 밴쿠버에서 멕시코 서해안 나야리트 연안에 1종(*Z. californianus*)이, 그리고 갈라파고스 군도에만 고립되어 서식하는 종(*Z. wollebakei*)이 있다. 우리나라 독도와 일본 연안에서 서식하던 바다사자는 현재 세계자연보호연맹(IUCN, International Union for Conservation of Nature)에 의해 멸종된 것으로 보고되었다. 독도의 바다사자에 관해서는 경상남도 언양 반구대 암각화에 바다사자의 그림이 묘사되어 있어, 선사시대 이전부터 우리나라 해안에 서식했던 것으로 추정된다. 조선왕조실록에는 1700년대 독도에서 가지어(강치)를 포획했다는 기록이 있다. 바다사자는 강치 또는 가제라고도 불렸다. 1900년대 초까지만 해도 독도는 3만~5만 마리의 바다사자가 서식하는 바다사자의 최대 번식지로 알려져 있었다. 독도에서 번식한 후 일부 개체들은 일본의 시마네 현 연안으로 이동해 서식한 것으로 기록되어 있다. 하지만 일제 강점기 때 일본 어부들이 가죽과 기름을 얻기 위해 바다사자를 남획하는 바람에 지금은 자취를 감췄다. 단지 바다사자들이 앉아 쉬던 바위인 가제바위라는 이름을 통해 그들의 흔적을 찾아볼 수 있다.

● 독도의 어류

1990년대 후반부터 현재까지 독도 주변 해역에서 보고된 어류는 110여 종이 넘는다. 독도 주변 연안은 여름철 대마난류의 영향으로 25℃ 전후의 높은 수온이 유지되지만, 강한 북서풍의 영향을 받는 겨울철에는 수온이 10℃ 전후로 낮아져 연간 수온 차이가 큰 편이다. 이러한 이유로 인해 독도 주변 연안에서는 난류성 어류와 한류성 어류가 동시에 서식하며, 계절별로 어류의 종류가 크게 바뀐다. 독도 주변 연안의 어류는 독도 해역의 해류로 인한 수온 변화에 따라 서식분포에 많은 차이를 보이고 있는데, 봄에는 대략 15종이 분포하나 여름과 가을로 가면서 서식 어류가 60여 종으로 급격히 늘어난다. 수온이 높을 때 독도 주변 연안 해역에서는 자리돔, 파랑돔과 같은 자리돔류와 줄도화돔, 세줄얼게비늘, 일곱줄얼게비늘과 같은 동갈돔류 등 열대 및 아열대종 소형 어류가 나타난다. 수온이 낮을 때는 망상어, 인상어와 같이 남해안에서 흔히 볼 수 있는 연안 어류 떼가 나타나 수온이 높을 때와는 달리 전형적인 온대 바다의 어류상을 보인다. 이러한 현상은 여름철 독도 연안으로 온대 · 열대 및 아열대성 어류 중 많은 수가 겨울철 수온이 낮을 때 죽거나 다른 해역으로 옮겨 갔기 때문이다.

독도 주변 연안에 서식하는 어류 중 중요한 수산어종은 개볼락, 돌돔, 혹돔, 말쥐치, 연어병치, 놀래기, 부시리, 벵에돔, 자리돔 등이 있는데, 이들 대부분은 암반이 잘 발달된 곳에 서식하는 종이다. 독도 주변 연안에 서식하며 낮에는 거의 활동을 하지 않는 개볼락이나 야간에 잠을 자는 혹돔의 경우는 수중 동굴이나 수직 · 수평으로 갈라진 틈이 많은 바위 연안에 서식하고 있다.

독도의 동도와 서도 사이 수심이 얕은 해조숲 서식지에는 돌돔, 벵에돔, 볼락류, 자리돔 등의 치어 떼가 서식한다. 이를 통해 독도 연안에 서식하는 많은 정착성 어류가 자치어 시기에 동도와 서도 사이처럼 수심이 얕은 곳을 성육장으로 이용하고 있음을 알 수 있다.

독도의 해양 무척추동물

독도 주변 해역에서 1960년 바위게(*Pachygrapsus crassipes*)와 얼룩참집게(*Pagurus similis*) 등 2종의 십각류가 처음으로 보고되었다. 이후 2012년 한국해양과학기술원에서

노현수

해조류 군락에 서식하는 자리돔 떼

노현수

암반 위의 뿔예쁜이해면 ①
얕은 조하대 암반에서 손쉽게 관찰 할 수 있는 해면

혹돔굴 암반의 불똥해면 군체 ②
혹돔굴 안쪽의 수직면이나 큰가제바위 조하대 암반의 수직면에 대량으로 서식하는 해면, 서식지에 따라 색깔을 달리하여 흰색이나 진보라색을 보인다.

수행한 독도 연안 수중생태지도 작성 및 서식지 생태특성 모니터링 조사까지 종합해 보면, 해양 무척추동물은 11문에 걸쳐 약 615종이 서식하는 것으로 기록되어 있다. 독도 주변 해역에 서식하는 해양 무척추동물은 해면동물 문 25종, 자포동물 문 68종, 유즐동물 문 3종, 편형동물 문 5종, 유형동물 문 2종, 태형동물 문 11종, 성구동물 문 2종, 연체동물 문 207종, 환형동물 문 124종, 절지동물 문 125종, 극피동물 문 29종, 척삭동물 문 14종 등으로 구성되어 있다. 독도 주변 연안에 서식하는 주요 해양 무척추동물의 특성을 살펴보면 다음과 같다.

해면동물 문

독도 주변 연안에서 보고된 해면동물은 거품오스카해면, 별해면류, 조디아해면류, 보라해면, 보라예쁜이해면, 뿔예쁜이해면, 바위해면류, 불똥해면, 껍질끈적해면, 넓적끈적해면, 황록해변해면, 회색해변해면, 주황해변해면 등 총 25종이다. 이 중 독도 주변 연안에서 가장 우점하는 해면류인 뿔예쁜이해면은 6~20m의 비교적 수심이 얕은 조하대의 암석 위에 넓게 퍼져 있다. 불똥해면은 서도의 혹돔굴 안쪽 암반과, 수심 약 15m 이하의 가제바위 해역의 조하대 암반과 암석 위에 큰 군체를 형성하며 높은 서식밀도로 분포하고 있다.

자포동물 문

독도 주변 연안에서 보고된 자포동물은 곤봉히드라, 큰산호붙이히드라, 털꽃히드라, 실꽃히드라, 관히드라, 컵히드라, 흰깃히드라 등의 히드라충류 31종과, 꽃이끼산호, 곧은진총산호, 양색바늘산호, 부채뿔산호, 곤봉바다딸기, 해변말미잘, 갈색꽃해변말미잘, 풀색꽃해변말미잘, 검정꽃해변말미잘, 가죽해변말미잘, 섬유세닐말미잘, 담황줄말미잘, 보석말미잘, 무스뿌리돌산호, 관목나무돌산호, 정향돌산호, 긴가지해송, 해송, 실꽃말미잘 등 36종, 보름달물해파리 1종 등 총 68종이 서식하고 있다. 이 중

노현수

곤봉바다딸기 ①
큰가제바위 조하대 암반 수직면의 대표적인 자포동물인 곤봉바다딸기

부채뿔산호 군락 ②
조하대 암반에 밀생하여 서식하는 부채뿔산호 군락

독도 주변 연안에서 가장 많이 서식하는 대표적인 산호류인 부채뿔산호와 곤봉바다딸기는 수직으로 가파르게 경사진 암반 또는 조류의 영향을 많이 받아 물살이 센 곳에 주로 서식한다. 특히 독도 가제바위 조하대 암반에 밀집해 분포한다.

연체동물 문

독도 주변 연안에서 보고된 연체동물은 연두군부, 가는줄연두군부, 줄군부, 수염군부, 따가리, 꼬마군부, 군부, 털군부, 참철군부, 벌레군부 등 다판류 20종, 말전복, 둥근전복, 오분자기, 흰이랑삿갓조개, 애기삿갓조개, 진주배말, 애기배말, 멋쟁이배무래기, 배무래기, 납작배무래기, 꼬마흰삿갓조개, 큰배말, 밤고둥, 구멍밤고둥, 방석고둥, 개울타리고둥, 각시고둥, 보말고둥, 팽이고둥, 바다방석고둥, 납작소라, 소라, 총알고둥, 좁쌀무늬총알고둥, 침배고둥, 큰뱀고둥, 점박이개오지, 주홍토끼고둥, 뿔두드럭고둥, 대수리, 두드럭고둥, 매끈이고둥, 포도고둥, 검은테군소, 군소, 말군소, 올빼미군소붙이, 흰갯민숭달팽이, 파랑갯민숭달팽이, 여왕갯민숭달팽이, 꽃고랑딱개비, 고랑딱개비 등 복족류 130종, 털담치, 홍합, 진주담치, 굵은줄격판담치, 동해담치, 돌조개, 왕복털조개, 비단가리비, 태생굴, 바위굴, 가시굴, 굴 등 이매패류 53종, 한치오징어, 화살오징어, 문어, 왜문어 등 두족류 4종을 포함해 총 207종이다. 군부류는 주간에는 주로 연안의 몽돌이나

암반에서의 매끈이고둥 ①
연안 암반 위에서는 고둥류가 자주 발견된다.

소라 ②
연체동물 복족류 중 연안에서 가장 우점하는 소라

암반 해역에서 가장 우점하는 홍합 ③
연체동물 이매패류 중에서 가장 우점하는 홍합

노현수

암석의 바닥, 바위틈에서 서식한다. 독도 주변 연안에 서식하는 연체동물 중에서 가장 종 다양성이 높은 분류군으로 복족류를 들 수 있는데, 이들 중에서도 독도의 조간대와 얕은 조하대에서는 팽이고둥과 소라를 가장 쉽게 관찰할 수 있다. 특히 팽이고둥은 서식밀도가 매우 높아 50×50cm 방형구 안에 50개체 이상 되기도 한다. 소라는 독도 주변 연안 조하대에서 가장 우점하는 주요 유용수산생물 중의 하나로 수심 5~20m 범위에서 주로 서식하며, 다 자란 성체의 크기는 직경 10cm 정도다. 이매패류인 홍합은 독도 주변 연안 수심 10m 이내의 수심에서 주로 서식하는데, 독도 주변에 서식하는 해양 무척추동물 중에서 생물량이 가장 높은 주요 유용수산생물이다. 독도 주변 해역에서 서식하는 홍합의 크기는 보통 7~18cm 범위이고 서식 상태가 매우 양호하다. 울릉도와 독도에서 서식하는 홍합이 한반도 연안에서는 가장 크다.

환형동물 문

독도 주변 연안에서 보고된 환형동물은 다모류가 유일하다. 다모류에는 삼각모자갯지렁이, 네모부채발갯지렁이, 반다리미갑갯지렁이, 치로리미갑갯지렁이, 빛염주발갯지렁이, 참염주발갯지렁이, 큰넓적염주발갯지렁이, 민숭참갯지렁이, 원참갯지렁이, 둥근얼굴참갯지렁이, 곱사참갯지렁이, 두점참갯지렁이, 뾰족고운비늘갯지렁이, 황금비늘갯지렁이, 투구갯지렁이, 괴물유령갯지렁이, 눈꽃유령갯지렁이, 총채유령갯지렁이, 작은사슴갯지렁이, 조름털갯지렁이, 가는실타래갯지렁이, 민실타래갯지렁이, 명주실타래갯지렁이, 빛꽃갯지렁이, 큰우산석회관갯지렁이, 석회관갯지렁이, 뿔석회관갯지렁이, 동그라미석회관갯지렁이, 가는석회관갯지렁이, 넓적집갯지렁이, 가시털갯지렁이, 참송곳갯지렁이, 납작얼굴갯지렁이, 오뚜기갯지렁이, 가는버들갯지렁이, 민숭대나무갯지렁이 등 총 124종이 서식하고 있다. 이 중에서 명주실타래갯지렁이는 독도의 동도와 서도 사이 조하대에 잘 발달해 있는 모래 서식지에서 흔하게 발견된다.

노현수

명주실타래갯지렁이
동도와 서도 사이 조하대 사질에서 자주 발견된다.

절지동물 문

독도 주변 연안에서 보고된 절지동물은 꼬마바다거미, 가시애기손바다거미 등 7종의 바다거미류, 거북손, 민조개삿갓, 조개삿갓, 팔각따개비, 조무래기따개비,

①

②

노현수

붉은눈자루참집게 ①
독도 연안 저층퇴적물이나 암반에서 발견되는 붉은눈자루참집게

대형 노무라입깃해파리 ②
독도 주변 연안에서는 거의 볼 수 없는 대형 해파리류로 독도 해역의 고수온화 영향으로 북상한 것으로 추측된다.

검은큰따개비, 삼각따개비, 흰따개비, 빨강따개비, 큰빨강따개비 등 만각류 13종, 아기모래무지벌레, 두혹잔벌레, 넓적뿔잔벌레, 갯주걱벌레, 북방주걱벌레, 둥근주걱벌레, 갯강구 등 등각류 17종, 긴채찍해조숲이옆새우, 도약옆새우, 짧은손참옆새우, 태평양참옆새우, 볼록손참옆새우, 둥근아가미바다대벌레, 혹등바다대벌레, 가시다리바다대벌레, 가시투성바다대벌레 등 단각류 26종, 가재아재비, 끄덕새우, 세이마뿔딱총새우, 가는손가락딱총새우, 좁은뿔꼬마새우, 두르러기어리게, 가는몸참집게, 줄무늬참집게, 붉은얼룩참집게, 가시다리참집게, 털다리참집게, 빗참집게, 제집참집게, 얼룩참집게, 동도참집게, 서도참집게, 새우붙이, 알통게붙이, 갯가게붙이, 게붙이, 갯가해면치레, 갯솜묻히, 솜털묻히, 뿔물맞이게, 중간뿔물맞이게, 어리물맞이게, 주걱말랑게, 꽃게, 두갈래민꽃게, 옴부채게, 털부채게, 꽃부채게, 차양부채게, 털보부채게, 애기털보부채게, 직각눈콩알게, 접시부채게, 부채게, 바위게, 풀게, 무늬발게, 납작게, 비단게 등 십각류 56종 등 총 124종이다.

독도의 동물플랑크톤과 식물플랑크톤

독도 주변 해역에서 발견된 동물플랑크톤의 종류에는 관해파리류, 해파리류, 요각류, 지각류, 패충류, 단각류, 십각류, 유형류, 난바다곤쟁이류, 화살벌레류, 살파류, 그리고 다모류, 연체류, 어류 등의 다양한 부유성 유생이 포함된다. 독도 주변 해역의 동물플랑크톤은 약 90종이 알려져 있다. 해양에는 크게 10개의 문(division)에 속하는 다양한 식물플랑크톤이 분포하고 있는 것으로 알려져 있는데, 독도 해역의 생물다양성을 조사한 결과 총 7개의 문에 속하는 식물플랑크톤이 서식하고 있는 것으로 밝혀졌다.

노현수

독도 동도와 서도 사이 연안의 갯녹음 현상 징후

독도 동도와 서도 사이에서 관찰되고 있는 현상으로, 바위의 표면에는 무절석회조류와 같은 특정 해조류 종만이 살고 있다.

독도 주변 해역에서 알려진 식물플랑크톤은 규조류, 와편모조류, 규질편모조류 등 약 160여 종이 있다.

독도의 대형 해조류

독도 주변 바다 밑바닥은 단단한 암반이라 해조류가 무성하게 자란다. 해조류 숲에는 다양한 해양생물이 둥지를 틀고 있으며, 해조류는 먹이가 되기도 하고 숨을 장소를 제공하기도 한다. 독도 주변 연안에 서식하는 대형 해조류는 녹조류 26종, 갈조류 67종, 홍조류 160종과 해산종자식물 1종을 포함, 총 253종이 보고되었다. 독도에서 볼 수 있는 해조류 가운데 대표적인 녹조류로는 청각, 구멍갈파래, 염주말, 매생이 등이 있고, 대표적인 갈조류로는 대황, 감태, 모자반, 미역, 곰피가, 그리고 대표적인 홍조류로는 둥근돌김, 우뭇가사리, 산호말 등이 서식하고 있다. 독도 해중림을 이루는 종들은 전체적으로 온대 계열인 미역과 모자반류 등 1년생 종들과 남방계 다년생 해조류인 대황, 감태군락으로 이루어져 있다.

독도 주변 해역은 동해안으로 북상하는 동한난류와 북쪽에서 남하하는 북한한류의 영향을 동시에 받는 지리적 특성과 더불어 대형 해조류 서식에 적합한 청정 해역을 유지하고 있는 관계로, 좁은 면적임에도 불구하고 타 지역에 비해 대형 해조류 다양성이 높다. 또한 최근 제주도 및 동해 연안의 심각한 갯녹음 현상으로 해조류 자원이 감소되는 상황에 비추어 볼 때, 독도 주변 연안은 해조류 자원의 다양성 보존 및 유용해조 자원 서식지로서 그 중요성이 매우 크다.

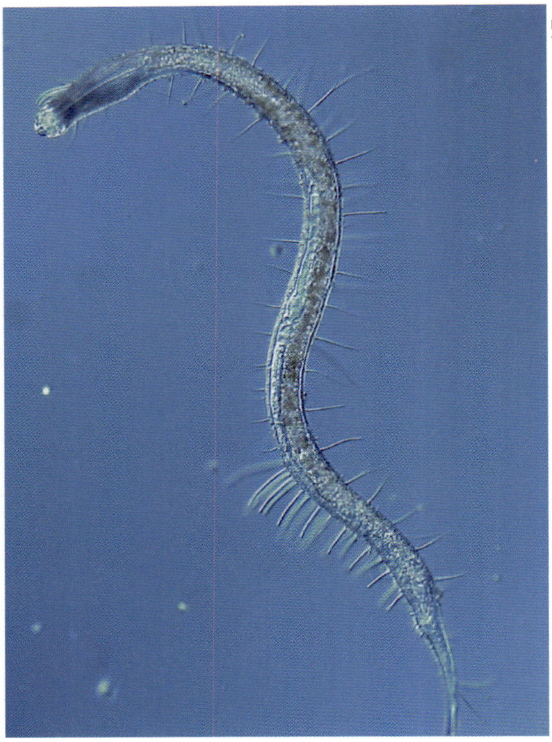
노현수

독도 고유종 독도긴털용선충

전 세계에서 처음으로 독도에서만 보고된 해양선형동물 종으로 한국의 독도라는 섬의 지명을 이름으로 가진 최초의 동물 종이다.

독도의 미생물

학술적으로 독도 주변 해역에서 미생물의 존재가 확인된 것은 한국생명공학연구원 연구팀에 의해 2005년 보고된 신종 세균 버지바실루스 독도넨시스(*Virgibacillus dokdonensis*)가 최초이다. 2005년부터 2010년 사이 독도와 주변 해역으로부터 신종 세균 35종, 신속 세균 2종류 외에도 포자형성세균 56종, 질소고정세균 23종, 해양세균 163종 등을 포함하여 모두 280여 종류가 넘는 세균이 분리되었고, 관련된 연구 결과가 국내외 학계에 발표되었다.

독도의 간극동물

독도 주변 해역에서는 선충류, 저서성 요각류, 다모류, 패충류, 완보류 등의 다양한 간극동물이 문(phylum, 門) 기준의 상위분류군 수준에서 다양하게 보고되었다. 하지만 종 수준에서의 생물다양성 연구는 이제 막 시작되고 있는 단계이다. 독도 주변 해역에서 2010년 보고된 독도긴털용선충(*Prochaetosoma dokdoense*)은 독도가 위치한 북서태평양 연안에서는 전 세계에서 최초로 보고된 신종 동물이다. 독도긴털용선충은 독도 주변 해역의 해저 퇴적물 틈에서 발견되어 독도의 이름이 붙여진 해양 선형동물이다.

● 독도 해양생물의 아열대화

최근 동해에서는 전 지구적 기후변화에 따른 수온 상승으로 인해 새로운 아열대성 해양생물의 출현이 증가하는 추세다. 독도는 해양환경 및 기후 특성을 결정하는 해류의 주요 이동경로 상에 위치하고 있기 때문에, 계절별로 한류와 난류의 복합적인 영향을 받는다. 독도는 북한한류와 대마난류가 교차해 다양한 해양생물이 서식했으나, 최근 들어서는 난류의 세력이 강해지면서 아열대화가 진행되는 것이 확인되고 있다. 과거에는 발견되지 않았던 새로운 어종들이 나타나고 있으며, 대표적인 예로 자리돔과 파랑돔을 들 수 있다. 특히 최근 들어 자리돔 치어가 발견되는 등 자리돔이 독도 주변 연안에서 산란과 부화를 하며 완벽하게 정착한 것으로 보인다. 또한 파랑돔 역시 독도 주변의 전 연안에 걸쳐 다수의 개체들이 서식하고 있는 것으로 확인됐다. 이들 자리돔과

노현수

독도 연안의 자리돔 떼
독도 주변 및 동해가 아열대화 되면서 관련된 돔 종류들이 많이 발견된다.

파랑돔은 1990년대 초반부터 간간이 발견되었지만 최근 들어 무리지어 서식하는 등 서식밀도의 비중이 높아졌다. 난류성 및 아열대성 어류인 돌돔과 벵에돔의 개체수 역시 급증하고 있다.

어류 외에도 절지동물 갑각류에 속하는 십각류인 주름송편게(*Atergatis reticulatus*)는 1970년대까지 제주도와 동해안 구룡포 해안에서 보고되었지만 최근 동해안 울진 해역에서도 다수 발견되었다. 독도에서도 2011년 서도의 남쪽에 위치한 혹돔굴의 안쪽 암반 틈에서 서식하고 있음이 확인되었다. 이 외에도 대표적인 아열대성 십각류인 부채게류의 다양한 종 다양성이 최근의 독도 현장 조사에서 밝혀졌다. 이러한 아열대성 해양생물의 출현은 고수온화에 의해 독도 주변 해역의 아열대화가 급속도로 진행되고 있음을 입증하고 있다.

①

②

노현수

파랑돔 ①
독도 연안에서 파랑돔은 쉽게 볼 수 있다.

바위틈에 서식하는 주름송편게 ②
처음으로 보고되는 십각류의 부채게류 아열대화의 영향에 의한 종의 분포 범위가 넓어진 것으로 판단된다.

해양생물의 이용과 보존

Use and Conservation of Marine Organisms

미래의 중요한 자원인 해양생물은
고갈의 위기를 맞이하고 있다.

수산자원의 보존과 관리

우리나라는 지리적 특성으로 수산자원이 풍부함에도 불구하고 어장 축소와 소비 증가로 인해 자원량이 급감하고 있기 때문에, 양식과 바다목장 등의 연구 사업을 통해 미래를 대비해야 한다.

명정구 한국해양과학기술원

지구 표면적의 70% 이상을 차지하고 있는 수권(hydrosphere)에는 수많은 생물들이 살고 있다. 이들을 수생생물이라 한다. 지구상의 많은 자원 중에서 재생산이 가능한 유일한 자원이 해양생물자원이며, 이 중에서 인간이 식량 등으로 이용하고 있는 자원을 수산생물(水産生物) 혹은 수산자원(水産資源)이라 한다. 수산생물은 무척추동물에서 척추동물에 이르는 전 생물군을 포함하고 있다. 최근에는 지속적인 생산성을 유지하려는 자원 관리와 함께 현재까지 이용되지 않았던 생물군까지 개발하려는 연구들이 활발하게 이루어지고 있다.

인류가 지구상에 출현한 이후 강이나 호소, 바다에 사는 동식물을 식량으로 이용해 왔으며 그들을 효율적으로 잡기 위한 포획 방법과 이용 방법이 끊임없이 개발되어 왔다. 수산생물을 대상으로 이루어지는 산업을 수산업이라 한다. 수산업은 다시 자연계의 생물자원을 포획 · 채취하는 어업, 특정 대상 종을 한정된 수역에서 사육 · 관리하여 이용하는 양식업, 그리고 이들 수산물을 고부가가치 사업화하는 수산가공업으로 구분할 수 있다.

명정구

대량 양식 기술이 발달된 전복

양식산은 껍질이 초록색을 띤다.

오래 전부터 수산업은 인류의 식량을 조달하는 중요한 수단이었다. 초기에는 낚시와 같은 단순한 수렵 행위로부터 시작해 차츰 어업 대상 수역이 넓어졌고, 포획 효율을 높이기 위해 어업 기술이 비약적으로

명정구

충청남도 서해안 갯벌

서해안의 갯벌은 생산력이 높은 양식장으로 활용된다.

발달해 왔다. 그러나 무한할 것처럼 여겨지던 수산자원도 어업 기술의 발달과 늘어나는 수산물 수요 충족을 위한 남획으로 인해 일부 수산어종은 자원 고갈 현상이 나타나고 있다. 관련 학술지의 연구결과에 의하면 21세기에 들어오면서 북태평양의 어업 자원은 이미 80%가 고갈된 상태에 이르렀다고 보고하고 있다. 분석과 예측을 통해 엄격한 통제 하에 '책임 있는 수산업 정책'을 추구했던 수산 선진국들조차 그 동안의 수산자원 관리에 문제점이 있었다는 것을 인정하기에 이르렀다.

명정구

육상 해양양식장 수조에서 생산된 조피볼락 치어

우리나라에서 양식 생산량 2위를 차지하는 조피볼락은 육상배양장에서 대량생산이 가능한 종으로 몸길이 5cm 전후까지 육상에서 사육한다.

한편, 양식은 고대 이집트에서 기원 전 1800년 경, 우리나라의 경우 기원 전 28년 경 고구려 시대에 잉어를 못에 넣어 길렀다는 기록으로부터 그 기원을 찾아 볼 수 있다. 실질적인 양식업은 1900년대에 들어오면서 시작되었는데, 최근에는 양식업을 통해 자연에서 잡는 어업 생산량과 비슷한 양을 생산하게 되었다.

명정구

미국 애틀랜타 수족관의 대왕바리 (giant grouper)

2009년도 제주도 연안에서도 채집된 대왕바리. 지구상에서 가장 큰 바리류로 수족관에서도 큰 덩치와 점잖은 유영으로 인기가 높다.

● 수산자원 확보 경쟁의 시대

해양 개발과 해양 보전은 지구상의 자연생태계의 보전과 개발이라는 선상에서 최근 국제적으로 심도 있게 논의되어 왔다. 이를 위해 전 세계 해양국은 1982년 유엔 해양법 협약에 따라 200해리 내의 배타적 경제수역(Exclusive Economic Zone, EEZ)을 선포했다. 그러나 협약에 따른 어장의 축소는 우리나라의 원양어업에 심각한 타격을 주고 있다. 전 세계 해양의 약 36%, 주요 어장의 90%가 각국의 관할 해역에 속하게 되었기 때문이다. 그에 따른 영향으로 바다 자체를 자국의 자원이자 재산이라는 영토 개념으로 인식하게 되면서, 일부 국가들이 섬과 해역의 영유권을 주장하며 외교적인 분쟁을 일으키고 있다.

수산 생산물 중 일부는 어분과 어유 등으로 이용되고 나머지 약 70~80%는 인간이 직접 식용으로 소비하고 있다. 수산업의 대상이 되는 생물은 세계 어업생산량의 대부분을 차지하고 있는 어류를 비롯해 갑각류, 연체류, 포유류 및 해조류를 들 수 있다. 어류 중에서는 청어과 어류가 가장 많은 생산량을 기록하고 있다. 남미의 페루 연안에서 생산되는 멸치류(*Engraulis ringens*)가 단일 종으로는 가장 많은 생산량을 기록하고 있는데, 1970년대 초에는 연간 1,000만 톤을 상회했으나 1990년대 이후 급감하여 300~800만 톤, 2010년도에는 420만 톤을 기록했다. 그 외 최근 자원량이 급감한 북태평양의 명태, 남미 칠레 연안의 전갱이류가 생산량이 많은 편에 속한다.

명정구

남해안의 굴 양식장

① 우리나라 남해안은 큰 조수간만으로 굴 양식이 용이하여 많은 수하식 양식장이 분포되어 있다.

② 썰물 시에 수면위로 드러나는 굴 단련상

국제식량농업기구(FAO)에 따르면 수산물 생산량은 1989년에 1억 톤을 상회하면서 최근까지 1억 3,000만~1억 5,000만 톤 전후를 유지하고 있었다. 2010년에는 해조류를 포함해 1억 6,800만 톤으로 지금까지 최고 생산량을 기록했다. 이 중 어업에 의한 어획량은 약 8,950만 톤이고 나머지 약 7,850만 톤은 양식생산량이다. 1980년대 후반부터 식용 수산물의 수요 증가분을 대부분 양식 생산으로 충당해 오면서 1995년에 세계 양식 생산량이 처음으로 2,000만 톤을 넘어섰다. 기술 발달과 함께 양식 생산량이 빠른 속도로 증가했음을 알 수 있다. 노르웨이가 최고의 기술을 자랑하는 대서양연어의 예를 보면 1990년대 중반 세계 시장 규모를 최대 40만 톤으로 예측했으나, 미국, 중국, 인도 등지의 시장이 확대되면서 2000년대에 들어와 80만 톤을 생산 · 공급해 오고 있다. 이처럼 양식량은 기술뿐만 아니라 소비 시장의 확대와 함께 생산량이 증가되고 있고, 수요의 증가를 양식으로 충당할 수밖에 없음을 보여준다.

지난 1세기 사이에 양식업은 소비 시장과 함께 관련 기술이 급속히 발달하여 지금은 포획 · 채취식 어업과 양식 어업의 생산량이 거의 같은 수준에 달하게 되었다. 한정된 자연 자원을 감안했을 때 앞으로 양식에 의한 수산물의 생산은 급속히 증가할 것으로 예측되며, 그에 따라 전체 수산물 생산량에서 양식 생산이 차지하는 비율도 더욱 증가할 것으로 기대된다. 일부 학자들은 2030년대에는 양식 생산량이 포획 · 채취식 어업 생산량을 상회할 것으로 예측하고 있어, 앞으로 양식 생산 증대에 필요한 기술 개발과 환경 친화적인 기술 개발에 대한 투자가 꾸준히 이루어질 전망이다.

● 우리나라 수산자원의 다양성과 풍부함

우리나라는 넓은 대륙붕과 약 3,200개에 달하는 섬을 가지고 있으며, 삼면이 바다로 둘러싸여 해양 개발 잠재력이 높은 나라다. 또 한류와 난류가 교차하고 동해, 서해, 남해안이 각각 다른 해양환경 특성을 가지고 있어 다양한 분야의 수산업이 이루어지고

명정구

참돔 ①
남해안 고급 어종 중 하나인 참돔은 남해안에서 어업과 양식대상 종으로 인기가 높다.

강달이젓갈 ②
우리나라는 대량 어획되는 소형어류를 중심으로 저장효율이 높은 젓갈문화가 발달하였다.

있다. 우리나라는 산이 많은 국토라서 농토가 부족하고 높은 인구 밀도에 비해 각종 자원이 부족하므로, 바다는 5,000만 명에 달하는 인구의 식량 공급과 생활 수준의 향상을 위해 요구될 고단백 식품 수요를 충당할 유일한 활용공간으로 지목되고 있다.

지구상에서 생물 종 다양성이 가장 높은 해역은 '코랄트라이앵글(coral triangle)' 해역으로 필리핀, 미크로네시아, 말레이시아, 인도네시아와 호주 북부 해역을 포함하는 바다로 알려져 있다. 그러나 한류와 난류, 냉수대, 사계절의 특성이 뚜렷한 연안수를 가지고 있는 우리나라의 바다는 해역은 좁지만 높은 생물 종 다양성을 가진 바다이다. 최근 조사 결과에 의하면 우리나라의 바다에서 1만여 종의 해양생물이 기록되었다. 여기에는 아직 기록되지 않은 해양생물들이 많으며, 일시적으로 출현하는 회유성이 강한 종이나 심해 생물 종들이 누락된 점을 감안하면 우리나라 바다의 종 다양성은 매우 높은 편이라 할 수 있다.

삼면이 바다이면서 다양한 환경 특성을 가진 우리나라는 주변 해역별로 각각의 특색을 가진 수산자원을 가지고 있다. 동해안에서는 따뜻한 물을 좋아하는 꽁치, 오징어 등과 찬 물을 좋아하는 명태, 대구, 청어 등이 모두 잡히며, 남해안에서는 멸치, 고등어, 전갱이, 방어, 말쥐치, 돔류를 비롯한 다양한 어종이 생산되고 있다. 얕은 수심과 수온의 변화가 큰 서해안에서는 참조기, 보구치, 수조기, 민어를 비롯한 민어과 어류와 삼치, 병어, 숭어, 농어, 가오리, 홍어류 등 어류와 꽃게, 낙지 등이 주로 생산된다. 이처럼 좋은 어장을 형성하고 있는 우리나라 연안은 예부터 다양한 수산자원을 대상으로 한 식문화가 발달해 왔다.

• 우리나라의 수산양식업

우리나라는 수산물의 수출과 수입 모두 세계 10위권에 들어 있는 주요 수산물 생산국인 동시에 소비국이기도 하다. 특히 최근 국민들의 쌀 소비량이 감소하면서 수산물의

명정구

어업은 각 해역과 종의 특성에 따라 다양한 무척추동물들을 대상으로 발달해 왔다.

① 쭈꾸미의 습성을 이용한 어법

② 홍삼과 소라

소비량이 증가 추세에 있음을 감안하면 우리나라의 수산물에 대한 의존도가 늘어날 것으로 추정된다. 우리나라의 수산물 생산량은 세계 10위권을 유지해 왔으며 2011년에는 325만 톤을 기록했다. 지난 30여 년 간 연근해 어업은 거의 같은 수준을 유지해 왔지만 양식업이 계속 증가하는 경향을 보여, 2000년대에 들어와서는 연근해 어업과 거의 같은 양을 생산해 오고 있다.

우리나라의 수산업 정책은 1960년대부터 원양어업을 비롯한 잡는 어업을 위주로 수산업을 육성해 왔다. 그 후 어장의 축소와 자원의 감소 현상에 따라 원양어업과 연근해 어업이 쇠퇴하면서 1970년대 중반부터는 연안을 대상으로 하는 기르는 어업의 육성으로 초점을 맞췄다. 더불어 연근해 어업의 구조 조정을 통한 자원 육성 관리를 추진해 왔다.

연안 어업은 1945년 해방 이후 동력선이 증가하면서 어구 발달과 어장 확대로 급속히 발전되었다. 1960년대에 들어서면서 본격적인 경제개발계획과 함께 수산진흥사업에 힘입어, 수산업은 빠른 성장을 보이게 된다.

2011년도를 기준으로 볼 때 총 325만 톤 중에서 해면 어업 생산량은 123만 톤으로 전체의 38%, 양식 생산량은 147만 톤으로 45%를 차지해 우리나라는 양식 생산량이 어업 생산량을 능가하는 나라가 되었다.

원양어업 생산량은 1965년 8,600톤 규모였던 것이 1990년에는 92만 5,000톤으로 증가해, 생산량의 규모로 보면 100배 이상의 성장을 이룩해 왔다. 그러나 1970년대까지 강세를 보이던 원양어업 생산량은 50만 톤 내외로 줄어들었으며 내수면 어업도 3만 2,000톤으로 전체 생산량 중 미미한 수준을 유지하고 있다. 여기에 최근 미국과 러시아를 비롯한 세계 각국의 200해리 경제수역 내에서의 조업 규제, 아프리카와 태평양 연안국의 입어 조건 강화 등으로 인해 기존 원양 어장의 상실 내지는 축소가 불가피한 현실이다. 원양어업의 대표적인 어종인 명태는 1950년대 말부터 1960년대까지 2만~3만 톤을 유지하다가 점차 증가하여 1981년에는 16만 톤을 상회하였으나,

명정구

350만 낚시동호인 시대 ①
수산업도 패러다임의 변화를 겪고 있다.

어선 첫 진수식 ②
선박과 기기의 발달로 최근에는 감척을 하고 있다.

그 후 다시 감소하는 경향을 나타내어 1990년대 이후 다시 2만~3만 톤을 유지하고 있다.

이 같은 국제적 움직임에 대응하면서 일정한 생산량을 유지하기 위해서는 우리나라 연안역의 생산 잠재력을 최대한 유지·개발함과 동시에 극지와 같은 새로운 원양어장의 개발에 눈을 돌려야 할 것이다.

한편, 우리나라의 양식업은 1960년부터 해조류, 패류 등을 대상으로 발달하기 시작해 1970년에는 굴, 바지락, 피조개 등의 연체동물과 김, 미역, 다시마 등의 해조류를 중심으로 11만 톤의 생산을 기록한 바 있다. 그 후 1980년대에 들어와 어류 양식 붐이 일어나면서 육상 배양장과 해상 가두리를 중심으로 부가가치가 높은 방어, 참돔, 조피볼락, 돌돔, 농어 등의 고급 어류 양식이 발달하기 시작했다. 1980년대 초창기의 어류 양식은 남해안에서 살고 있는 방어, 참돔 등 고급 어종의 치어를 채포 · 수집하여 해상 가두리 내에서 일정 기간 사육한 뒤 판매하는 일종의 축양 형식으로 시작되었다. 이후 국민 소득의 증가와 함께 고급 어종에 대한 수요가 커져 국내 활어 시장이 급속히 확대되고 그와 함께 종묘 생산, 양성 기술 개발이 진전됨에 따라 완전 양식의 형태로 바뀌었다. 즉, 육상 종묘 생산 시설에서 윤충류나 알테미아와 같은 먹이 생물을 대량 배양하여 인공 수정란으로부터 치어를 생산하기에 이르렀고, 이 종묘를 사용하여 육상과 해상에서 상품 크기까지 키워내는 완전 양식이 이루어지게 되었다. 이처럼 현재 완전 양식이 가능한 어류로는 참돔, 넙치, 조피볼락, 돌돔, 농어, 가숭어, 강도다리, 황복 등을 들 수 있으며 그 외 줄가자미, 참다랑어 등 고급 어종에 대한 양식 기술 개발 연구가 진행 중에 있다. 생산량으로 보면 1984년대에 고작 331톤이었던 것이 1990년에는 약 2,600톤, 1995년에는 약 8,300톤, 1996년에는 약 11,400톤으로 급속히 증가했다. 2000년대에 들어와서는 한 배양장에서 종묘를 수백만에서 1천만 마리 이상 생산할 수 있는 대규모 종묘 생산 체제를 갖춘 회사가 증가하면서, 세계적 기술을 보유한 어류 양식 대국으로 발돋움했다. 그러나 연간 10만 톤 이상을 생산하는 양식 생산량의 거의

80%를 넙치와 조피볼락이 차지하고 있어 종의 다양화가 필요하다. 최근 종 다양성 분야에 관한 연구가 활발히 이루어져 참돔, 감성돔, 농어, 돌돔, 말쥐치에 이르기까지 다양한 어종들을 대상으로 완전 양식의 기반을 쌓아오고 있다.

지난 20여 년 간 양식 생산량의 빠른 증가에도 불구하고 우리나라는 많은 양을 수입에 의존하고 있다. 2011년도 연간 수산물 수출량은 전년도에 비해 20% 가까이 증가했는데, 수출량은 68만 6,000톤, 수입량은 명태, 아귀, 대서양연어 등을 포함해 484만 5,000톤으로 나타났다. 즉, 일상생활에서 우리들이 먹는 명태, 아귀와 더불어 그 동안 꾸준히 수요가 늘어난 대서양연어까지, 우리나라는 먹거리의 많은 양을 수입에 의존하고 있음을 알 수 있다. 우리나라의 1인당 수산물 소비량은 연간 40~50kg을 상회하여 일본과 노르웨이 등과 어깨를 나란히 하는 수산 식품 대량 소비국이다. 이를 감안한다면 향후 수산물 생산과 수급에 대한 종합적인 대책이 세워져야 할 것이다.

우리나라 연안은 어업과 양식에 좋은 조건을 갖추고 있다. 그러나 지난 수십 년 사이에 농토 확장과 함께 임해공단 개발 등의 산업화 정책을 추진하면서 계속되어 온 연안 해역 간척 매립사업으로 연안은 많은 생태적 변화를 겪었다. 이로 인해 주요 수산생물 종의 산란장과 서식처를 잃은 동시에 연안의 환경오염도 가중되어 연안 어장의 생산 잠재력을 낮추고 말았다. 연안역의 생산성 회복, 경제적 가치가 높은 양식종의 양식 산업화와 원양어장 축소에 따른 대체 어장 개발은 앞으로 우리들에게 남겨진 과제다.

● 연안 바다목장

바다목장(marine ranching)은 자원 회복 및 연안 공간 활용을 위한 종합적인 연구 개발 사업으로, 각 나라마다 조금씩 다른 형태의 사업 성격을 가지며 발달해 왔다. 일본의 경우 대상 어종을 정해서 수중 스피커를 통한 음향으로 어린 고기들을 길들이고 인공적으로 먹이를 주면서 일정기간 기르는 기술을 바탕으로, 1960년대부터 전국에 약 20개의 장소에 바다목장을 만들었다. 한편 노르웨이는 1990년대에 바다목장 프로그램을 운영하여 대서양대구, 연어, 닭새우, 가리비 등 특정 종을 대상으로 양식, 자원조성 실험을 실시해 경제성이 있는 사업을 찾아 발전시키는 사업을 시도하였다. 그 밖에 중국, 미국 등지에서도 자국의 자원 특성을 고려한 성격의 바다목장 사업을 추진해 왔다.

김웅서

자원조성을 위해 설치되는 다양한 인공어초 (여수해양수산과학관)

통영바다목장 조감도
우리나라에서 최초로 추진된 통영바다목장은 수중의 지형과 환경을 고려하여 대상 어종을 위한 도시 계획을 세우듯 수중 마을이 만들어졌다.

바다목장은 바다에서 밭을 가꾸듯 우리들이 필요한 해양생물을 인위적으로 키워서 식품으로 활용하는 것이다. 우리나라의 경우 넓은 의미에서의 해양목장 사업은 1960년대부터 시작된 지역적인 양식업에서 찾아볼 수 있다. 그 후 1970년대에 들어오면서 어린 물고기를 키워 바다에 방류하거나 인공어초를 만들어 고기 집으로 활용하려는 사업들이 발달하기 시작했다. 사업의 성격은 조금씩 달랐지만 연안의 생산성을 높이려는 시도의 일환으로 보면 모두 바다목장 사업에 속하는 활동들이었다고 볼 수 있다.

1994년부터 1997년까지 한국해양과학기술원은 '해양목장화를 위한 기반 연구'를 수행하면서 개발된 4개의 모델을 바탕으로, 우리나라의 각 해역별 환경 특성을 고려해 '시범바다목장'을 시행했다. 이는 1998년부터 추진된 최초의 한국형 바다목장 사업이었다고 할 수 있다. 1998년부터는 대상 생물과 대상 해역을 선정하고 본격적으로 통영해역 바다목장 연구 사업을 추진했다. 최초의 시범사업의 연구 성과에 따라 2001년부터 전남 여수시 연안 금오열도에서 전남 다도해 바다목장을 추진하게 되었고, 이어서 동해와 서해, 제주 해역에서도 2년 간의 후보지 선정 절차를 거쳐 2004년부터 본격적인 시범바다목장 사업을 추진하게 되었다. 이 시범바다목장 사업의 목적은 전국 5개소(경남 통영, 전남 여수, 서해 태안, 동해 울진, 제주도 한경면)에 바다목장을 조성하고 제반 지원기술을 개발하며, 이를 바탕으로 바다목장 사업을 전국적으로 확대하는 것이다. 이를 통해 연안자원의 획기적 증대와 어민 소득 증대에 기여하고, 해양에 대한 새로운 비전을 제시하며 국민의 삶의 질을 향상시키는데 그 목적이 있다.

명정구

호주 대보초의 포테이토그루퍼 ①
관광, 체험형 바다목장 모델의 아이디어를 제공했던 호주 그레이트베리어립의 사람과 친한 포테이토그루퍼

통영바다목장사업으로 조성된 해중림과 볼락 떼 ②
해중림이 무성한 곳은 볼락류들의 먹이장, 은신처로 매우 좋은 공간을 제공한다.

경남 통영바다목장과 전남 여수바다목장은 다도해형으로, 작은 도서를 낀 해역의 특성을 고려해 정착성이 강한 볼락류를 대상으로 한 어업형 모델이었다. 제주와 동해 바다목장은 투명도가 높은 해역의 특성과 관광객이 많이 왕래하는 지역적 특성을 고려하여 자원 조성과 함께 수중 체험형, 관광형 바다목장 모델을 개발했다. 서해에서는 잘 발달된 갯벌을 이용한 갯벌형 바다목장이 추진되었다. 이처럼 우리나라 연안의 다양한 해양환경과 자원 특성을 고려한 시범바다목장 사업에는 해양환경, 수산 양식업 외에 해양수산 건축·토목 등의 다양한 해양공학 분야가 참여함으로써 종합 해양수산 기술 분야를 발전시켰다. 또한 기술 축적을 통해 국내외 진출 기반을 마련하고 양식업, 연안 수산업 등 관련 산업의 육성에도 기여했다. 무엇보다 오랫동안 1차 산업 중심이었던 수산 분야를 제조업 등 2차 산업과 해양관광·레저 등 3차 산업과 융합 발전시켜 지역 개발 사업으로 육성하면서 해양 박물관, 자연학습장, 낚시터 등과 연계해 해양 개발과 이용에 대한 새로운 비전을 제시한 데 큰 의의가 있다.

● 미래의 수산자원 이용과 관리

쌀이나 수산물 등의 식량자원은 사람의 생존을 위한 기본적인 자원을 넘어 미래의 전략적인 자원으로 부각되고 있다. 즉, 수산자원도 에너지나 광물자원과 함께 자국의

명정구

최고급으로 취급되는 붉바리회

점차 고급 어종의 수요가 증가함에 따라 바리과 어류의 양식기술 개발이 촉진됨

생존과 번영을 위해 관리되어야 하는 국가의 필수 전략자원으로 자리 잡았다는 것이다. 특히 21세기에 들어서 각 연안국마다 해양 지배의 중요성을 강조하고 있어 수산자원의 역할이 더욱 커지고 있다. 어느 나라 어느 민족이든 가장 기본적인 필수 조건은 식량의 자급자족으로, 무한한 생산 잠재력을 가진 바다를 보존·이용하는 일이란 한 나라와 민족의 생존권과 직결된다는 것을 알 수 있다.

지난 1세기 동안의 수산업 발전사를 돌이켜 보면, 우리는 수산자원의 풍부함과 재생산 능력만 믿고 어업 기술 발달에 박차를 가해 왔다. 여기에 오래 전부터 고질적으로 산란을 위해 회유하는 종을 집중적으로 잡는 등의 남획이나 불법 어업이 행해져 왔다. 이 결과 어업 대상 생물자원의 감소 현상이 심각하게 나타난 것이다.

유엔식량농업기구(Food and Agriculture Organization, FAO)는 어업 자원을 관리하는 수준에 따라 3단계로 관리 방안을 제시하고 있다. 우리나라처럼 일부 어종에 대한 TAC제도(Total Allowable Catch, 총 허용 어획량제)를 적용하고 있는 나라는 비교적 자원 회복을 위한 노력을 실천하고 있는 단계에 속한다. 그러나 수산자원은 어느 특정 해역이나 나라의 관리와 노력만으로는 단기간 내에 자원이 회복되거나 유지되기 어렵다. 특히 고급 어종이면서 먼 거리의 회유로(migration route)를 가진 종일수록 더욱더 그러하다.

수산자원을 보호·관리하면서 수산업을 발전시키고 나아가 지속적인 생산을 유지하려면, 자연 산란장 및 치어 육성장을 보호함과 동시에 정확한 자원량을 파악하여 연안국들이 함께 자원 관리를 위해 서로 협력해야 한다. 이를 위해서는 어업 대상 종을 포함한 해양 생태를 정확히 파악해 각 수산자원을 과학적으로 관리하는 체계 구축이 시급하다. 매년 어업 대상 종마다 해당 해역에서 생산 가능한 양을 정한 후 어획하면 남획을 근본적으로 방지할 수 있다. 또한 필요한 대상 종이나 대상 크기와는 다른 종들의 혼획을 방지하기 위해 새로운 어구들을 개발하여, 정해진 종과 크기의 개체군만을 포획하려는 노력도 지속해야 한다.

한정된 자연 자원을 보충해 줄 유일한 수단인 양식업의 발전을 위해서는 새로운 양식 대상 종이나 유전육종기법을 도입한 우수 품종들을 개발하고, 저오염 사료와 어병 관리 기술을 개발해야 한다. 더불어 효율적인 양식 시설이나 관리 시스템을 갖춘 바다목장을 개발하는 등 양식 기술과 부대 산업 전반에 대한 장기적인 정책 수립과

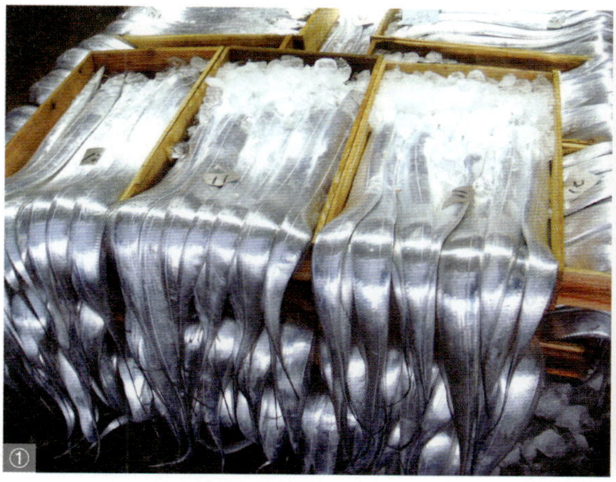

명정구

투자도 필요하다.

우리나라에서는 중요 종에 대한 TAC제도를 도입하여 자원을 관리하고 있으며, 최근 정부의 강한 단속 의지와 어업 종사자들의 호응으로 불법 어업이 사라지고 있는 실정이다. 또, 연안의 생산력을 유지하고 보다 많은 수산물을 생산하기 위해서는 연안 통합 관리 측면에서 잠재력이 있는 어장을 개발하고, 현재 추진 중인 보다 효율적인 형태의 인공어초를 꾸준히 개발 · 투입하면서 바다목장 사업과 연계해야 할 것이다. 이러한 노력은 연근해 어업자원을 증식, 관리하는 데 반드시 필요한 조치다. 동시에 한국해양과학기술원, 국립수산과학원, 해양환경관리공단, 수산자원조성사업단을 비롯한 해양 · 수산 관련 전문 연구기관과 각 대학, 산업계가 연계해 관련 기술을 개발하는 등, 우리 바다 가꾸기를 위해 서로 밀접한 관계를 유지하면서 종합적인 관리체계를 구축하는 것도 필요하다.

밤새 어업하여 새벽 시장에 나온 갈치 ①

대형 수산시장에 판매되는 꽃게, 닭새우 등 갑각류 ②

세계 연안국들은 수산자원을 인류의 생존을 위한 현재와 미래의 중요한 자원으로 간주할 수밖에 없다. 각 나라들은 인접국들과 함께 주요 수산자원의 공동 조사 및 관리를 시행하여 각 해역별로 과학적인 관리 체계를 구축해야 한다. 이를 통해 지난 세기 동안 수산자원 관리의 실패한 원인들을 찾아 그 대책을 강구해야 한다. 즉, 인접국들끼리 서로의 기술 정보 교류 및 협력이 필요한 시점이라 하겠다.

바다는 무한한 자원을 인류에게 줄 수 있는 지구상의 마지막 공간이다. 지금까지 많은 나라에서 어업과 양식업에 대한 기술 개발과 자원 관리에 힘을 기울여 온 것처럼, 앞으로는 바다를 살리는 노력에 힘을 더욱 쏟아야 할 것이다. 인류의 식량 부족 현상과 육상자원 고갈 문제에 직면해 있는 지금, 미래의 바다가 가진 자원의 잠재력을 충분히 이해하여 보다 과학적으로 관리해나가야만 우리의 후손에게 풍요로운 바다를 물려줄 수 있을 것이다.

해양생물의 이용과 보존

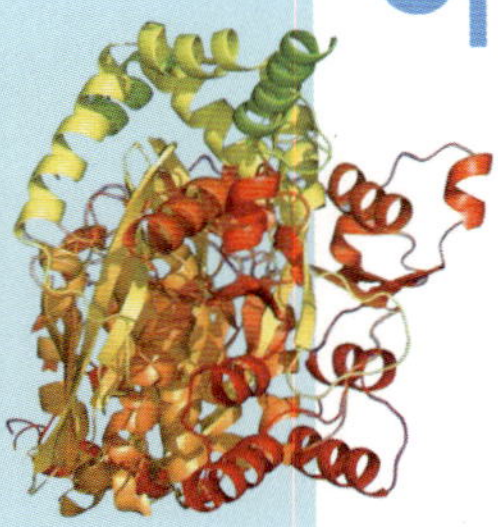

해양생물은 다양한 분야에서 신소재로 개발되고 있다. 이에 따른 지나친 생물자원 획득 경쟁의 부작용을 막기 위한 국제적인 노력이 필요하다.

이희승 한국해양과학기술원

해양은 약 35억 년 전 지구상에 최초의 생명체가 탄생한 공간이며, 약 4억 년 전 생명체들이 땅을 점령할 때까지 유일한 진화의 공간이었다. 이러한 지질학적 기록으로부터 우리는 오늘날 지구 전체 생물 종 중 80% 이상이 해양에 서식하고 있는 이유를 쉽게 짐작할 수 있다. 해양은 염분이 녹아 있는 해수 환경과 저온, 고압 등 물리·화학적 특성상 육지와는 매우 다른 환경을 유지하고 있다. 또한 육상생태계가 지표면을 중심으로 이루어진 거의 2차원적인 공간인 반면에, 해양생태계는 어떤 수심에서든 생물이 발견되는 3차원 세계라고 말할 수 있다. 이렇듯 육상생물과는 매우 다른 환경에 살고 있는 해양생물은 오랜 세월 동안 해양환경에 효과적으로 적응해 왔다.

노현수

해양생물 채집 해양생물에 대한 이해와 뛰어난 다이빙 기술을 겸비한 전문가에 의한 해양생물 조사

해양생물은 예로부터 인류의 중요한 식품자원으로 큰 몫을 담당해 왔다. 지금도 여전히 해양생물은 미래의 단백질 공급원으로 각광받고 있으며, 해양을 통한 단백질 생산능력 향상에 많은 노력이 집중되고 있다. 한편 생명공학과 해양탐사 기술이 눈부시게 발달함으로써 이른바 해양생명공학이 각광받는 학문으로 자리매김하기에 이르렀고, 이를 통해 해양생물로부터 신약, 신소재, 바이오에너지 등을 개발하려는 노력이 체계화 되고 있다.

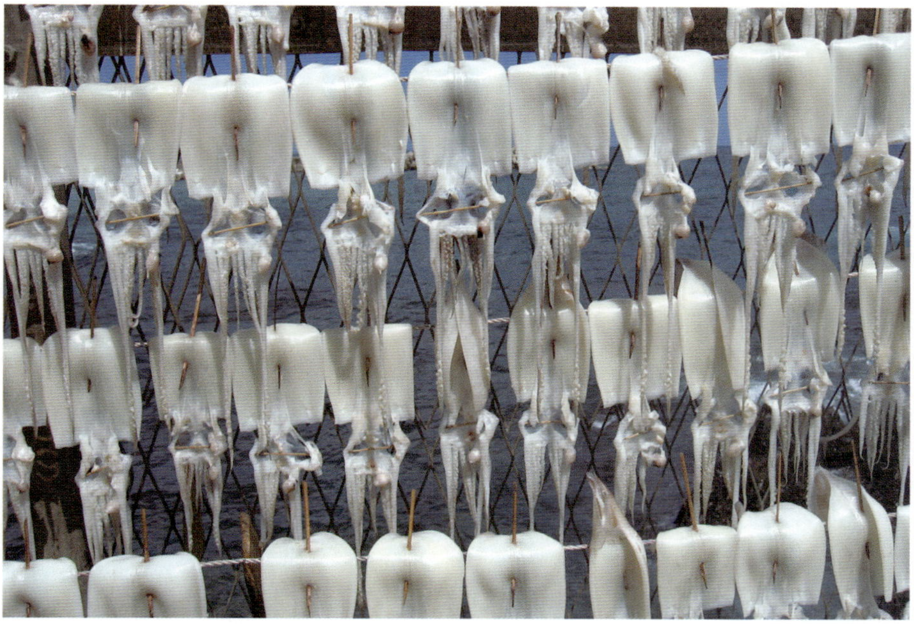

김웅서

한국인에게 가장 인기있는 오징어

● 해양생물과 식량자원

김웅서

인류의 가장 오래된 식량자원인 조개

해양생물은 인류의 중요한 식량자원으로 이용되어왔다. 원시시대 인류의 생활 터전에서 흔히 발견되는 조개무지에서 짐작할 수 있듯이, 썰물에 드러난 갯벌이나 얕은 바닷가에서 손쉽게 구할 수 있는 다양한 종류의 조개나 굴은 오래 전부터 인류를 살아남게 한 식품이었다. 현대에도 바다생물은 전 세계적으로 다양한 해물 요리의 재료로 사용되어 식탁에 오르고 있다.

유엔식량농업기구(FAO)의 통계에 따르면, 세계 수산물 생산량은 매년 증가하여 2010년에는 사상 최고 수준인 1억 6,800만 톤을 기록했다. 이는 세계 전체 인구가 평균적으로 연간 약 24kg의 수산물을 소비하고 있다는 것을 의미한다. 특히 우리나라의 수산물 소비량은 거의 세계 최고 수준으로 1인당 연간 49.8kg(농촌경제연구원, 2009)에 이른다. 이러한 수치는 어류(21.3kg), 패류(14.1kg) 및 해조류(14.4kg)의 소비량을 합한 값으로써 1인당 연간 육류 소비량 43.3kg을 넘어서고 있다. 소득 수준의 향상과 더불어 건강식품에 대한 관심이 증가하면서, 앞으로도 수산물의 소비는 계속 늘어날 것으로 전망된다.

최근에는 단순한 식량보급 차원을 넘어 바다생물에서만 얻을 수 있는 건강 식품에

굴을 재료로 한
가공식품들

대한 관심이 높아져서, 씨푸드(sea food)가 웰빙을 주도하는 음식으로 떠오르고 있다. 바다에서 얻는 수많은 종류의 물고기, 게 · 새우 · 바다가재 같은 갑각류, 오징어 · 문어 · 굴 · 대합 같은 연체동물, 미역 · 김 · 다시마 등 해조류는 식탁에 오르는 친숙한 식품인 동시에 건강에 좋은 영양소를 가지고 있다.

생선을 비롯한 수산물이 건강식으로 떠오르게 된 가장 중요한 계기는 지질의 차이에 대한 이해에서 찾을 수 있다. 쇠고기나 돼지고기 등의 육류는 포화지방산이 많은 반면, 생선기름은 성인병의 예방과 치료효과가 뛰어나다고 알려진 오메가-3 불포화지방산을 많이 함유하고 있다. 자연계에 존재하는 오메가-3 지방산은 수산물에 존재하는 EPA와 DHA에 대부분 함유되어 있기 때문에, 육류보다 수산물이 건강식품으로 떠오르는 것은 당연한 일이다.

EPA를 많이 함유하고 있어 성인병 예방에 효과가 뛰어난 고등어, 칼슘이 많아 임산부와 어린이에게 특히 좋은 멸치, 단백질 양은 많고 지질 양은 적어 대표적인 건강 다이어트 식품으로 불리는 참치, 알코올 해독을 도와 술 마신 뒤 해장에 좋은 명태와 복어 등은 모두 우리나라 사람들이 즐겨먹는 바다 생선들이다.

또한 한국, 일본, 중국 등 아시아권에서는 옛날부터 해조의 효능을 알고 식용으로 널리 이용해왔다. 바다에서만 자라는 해조류는 꽃이 피지 않는 하등 식물로써, 몸을 구성하는 모든 세포들이 해수에서 독립적으로 필요한 영양분을 직접 흡수해 녹말을 만든다. 해조는 무기질이 풍부하게 들어있는 바닷물을 해조 표면으로 빨아들이면서

김웅서

다양한 종류의 수산생물이 살고 있는 갯벌

자라기 때문에, 사람의 생리기능을 보조하는 무기질과 비타민의 좋은 공급원이 될 수 있다. 또한 해조에는 비타민, 무기질 외에도 수용성 알긴산이나 푸코이단, 한천, 카라기난 등과 같이 미끈거리는 식이섬유가 많이 들어 있다. 이 성분은 칼로리를 내지 않고 흡수가 되지 않으면서도 먹으면 포만감을 주기 때문에 다이어트 효과가 클 뿐만 아니라, 현대인에게 문제가 되는 대장암, 당뇨병, 고혈압을 예방하고 콜레스테롤 수치를 낮추는데 도움을 주는 것으로 알려져 있다.

탄생을 의미하는 미역, 감칠맛을 내는 조미재료로 널리 이용되는 다시마, 밥반찬으로 빠지지 않는 김, 양갱 등에 쓰이는 한천의 원료인 우뭇가사리 등 모두 전통적으로 우리들에게 친숙한 해조류 자원이다. 최근 조사에 의하면 대구, 연어, 다랑어, 황새치 등 일부 고급 어종은 그동안의 남획으로 인해 이미 90% 정도가 감소되었다고 한다. 우리나라에서도 동해안 명태, 영덕대게 등이 고갈 위기에 있다. 따라서 그동안 집중적으로 어획된 수산자원은 이웃 여러 나라들과 함께 관리해나가야 한다. 이런 노력의 일환으로 국제적으로 연어의 인공방류 등이 시행되고 있다. 또한 수산자원을 지속적으로 생산할 수 있는 바다목장 조성이나 양식기술 개발로 해양 식량자원의 생산성을 높이려고 노력하는 중이다.

1990년대 이전에는 가격이 저렴한 김, 미역, 홍합, 굴, 바지락 등이 주된 양식 대상이었으나, 1990년대 이후 넙치, 우럭, 참돔 등 고급 어종의 양식이 시작된 데 이어 2000년대에는 전복 양식 기술이 개발되었다. 반면에 원양어업은 1994년 유엔해양법

노현수

산호초 해역

산호초 주변은 생물 다양성이 가장 높은 바다생태계를 형성하고 있다.

노현수

발효에 의한 어장 축소, 자원 감소, 쿼터량 확보의 어려움으로 생산이 감소하고 있다. 앞으로 어획량을 증가시키려면 새로운 도구와 어법, 어장 개척 외에 수산자원이 남획된 연근해의 자원과 생태환경을 복원하여 생산력을 높이는 것이 무엇보다 필요하다. 식량자원의 보고인 바다에 대해 더 잘 알고 이해하려는 노력이 계속되어야 할 것이다.

● 해양생물과 해양생명공학

해면동물

생리활성물질을 가지고 있는 경우가 많은 해면동물은 천연물 연구의 주요대상 생물이다.

해양생물은 주로 식품으로 이용되었으나 20세기 후반에 이르러 1차적인 이용보다 고부가가치를 갖는 물질로 개발하여 이용하려는 시도가 점차 늘어나고 있다. 지구상에 서식하는 많은 생물들은 체내 대사 작용의 결과로 다양한 유기물질을 생성한다. 이들 유기물에 대한 연구는 생명공학 분야 연구의 기반이며 의약품 등 새로운 산업 소재의 개발에 중요한 정보를 제공하기도 한다. 이와 같이 생물로부터 유용한 대사물질을 찾고자 하는 노력을 천연물 연구라 한다. 전통적으로 천연물 연구의 대상은 육상의 식물들과 토양방선균, 진균 등 미생물이었으나,

선진국에서는 수십 년 전부터 해양생물을 천연물 연구의 새로운 원천으로 인식하고 있다. 이러한 경향은 해양 탐사 기술의 발달로 다양한 환경으로부터 해양생물을 채집할 수 있게 되면서 가능해졌다. 더욱이 근래에 이르러 전통적인 유용물질 소재였던 육상생물로부터의 신물질 개발이 정체됨에 따라 해양천연물에 대한 연구 개발이 더욱 활발해지고 있다. 이것은 바다가 주는 건강하고 깨끗한 이미지와도 연관이 있지만, 해양생물 고유의 특수한 능력이나 해양생물에 의해 생산되는 많은 생화학 물질들이 육상생물의 산물과 다른 특이한 기능을 갖고 있는 경우가 많기 때문이다.

해양은 염분, 압력, 고농도의 할로겐 등 육상과 아주 다른 환경을 지녔기 때문에, 해양생물은 육상생물과 전혀 다른 체내 생화학적 대사 작용을 거치는 경우가 많다. 이렇듯 해양생물은 생물 종의 다양성과 특이성, 환경에서의 생화학적 적응 등 고유한 특징을 가지고 있어 기존 육상 생물 유래 천연물에서는 찾아볼 수 없는 신물질의 보고이다. 해양천연물 연구의 주요 대상 생물은 저서무척추동물 또는 미생물이 중심이다. 무척추동물이란 해면동물, 강장동물, 원색동물 등을 말하며, 이들은 대부분이 체내에 천연물을 축적하여 포식자에 대한 방어의 수단으로 사용한다. 해양생물이 체내에 축적하는 물질에는 고유의 특별한 목적이 있으리라 짐작되지만, 아직 천연물의 기능에 대해서 알려진 바가 많지 않다.

노현수

고등연체동물

딱딱한 껍질은 포식자로부터 스스로를 보호하는 방어의 수단으로도 사용된다.

알려진 기능 중의 대표적인 것은 포식자에 대한 방어의 수단이다. 이를 다르게 표현하면 '화학적 방어'라고 한다. 모든 생명체의 존재 의미는 생존과 번식으로 요약될 수 있다. 살아남고 후손을 퍼뜨리기 위해서는 어떠한 방법으로든 스스로의 신체를 방어하는 기능을 가져야 하는데, 작은 물고기의 빠른 움직임이나 갑각류의 딱딱한 껍질, 성게의 날카로운 가시 등이 그 대표적인 예이다. 이러한 방식을 물리적 방어기능이라 하면, 카멜레온이 몸 색깔을 바꾸거나 스컹크가 악취를 풍겨서 적을 쫓는 기능은 화학적 방어기작이라고 말할 수 있다. 해양에서도 이와 동일한 물리적 · 화학적 방어기작이 동원되고 있다. 특히 이동능력이 없고 단단한 껍질도 없는 일부 해양생물의 경우 화학적 방어가 유일한 자체 방어기작인 경우가 많다.

해양생물들은 독특한 생리 및 대사 작용의 결과물로 다양한 종류의 천연물을 생산해내고 있다. 해양천연물에 관한 연구는 다른 분야에 비해 그 역사가 비교적 짧은 편으로,

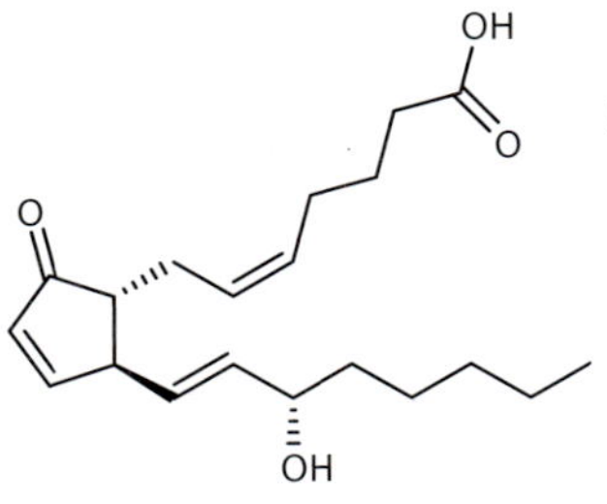

프로스타글란딘 A2

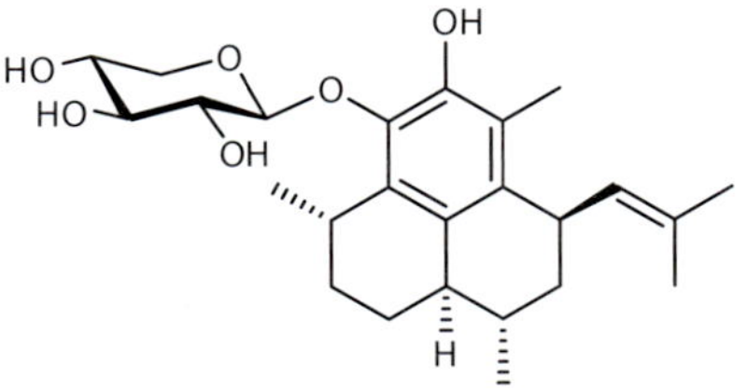

소염효과가 있는 슈도테로신

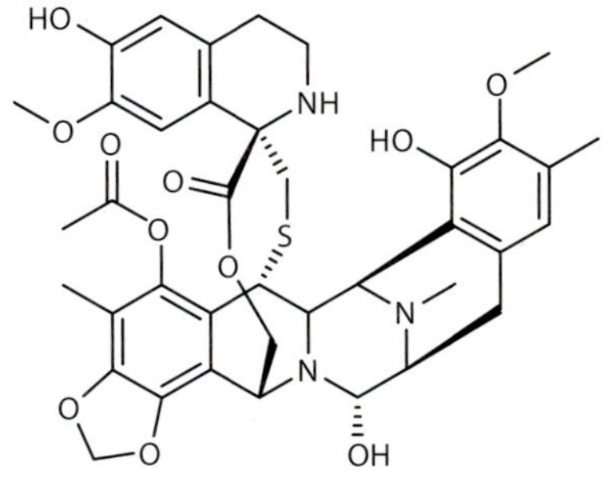

항암효과가 있는 ET-743

약품으로 이용되는 해양생물 유래 천연물

1960년대부터 본격화되기 시작했다. 그러나 매우 빠른 성장을 보여 이미 16,000종 이상의 신물질이 보고되었다. 주로 해양 무척추동물과 일부 해조류가 약리작용을 보이는 해양생물 대사물질의 주요 원천이었으나, 최근 해양미생물로부터의 신물질 발견이 급격히 늘어나고 있다. 이들 천연 유기물질로부터 고부가가치의 신물질이나 유용물질을 개발하는 일은 새로운 기능의 소재나 의약품을 개발하는 데 필수적인 과정이라고 할 수 있다. 실제로 현재 시판되고 있는 의약품 중 거의 절반 정도가 천연물이거나 천연물에서 기초한 유도체인 것으로 알려져 있다.

해양생물에서 유래한 천연물은 독특한 구조와 강력한 생리활성도로 유명한 물질이 많다. 그 예로 1969년 카리브해의 산호의 일종인 플렉수라(*Plexaura*)에서는 다양한 생리활성을 갖는 프로스타글란딘(prostaglandin A2)과 그 유도체들이 발견되었다. 또 다른 산호류에서 발견된 슈도테로신(pseudopterosine)은 소염제로 개발되었다. 아열대에 서식하는 청자고둥(*Conus magnus*)으로부터 분리된 ω-conotoxin(zinconotide)이라는 물질은 필수아미노산이 중합된 펩타이드계 화합물로서, 모르핀의 수천 배 이상의 진통작용을 나타내어 최근 프리알트(prialt)라는 이름으로 상업화되었다. 또한 카리브해의 군체멍게(*Ecteinascidia turbinata*)에서 분리된 ecteinascidin 743(ET-743)이라는 물질은 난치성 자궁암에 대한 항암제로 개발되어 욘델리스(yondelis)라는 이름으로 상품화되었다.

해양생물이 생산하는 2차 대사산물들의 특성을 연구하는 과정에서 생물체 내에 이러한 물질들을 만들어내는 효소체계가 있다는 것이 알려졌다. 이에 따라 특이한 반응을 보이는 효소를 산업적으로 이용하려는 연구도 함께 진행되고 있다. 특이 효소의 한 예로 할로페록시다제(haloperoxidase)를 들 수 있는데 이 효소의 특징은 유기화학물질에 할로겐 원소를 화합물의 특정 부위에 집어넣는 할로겐화 반응을 수행하는 것이다. 해양생물에서 발견되는 많은 종류의 천연물들이 할로겐 원소를 함유하고 있는 경우가 종종 있는데, 이것은 바닷물이 염소이온(Cl^-)을 비롯한 브롬이온이나 요오드이온 등

할로겐 족 이온을 매우 높은 농도로 가지고 있다는 사실과 무관하지 않다. 이와 같은 할로겐화 반응은 유기 화학적 방법으로도 가능하나 고온 · 고압 등의 반응조건에서 수행해야 하는 등 어려움이 적지 않다. 그러나 이 효소는 상온, 상압에서 반응을 쉽게 이뤄낼 수 있다는 장점이 있어 정밀화학합성 등의 분야에서 이용이 기대되고 있다.

● 유전자원의 이용

해양생물을 이용한 생명공학 기술이 주목을 받는 이유는, 육상에 비해 독특한 환경에서 적응하려고 해양생물이 획득한 생명현상이 바이오산업에 유용한 원리나 산업적 소재로 적용될 수 있기 때문이다.

지금은 보기 어려워진 반딧불이는 원래 숲속에서 흔히 볼 수 있는 벌레였다. 반딧불이가 빛을 내는 원리는 루시페린이라는 물질이 루시페라아제(luciferase)라는 효소에 의해서 산소와 반응해 일어나는 특이한 현상이다. 반딧불이처럼 육상 환경에서는 드물게 보이는 생물발광 현상이 해양환경에서는 거의 일상화되어 있어, 해양에 존재하는 전 개체의 약 30%가 어떠한 형태로든 생물발광을 보이고 있다. 어류부터 오징어, 새우 등의 갑각류, 해파리, 미세조류, 그리고 해양세균까지 다양한 생물들이 생물발광을 한다. 발광기작은 종마다 서로 다양하여, 해양환경 내에서 고도로 분화된 유전자의 다양성을 엿볼 수 있게 한다. 이러한 발광 반응을 일으키는 발광효소는 산소를 필요로 하는 일종의 산화 환원효소로, 이러한 성질을 특정 물질의 미량분석에 응용할 수 있다. 세균이나 해파리 등의 발광유전자(lux gene)들은 이미 1980년대에 복제에 성공해 육상 세균인 대장균에서 발현시키는 연구가 수행되었고, 생화학자들에 의해 발광해파리의 유전자를 이식한 생물들이 만들어진 바 있다. 2008년도 노벨 화학상도 '형광 단백질(Green Fluorescent Protein, GFP)'을 발견하고 발전시킨 이들에게 돌아갔다. 공동수상자의 한 사람인 보스턴대학 해양생물연구소의 시모무라 오사무 교수는 1960년대 해양동물인 해파리(*Aequorea victoria*)로부터 GFP 단백질을 최초로 분리한 공로를 인정받았다.

배지에 배양한 발광세균의 군체

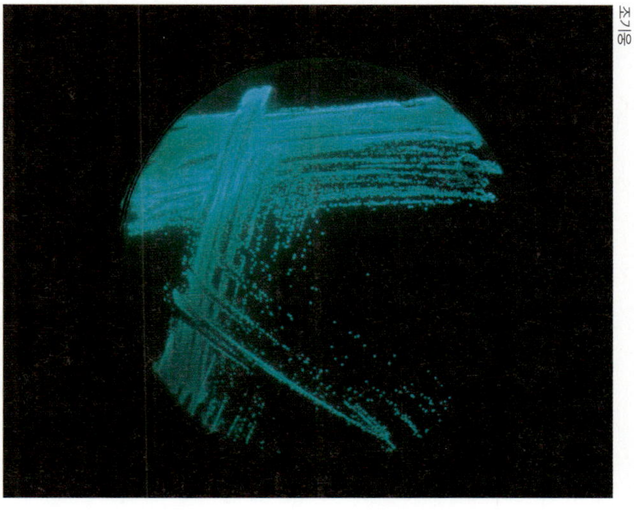

조기웅

해양생물의 유전자를 이용하는 연구는 해양세균 외에도 식량자원과 관련이 있는 생물을 대상으로 많이 진행되고 있다.

차선신

국내 최초로 동정한 고세균인 *Thermococcus onnurineus* NA1의 Lon 단백질이 세포막에 붙어 있는 모습을 구현한 모식도

주로 어류의 질병에 관계되는 유전자 연구나, 개체의 무게를 늘리기 위한 어류의 성장 호르몬에 관계되는 연구 등이 이루어진다. 또한 고영양 어류사료 개발이나 어병 진단 및 방지 기술 개발도 중요한 연구 분야이다. 앞으로 인공 부화 및 양식 기술, 삼배체 어류의 염색체 조작 또는 성장을 촉진시키거나 개체를 거대화시키는 등의 기술 개발이 이루어질 것으로 보인다. 아울러 이렇게 얻어진 해양식품을 소비자의 기호에 맞게 가공해 상품성을 높이는 것도 필요하다.

그 밖에도 해양생물자원을 이용한 대체 에너지원 개발도 활발히 추진되고 있다. 태양빛을 에너지원으로 하는 광합성 미세조류나 세균을 이용해 무공해 에너지인 수소나 메탄을 생산하는 연구가 이에 해당한다. 또한 넓은 바다에 거대 조류를 키워 이들이 생산하는 당류를 에탄올이나 부탄올처럼 연료용 알코올로 전환시키는 연구도 진행 중이다.

최근 한국해양과학기술원의 연구진은 태평양 심해저 열수분출공에서 분리한 고세균(archaea)을 이용해 바이오수소를 생산하는 기술을 개발했다. 80℃에 이르는 심해저 열수분출공에 서식하는 '써모코커스 온누리누스(NA1)'라는 고세균을 이용해 개미산(formate)이나 일산화탄소를 원료로 한 바이오수소를 상용화하려 하고 있다.

또한 연구진은 동일한 고세균으로부터 세포내 손상된 단백질을 제거하는 거대 분자기계인 론(Lon) 단백질을 분리하여 3차원 구조와 작동 기작을 규명하였다. 수명을 다하거나 외부 요인에 의해 손상된 단백질을 제거하는 것은 모든 생명체의 생명현상을 유지하는데 필수적인 요소인데, 론 단백질을 통해 이해를 넓힐 수 있게 된 것이다. 이렇듯 육상에서 보기 어려운 환경에 살고 있는 해양생물의 생명공학적 연구는 해양생물학을 포함하여 생화학, 생물리학 등 인접 학문의 발전에 큰 영향을 줄 뿐 아니라 산업적 활용에도 크게 기여할 수 있을 것으로 기대된다.

생물을 이용하는 기술인 생명공학에는 유용물질과 에너지로서의 천연자원을 개발하거나, 인간에 의한 환경오염의 제어, 생화학적 과정을 이용한 경제적인 유용물질의 생산 등이 포함된다. 해양에서의 생명공학은 '해양생물이나 그들의 구성 성분, 공정, 생명기능 등을 연구하여 궁극적으로 인류 복지를 위한 상품과 서비스를 제공하는 학문 혹은 산업'으로 정의되고 있다. 해양생물의 연구는 육상생물과 비교할 때 본질적인 목적에 있어서는 큰 차이가 없다. 그러나 다른 생활환경에서 다른 기능을 가진 생물들을 대상으로 수행하기에 방법적으로 커다란 차이를 보이며, 육상생물을 대상으로 얻어진 기술을 그대로 적용하는 데 많은 무리가 따른다. 해양생명공학은 해양생물 확보를 위한 접근의 어려움, 해양생물의 다양성, 생명현상의 특이성 등 해양의 특성을 고스란히 가지고 있어 기존의 생명공학과 차별화된 방식의 연구 전략이 필요하다. 해양생물의 보다 효율적인 이용을 위해서는 대상 생물과 그들이 생산하는 유용물질에 대한 깊이 있는 기초연구가 선행되어야 할 것이다. 이로써 관련 기반 기술이 축적된다면 앞으로 해양생명공학의 새로운 장이 열릴 것으로 기대된다.

● 생물다양성협약

생물자원의 중요성에 대한 인식이 확산되면서, 국제적으로 다양한 환경으로부터 생물자원을 획득하려는 경쟁이 치열하게 전개되고 있다. 이에 따른 부작용으로 생물의 서식지가 파괴되거나 생물 종이 사라지기도 한다. 나아가 생명공학분야 기술 선진국이 주로 후진국인 생물자원 부국의 생물 종을 개발하고 이득을 얻어 국가 간 갈등을 초래하기도 한다.

생물다양성협약(Convention on Biological Diversity, CBD)은 지구상의 생물 종을 보호하기 위해 1992년 유엔환경개발회의(United Nations Conference on Environment and Development, UNCED)에서 채택한 국제 협약이다. 여기에서 '생물 종'이란 지구상의 모든 생물뿐만 아니라, 이 생물 종들이 서식하는 생태계와 생물이 지닌 유전자까지도 포함된다. 생물다양성의 가치를 인식해 발족된 이 협약은 생물다양성 보존, 생물자원의 지속 가능한 이용, 생물자원으로 얻은 이익의 공정하고 공평한 분배를 목적으로 한다.

주요 내용은 각종 개발 사업으로 인해 발생되는 생물에 대한 나쁜 영향을 최소화하고, 유전자원의 이용은 생물자원의 제공 국가와 이용 국가 간에 상호 합의한 조건과 사전에 통보된 협의에 따르며, 그에 따른 기술 접근과 기술 이전을 각 당사국에 공정한 조건으로 제공하는 것으로 되어 있다. 즉 풍부한 생물자원을 제공해 온 개발도상국들은 생물 종을 사용한 유전공학 기술의 성과에 대해 공동소유권을 주장할 수 있다. 이 외에도 유전자와 생물자원 이용에 따른 이익을 서로 공정하고 형평 있게 배분하고, 개발도상국에 유리한 조건으로 기술 양도를 실시하는 것까지도 요구된다.

이제 생물다양성은 한 국가의 중요한 재산이다. 따라서 고유 생물 종을 유지하고 권리를 확보하려는 각국의 노력이 치열하게 이루어지고 있다.

해양생태계 파괴

수산자원의 남획과 무분별한 해안개발이 이루어지면서 해양생태계가 위기에 처해 있다. 훼손된 해양생태계의 복구는 이제 전 지구적 해결 과제로 남았다.

제종길 도시와 자연연구소

광대한 해양을 바라보고 있으면, 바다는 무엇을 버려도 다 수용할 정도로 넓고 그 자원은 아무리 사용해도 풍족하게 남아 있을 것 같아 보인다. 해양에서 생명이 왕성하게 활동하기 시작한 이래 수억 년 동안 바다는 이러한 기대를 어김없이 충족시켜 주었다. 그러나 최근 수백 년 사이에 그렇지 않다는 징후가 곳곳에서 나타나기 시작했다. 어떤 곳에서는 일부 수산생물들이 멸종되거나 다른 곳으로 이동해 더 이상 어업을 할 수 없게 되었으며, 어떤 곳에서는 심각한 오염으로 바다의 아름다움을 전혀 느낄 수

해양에 설치한 구조물에서 쉬고 있는 바닷새 무리

제종길

월간 우리바다

수산물 이용 증가로 남획되고 있는 수산생물

남획은 궁극적으로 인간의 삶까지도 파괴한다.

없다. 해안에서 해수욕을 즐길 수 있는 자연공간도 점차 줄어들고 있다.

환경과 생물이 조화를 이루는 해양생태계가 유지되면 해양은 우리가 기대하는 생태계서비스를 지속적으로 제공하게 될 것이다. 바로 이것이 생태적으로 지속가능한 해양이 필요한 이유다. 반대로 생태적으로 문제가 계속 발생한다면 우리는 바다에 기대했던 것들을 잃게 될지도 모른다. 지금과 같은, 또는 그 이상의 생태계서비스를 제공받으려면 건강한 생태계와 해양생물 다양성을 유지하는 것이 무엇보다 중요하다. 지구상에서 지난 수백 년 동안 눈에 띄게 달라진 것이 있다면 그것은 산업혁명 이후 폭발적인 인구 증가와 도시의 확장 그리고 온실가스 배출로 인한 기후온난화다. 이 과정에서 발생한 해양생태계 파괴와 서식지의 유실은 인간의 활동에서 기인했다고 해도 과언이 아니다. 그러나 모순되게도 우리는 훼손된 생태계의 회복 또는 복원에 대한 희망을 산업 발달과 함께 발전해 온 과학과 기술에 걸고 있다.

● 남획이 초래한 자원고갈

인구 증가로 인한 단백질 요구량의 증대로 수산물의 대량어획이 필요해졌고, 첨단 기술의 발전으로 수산업의 대형화와 원양화가 가능해졌다. 그러나 수산업의 특성 상

허베이스피리트 호 유출사고로 오염된 만리포 해안

유용한 종만을 집중적으로 포획하는 경향이 있고 자원 감소를 고려하지 않는 무분별한 남획이 이루어져 왔다. 수산자원은 남획으로 점차 감소하다가 자원가치를 상실하는 경우도 발생하고 있다. 많은 종들이 이로 인해 사라졌고, 또 다른 수많은 종들이 사라질 위기에 놓여 있다. 북대서양에서는 18세기부터 대대적인 포경업이 시작되면서 19세기 말에는 대서양 참고래들이 사라졌고, 20세기에 들어와서는 포경업 자체가 북대서양에서 없어지는 지경에 이르렀다. 대서양의 대구 어업과 우리나라의 쥐치 어업과 명태 어업도 이와 유사한 경로를 거쳐 타격을 받았다. 현재 많은 주요 수산어종은 생산가능 최대치를 초과했거나 더 이상 어획량의 증가를 기대하기 어려운 상태다. 특히 대형 종의 수가 급격히 감소하고 있다.

이처럼 불안한 상황에도 불구하고 수산물의 수요는 계속 늘어나고 있다. 유엔식량농업기구(FAO)에 따르면, 2015년에는 2000년보다 수산물 수요가 18%나 증가할 것으로 예상하고 있다. 그러나 인간의 수요를 충족하기 위한 집약적인 어획은 생태학적인 변화를 일으키며 대상 생물체뿐만 아니라 주변 생물들에게도 엄청난 재앙을 야기할 수 있다.

● 서식지 파괴와 오염

해양생태계에 피해를 입히는 여러 유형의 현상 중 특히 매립이나 간척에 따른 문제가 심각하다. 매립이나 해안 개발에 의한 해안선과 해저지형의 변화는 해류와 퇴적상, 수질 등 연안 환경을 변화시켜 결국 생물군집의 종조성과 서식밀도의 변화를 야기해 생태계에 악영향을 미친다. 더군다나 수심이 얕은 해안을 토지로 만들고자 하는 매립 공사는 해양생물의 서식지를 소실시켜 공사 해역의 생태계를 일시에 파괴한다. 해안 서식지의 상실은 1차적으로 해양생태계 구조를 변화시키고 자원을 감소시키는 정도에서 그치겠지만, 향후 어떠한 문제로 발전할지 아무도 예측할 수 없다. 또한 토사 등 육상기인 물질이 바다로 직접 유입되거나, 일정량의 담수가 유입되지 못하면서 일어나는 생태계의 변화도 문제가 된다.

남해안과 동해안의 바위해안에서 심각한 문제가 되고 있는 갯녹음현상은 회백색의 산호조류가 기질에 부착하여 일반 해조류에 영향을 미치는 현상이다. 해조류를 먹이로 하는 성게나 전복 등 저서생물과 해중림을 이용하는 어류들에게도 피해를 입힌다. 식물상의 변화가 해양생태계와 수산업에 큰 피해를 입히는 경우이다.

고태식

관광용 잠수정에 의해 파괴된 제주도 문섬의 연성산호 서식지

농약, 살충제 또는 기타 화학물질로부터 나온 지속성이 큰 오염물질들은 분해가 잘 되지 않아 극미량이라 하더라도 생물체 내에 농축되고, 이것이 먹이연쇄를 따라 다른 생물들에게까지 확산된다. 특히 유생이나 독성물질에 민감한 생물들에게는 치명적이어서 해당 개체군에 심각한 부작용을 야기한다.

유류오염은 주로 돌발적으로 발생하는 일종의 사고에 의해 일어난다. 유조선이 좌초하거나 침몰해 탱크에 저장된 기름이 유출되어 생기는 현상으로, 피해의 규모가

이선명

산호 주변을 유영하는 다이버

큰 산호가 되려면 오랜 시간이 지나야 되지만 작은 부주의에도 상처를 입을 수 있다.

방대하고 사고 예측이 거의 불가능하다는데 더 큰 문제가 있다. 유류에 오염된 해역에서는 상당 기간 어업을 할 수 없으며, 퇴적물에 잔류하는 유류의 잔재물과 독성 물질들이 수년 간 생물에게 다양한 형태로 영향을 미쳐 생태계가 회복되기까지는 오랜 세월이 필요하다.

인구 증가와 산업의 발달은 필연적으로 많은 에너지원을 필요로 하고, 이러한 지속적인 요구는 발전소의 규모와 수를 늘게 했다. 특히 발전용량이 큰 원자력발전소에서는 대량의 냉각수가 필요하고, 냉각계통을 지나는 동안 데워진 물이 바다로 유입되면서 열오염을 야기한다. 수온의 변화는 발전소 주변 해역의 종 조성을 변화시키고, 계절적으로 생물체들이 온도 내성을 유지하고 있을 때 고수온이 덮쳐 치사를 유발하기도 한다. 치사 온도가 되지 않더라도 수온의 증가는 생물의 생리작용이나 발생에 많은 영향을 미쳐 궁극적으로 생태계의 구조와 기능을 변화시킨다.

이밖에도 해양생태계에 미치는 오염의 원인으로는 중금속이나 방사능 물질의 유입, 해양 투기, 대기오염에 따른 간접적인 영향 등이 있으며, 더 심각한 문제는 이러한 오염의 정도가 점점 심해지고 전 세계적인 현상이 되고 있다는 점이다.

● 바다의 침입자들

일본 류큐열도의 여러 산호초는, 이곳에 침입한 생물의 번식이 불과 몇 십 년 사이에 산호초 생태계를 얼마나 철저하게 파괴했는가를 잘 보여준다. 이러한 현상은 류큐열도뿐만 아니라 전 남태평양으로 확산되고 있어 그 심각성이 커지고 있다. 원인 생물은 불가시리류의 일종인 가시왕관불가사리이며, 성체의 직경이 무려 50cm가 넘는 초대형 종이다. 산호가 죽고 나면 산호초를 기반으로 살던 모든 생물들이 자취를 감추게 되면서, 결국 생태계 자체가 파괴된다. 외부로부터 유입된 이러한 외래종이 기존의 생태계를 파괴하여 문제를 야기한 예는 무수히 많으며, 외래종이 유입될 때는 기생하는 기생생물도 함께 오기 때문에 문제가 더욱 심각하다. 피뿔고둥, 굴, 아무르불가사리, 다시마 등 우리에게 익숙한 종들이 미국이나 호주, 유럽에 전파되어 지역의 고유생태계에 피해를 입히고 있다. 남해안에서 양식되는 진주담치는 본래 남유럽이 원산인 종으로 19세기에 일본으로 유입된 이후 다시 한국으로 옮겨온 것으로 추측된다. 이 종은 내만을 중심으로 우리나라 전 연안에서 서식영역을 확대해 가고 있어, 지속적인 모니터링을 통해 생태계에 미치는 영향을 조사해 볼 필요가 있다.

생태계가 우려될 정도로 극심한 피해가 발생하기 시작한 것은 대체로 17세기 이후의 일이다. 이 시기에는 항해가 활발하게 이루어졌으며, 산업혁명으로 기계 산업의 발달에 따라 인구가 증가했다. 이와 같이 많은 증거와 자료를 종합해봤을 때 해양생태계 파괴의 원인은 대부분 인간 활동에서 기인한 것으로 보인다. 기후변화도 이와 마찬가지다. 제주도를 비롯한 남해안에서는 새로운 열대나 아열대 종들이 자주 발견되고 있으며, 이로 인해 생태계에 변화를 나타낼 수 있다. 해수온 상승에 따른 새로운 종의 가입과 영향에 대한 보다 더 체계적인 모니터링이 필요한 때이다.

김웅서

인간 활동으로 훼손된 산호초

작은 바다, 수족관

수족관은 해양생물에 대한 지식을 쌓을 수 있는
살아있는 교육 현장이다.

김웅서 한국해양과학기술원

수족관은 물속에 사는 동식물을 관찰할 수 있도록 대형 수조를 다양하게 갖추어 놓은 시설이다. 수족관을 의미하는 영어 아쿠아리움(aquarium)의 아쿠아(aqua)는 라틴어로 물이라는 의미이며, 아리움(arium)은 장소라는 뜻이다. 그러니 아쿠아리움의 어원은 물이 있는 장소가 된다. 아쿠아리움이라는 말은 영국의 과학자 필립 고스(Phillip Gosse, 1810~1888)가 처음 사용한 것으로 알려져 있다.

육지에서 생활하는 인간은 바다 접근의 한계성 때문에 바다 속에 사는 생물에 대한 신비감과 경외심을 가지고 살아 왔다. 수족관은 바다 속에 사는 생물에 대한 인간의 지적 호기심을 해결해주는 좋은 장소이다. 더군다나 물에 대한 두려움 없이, 옷에 바닷물 한 방울 적시지 않고도 바다 속 여행을 할 수 있는 수족관이야말로 해양생물에 대한 지식을 쌓을 수 있는 살아있는 교육 현장이다.

부산 해운대에
위치한 아쿠아리움

김웅서

● 수족관의 역사

수족관의 역사는 약 4,500년 전으로 거슬러 올라간다. 고대 메소포타미아에서 사람들이 연못에 물고기를 넣고 기르던 것이 시초가 된다. 이집트, 중국, 로마 등지에서도 물이 든 용기에 관상용 물고기를 길렀던 기록이 있다. 로마제국 때는 담수어류가 아닌 해양어류가 처음으로 대리석으로 만든 육상의 수조에서 사육되었다. 고대의 수족관은 취미나 오락

김웅서

지중해 절벽 위에 세워진 모나코 해양박물관

목적 이외에도 식용으로 하기 위해 물고기를 기르는 도구도 되었다. 19세기 중반 유럽에서는 수조에 물고기를 기르는 것이 취미 활동으로 자리를 잡았다. 소형 수조에 물고기를 기르는 것이 인기를 끌게 되자, 대중을 위한 대규모 수족관도 만들어지게 되었다.

세계 최초의 수족관은 1853년 영국 런던 동물원내에 건립되었다. 이후 독일 베를린, 이탈리아 나폴리, 프랑스 파리, 독일 함부르크, 벨기에 브뤼셀, 영국 런던, 네덜란드 암스테르담, 영국 플리머스 등에 수족관이 들어섰다. 미국에서는 1876년 뉴욕에 수족관이 만들어졌으며, 아시아권에서는 1882년 일본 도쿄 우에노 동물원에 가장 먼저 수족관이 세워졌다. 19세기 마지막 해인 1899년에는 모나코의 해양박물관 공사가 시작되었다. 모나코 해양박물관은 수족관은 물론 당시에는 생소했던 해양과학의 모든 분야에 대한 연구 결과를 전시하기 위해 건립되었다.

초기 수족관은 관람객의 흥미와 호기심을 충족시키는 전시 기능에 주안점을 두었다. 그러나 차츰 사람들의 해양생물에 대한 지적 욕구가 높아지면서 교육과 홍보 기능 또한 필요하게 되었다. 이에 따라 수족관은 전시 기능은 물론 해양 동식물에 대한 기초 지식을 알려주는 교육장, 그리고 해양문화 전반에 대한 교류의 장으로 중요성을 갖게 되었다. 수족관은 점차 해양 전반에 대한 전시 공간, 연구 공간, 홍보 공간, 문화 공간,

역사 공간 등 여러 가지 관련 기능이 자연스럽게 연계되는 현대적 의미의 해양자연사 박물관으로 발전하게 되었다.

20세기 들어서 생물 사육기술, 전시 방법, 수족관 건축설계와 유지 보수, 운영 방법 등이 발달하여 세계 각국에 대형 공공 수족관이 건립되고 점차 수족관의 교육적 기능이 중요하게 되었다. 1960년 유네스코(UNESCO, 국제연합 교육과학문화기구)회의와 1989년 국제박물관위원회(International Council of Museum, ICOM) 회의 등을 통해 수족관은 박물관 범주에 들어가게 되었다. 이 위원회는 박물관을 역사나 예술과 관련된 유물이나 자료뿐만 아니라 과학기술에 관한 수집품 및 식물원, 동물원, 수족관, 자연사 박물관 등 문화적 가치가 있는 자료나 표본 등을 대중의 교육과 오락을 위해 전시, 보존, 연구하는 곳이라고 정의하고 있다.

지금은 세계 여러 나라에 유명한 대규모 수족관이 많다. 그중 가장 규모가 큰 수조가 있는 곳은 미국 조지아 아쿠아리움이다. 이밖에도 미국에는 전국 각지에 100개가 넘는 대형 수족관이 있다. 일본의 경우 오키나와에서 해양을 주제로 세계박람회가 열린 것을 계기로 전국적으로 많은 수족관이 건립되었다. 현재는 전국적으로 약 70개의 수족관이 있으며, 교육, 연구, 오락, 해양생물의 보전 활동 등을 하고 있다. 우리나라도 2012년 '살아있는 바다, 숨 쉬는 연안'이라는 주제로 여수에서 열린 세계박람회를 계기로 해양생물에 대한 관심도가 높아지고 있다. 서울과 부산, 제주 등지에 수족관이 있으며, 앞으로도 계속 숫자가 늘어날 전망이다.

● 세계의 유명 아쿠아리움

조지아 아쿠아리움(Georgia Aquarium)은 미국 조지아주 애틀란타에서 2005년 개관되었다. 전체 수조의 용량은 32,000m^{3}이며, 약 500종에 달하는 12만 마리 이상의 해양생물이 전시된 세계에서 가장 큰 아쿠아리움이다. 아시아권을 제외하고는 고래상어가 전시된 유일한 수족관이며, 고래상어가 있는 수조의 용량은 약 24,000m^{3}나 된다. 고래상어 이외에도 벨루가(흰고래), 돌고래, 쥐가오리가 관람객에게 인기 있는 해양생물이다. 2012년 벨루가가 이곳 수족관에서 출산을 하였지만, 저체중으로 태어난 새끼는 안타깝게도 1주일이 채 안되어 사망하고 말았다.

미국 캘리포니아주의 몬터레이베이 아쿠아리움(Monterey Bay Aquarium)은 1940년대부터 정어리 통조림을 만들던 공장을 개조하여 1984년 10월 개관되었다. 1996년에는 인근 몬터레이만에 사는 해양생물을 전시하는 공간을 새로 만들어, 아쿠아리움의 공간이 거의 2배 늘어났다. 캘리포니아 해안에 서식하는 해양생물을 보여주는 1,300m^3 용량의 수조와 외양의 해양생물을 전시한 4,500m^3 크기의 대형수조가 근간을

김웅서

스페인 발렌시아 아쿠아리움

이룬다. 정어리 떼는 한때 이곳의 경제를 뒷받침했던 주요한 수산자원이었는데, 지금은 이곳 수조에서 수천마리의 정어리 떼가 헤엄치는 장관을 볼 수 있다.

미국 메릴랜드주의 볼티모어 국립수족관(National Aquarium in Baltimore)은 1970년대 중반 볼티모어 내항 재개발 사업의 일환으로 계획되었으며, 1978년 8월에 착공되었다. 1979년 11월 미의회에서 수족관 이름을 국립수족관으로 하기로 결정하였다. 수족관 건설비용 약 2,100만 달러의 대부분은 볼티모어시에서 지원했으며, 약 100만 달러는 민간 기부금으로 충당되었다. 수족관 건물은 미국의 유명한 건축가 피터 쉐마예프(Peter Chermayeff)가 설계하였다. 이 수족관은 메릴랜드주에서 가장 인기 있는 관광장소로, 연평균 160만 명의 관광객이 찾는다. 한편 매년 15만 명 이상의 학생들이 메릴랜드주 교육부에서 지원을 받아 단체로 방문하여 현장실습을 한다. 볼티모어 수족관에는 10,500마리에 달하는 해양생물이 전시되어있다.

오세아노그라피코(Oceanografico)라 불리는 스페인 발렌시아 아쿠아리움은 유럽 국가의 수족관 중에는 가장 큰 규모이다. 해양테마공원 전체 면적은 11만 m^2에 달하며, 500종 45,000마리의 해양생물이 전시되어 있다. 수족관의 해수 총량은 42,000m^3이 넘는다. 2002년 12월 12일 개관하였다. 7,000m^3 용량의 수조에서는 상어와 가오리를

제노바 아쿠아리움 (Acquario di Genova)

제노바 항구에서 본 제노바 아쿠아리움

볼 수 있다.

이탈리아 제노바 수족관(Acquario di Genova)은 이탈리아에서 가장 큰 수족관이며, 유럽에서는 스페인의 발렌시아 수족관에 이어 두 번째로 큰 규모이다. 이 수족관은 사람들에게 해양환경이 얼마나 중요한지 알려주고, 해양환경의 보존, 관리 및 이용에 관한 대중의 인식을 높이기 위해 건립되었다. 제노바 수족관은 단지 흥미 위주의 볼거리와 재미만을 제공하는 수족관이 아니다. 수족관 내부 전시물은 학생들의 현장 교육 자료로 조금도 손색이 없다. 수족관을 다 둘러 보고나면 방문객들은 이래서 해양 환경이 중요하구나 하고 스스로 깨우치게 되고, 해양환경을 잘 지켜야지 하는 마음도 든다. 제노바 수족관은 매년 약 125만 명이 다녀갈 정도로 인기 있는 관광명소이다.

오세아노폴리스(Oceanopolis)는 1990년 6월 프랑스 서부에 위치한 브레스트에 문을 열었다. 개관 목적은 일반인, 해양학자 그리고 바다를 대상으로 한 직업을 가진 모든 사람들이 해양과학과 기술 그리고 해양문화의 발전에 대해 상호간에 지식을 전달하고 교류하기 위해서였다. 오세아노폴리스가 프랑스의 수도 파리가 아닌 서부 끝 외진 곳에 세워진 데는 다 이유가 있다. 이곳은 프랑스 해양과학 관련 기관들의 60% 이상이 모여 있는 그야말로 프랑스 해양과학의 메카이기 때문이다. 프랑스 국립해양개발연구소(IFREMER)도 브레스트에 자리 잡고 있다. 오세아노폴리스는 해양박물관, 학생들을 위한 임해실습 교육장, 수족관 그리고 해양놀이공원 등의 기능을 갖춘 복합적 해양 문화 공간이다. 이러한 목적을 달성하기 위해 프랑스의 유명 해양건축가인 자끄 루즈리

김웅서

프랑스 브레스트에 위치한 오세아노폴리스

(Jacque Rougerie)가 오세아노폴리스를 설계하였다. 전시생물은 해파리부터 상어에 이르기까지 약 1,000종, 1만 마리에 달한다.

아랍에미리트 두바이 아쿠아리움은 쇼핑 몰 안에 있는 수족관으로 수조의 용량이 1만 m^3이다. 400마리가 넘는 상어와 가오리를 포함해 약 3만3천 마리의 해양생물이 전시되어있다. 두바이 아쿠아리움의 수조는 세계에서 가장 큰 아크릴 판넬로 만들어져 세계 기네스기록에 올라있다. 판넬의 크기는 길이 32.9m, 높이 8.3m이고 두께는 75cm이다.

일본 오키나와 추라우미 아쿠아리움의 메인 수조는 7,500m^3 용량이며, 고래상어와 쥐가오리를 볼 수 있으며, 전시된 쥐가오리 중에는 이곳 수족관에서 부화한 것도 있다. 길이 22.5m, 높이 8.2m, 두께 60cm인 일본 오키나와 추라우미 아쿠아리움의 아크릴 판넬은 두바이 아쿠아리움이 만들어지기 전에는 세계에서 가장 컸었다.

일본 도쿄 카사이 임해수족원은 도너츠형 2,200m^3 용량의 대형수조에서 세계 최초로 다랑어를 사육하고 전시하는데 성공한 아쿠아리움이다. 그리고 귀상어 사육에도 도전하는 등, 수족관에서 사육하기 힘든 어종의 채집, 수송, 사육기술을 개발하였으며, 세계각지의 바다에서 채집한 해양생물을 전시하고 있다. 한편 매년 기획전시를 통해 새로운 것을 보여주기 때문에 연간 150만 명 이상의 관람객이 찾고 있다.

타이완 국립해양생물박물관은 미국 조지아 아쿠아리움이 만들어지기 전까지는 가장 규모가 큰 수족관이었다. 약 34만 평 부지에 세계수역관, 산호초왕국, 타이완수역관 등

추라우미수족관

자연을 체험하고 즐길 수 있는 공간으로 훌륭한 자연학습장의 기능을 수행하는 아쿠아리움

김웅서

김웅서

휴식공간 기능이 강조된 일본 카사이 임해수족원

3개의 주제관과 연구동 등 부대시설로 이루어졌다. 세계수역관은 원시바다를 재현한 고대 해양 전시실을 비롯해 심해 전시실과 극지수역 전시실 등 시간과 공간을 뛰어넘어 관람할 수 있는 다양한 전시실이 있다. 산호초왕국은 열대 해역의 산호초에 사는 해양생물을 전시한 곳으로, 침몰선 내부 모양을 본뜬 전시실과 무빙워크를 타고 구경할 수 있는 해저터널이 있다. 타이완수역관은 타이완 주변 해역에서 볼 수 있는 해양생물을 전시한 곳이다. 빗물이 계곡과 강을 거쳐 바다로 흘러들어가는 여정을 따라 타이완의 다양한 수중생물을 관람할 수 있다.

● 수족관의 기능

수족관은 신기한 해양생물을 단순히 사육, 전시하는 일만 하는 것이 아니다. 해양생물을 전시하기 위해서는 이들의 생리나 생태에 관한 지식이 필수적이기 때문에

김웅서

일본 고베수족관 사육시설

연구 기능이 있어야한다. 그래서 수족관은 전시 생물의 사육을 위해, 수조 내부의 수질 관리, 먹이 생물 준비, 산소 공급, 질병 관리, 번식 등에 필요한 연구실과 실험실, 그리고 복잡한 시설과 장비를 갖추고 있어야 함은 물론이다. 예를 들어 몬터레이베이 아쿠아리움은 엠바리(Monterey Bay Aquarium Research Institute, MBARI)라고 불리는 연구소와 협력 체제를 유지하고 있다. 1987년 설립된 이 연구소는 특히 심해생물 연구로 세계에서 알아주는 유명한 곳이다. 이 연구소는 원격조정무인잠수정을 이용해 심해생물을 채집하여 연구를 하기 때문에 아쿠아리움에서 심해에 사는 생물의 전시가 가능하다.

수족관은 단지 보고 즐기는 오락 기능만 있는 놀이공원과는 다르다. 박물관처럼 보고 배우는 교육 기능을 가지고 있다. 수족관은 온갖 신비한 수중생물을 보고 즐기며 배울 수 있는 오락과 교육이 동시에 이루어지는 에듀테인먼트 공간이다. 또한 수족관은 해양생태계를 보존하는 일도 수행한다. 거의 모든 수족관은 학생이나 일반인을 대상으로 해양생물과 해양환경 보호를 위한 교육 프로그램을 운영하고 있다. 수족관에서 해양생물을 직접 관찰하면서 해양생물에 대한 지식을 쌓고, 바닷가 현장을 방문하여 환경 교육을 하기 때문에 내실 있는 교육이 가능하다. 예를 들어 미국 볼티모어 국립 수족관은 인근의 체사피크만(Chesapeake Bay)의 습지를 보호하기 위한 여러 가지 일을 하고 있으며, 이러한 활동의 결과 체사피크만의 환경이 크게 개선되었다.

미래식량 스피룰리나

인류가 직면한 식량 부족의 위기 속에서,
스피룰리나는 차세대 미래 식량으로 주목받고 있다.

강도형 한국해양과학기술원

쌀을 포함한 육상의 식량자원인 옥수수, 콩, 밀 등은 최근 기후변화로 인해 생산량의 변화가 극심해졌다. 이에 따라 개발도상국이나 후진국의 식량자원 확보는 각 국가의 안보와 밀접하게 연관되고 있는 실정이다. 이러한 상황에서 최근 미래식량과 건강식품으로서 가장 각광을 받고 있는 것이 바로 광합성 식물인 스피룰리나(Spirulina)이다. 스피룰리나는 전 연령대의 사람들에게 완벽한 에너지를 공급해 줄 수 있는 식품이다. 스피룰리나는 완벽한 아미노산이 함유된 60% 이상의 단백질을 함유하고 있을 뿐만 아니라 소화흡수율도 높다. 또한 합성 베타케로틴보다 인체 내 소화 작용이 더 좋은 천연 베타케로틴을 함유하고 있어 식량으로서의 가치가 높다. 특히 스피룰리나가 함유하고 있는 지방산 중 염증 및 자가 면역 질환을 치료하는 기능을 가진 감마리놀렌산 기능은 모유와 더불어 가장 완벽하다고 알려져 있다. 이러한 스피룰리나는 현재 세계보건기구(World Health Organization, WTO)와 미국식품의약국(Food and Drug Administration, FDA)에서 공인한 완전한 자연식품으로, 이미 미국과 일본은 의료식품(medical food)으로 인정하고 후진국의 어린이들을 대상으로 기아해방 프로그램 연구들을 수행하고 있다. 향후 미래식량으로서 가치가 높은 미세조류 중 현재 건강식품으로 각광받고 있는 스피룰리나에 대해 알아보자.

● 스피룰리나는 무엇일까?

스피룰리나는 35억 년 전에 탄생한 최초의 광합성 생명체로, 용수철 모양으로 '꼬였다(spiral)'라는 라틴어에서 유래했다. 이름은 '나선형 모양을 하고 있는 미생물'이라는 뜻을 내포하고 있다. 독일의 해양학자인 터핀(Turpin)이 1827년 민물에서 처음 스피룰리나를 분리하고 명명했다. 스피룰리나의 분류체계는 남조강(Cyanophyceae), 연쇄체목(Nostocales), 흔들말과(Oscillatoria), 스피룰리나속(Spirulina)에 속하는 미세 남조류(Micro blue-green algae)이다. 길이는 0.3~0.5mm, 폭은 0.005~0.008mm로 원핵 다세포 미생물이다. 멕시코와 아프리카 등지에서 호수 또는 염호에서 자생한 스피룰리나는 16세기 아즈텍인과 마야인들의 주식으로 사용되었다. 현재까지 알려진 스피룰리나는 10종(*S. platensis, S. maxima, S. geitleri, S. siamese, S. major, S. subsalsa, S. princeps, S. laxissima, S. curta, S. spirulinoides*)이 알려져 있으며, 인공적으로 대량생산이 가능한 종으로는 4종(*S. platensis, S. maxima, S. geitleri, S. siamese*)이라고 보고된 바 있다.

스피룰리나는 영양분만 있으면 바닷물보다 6~7배 더 짠 염호와 40℃의 고온, pH 9~11의 강알칼리성 수서환경에서도 잘 자라는 특성을 지니고 있다. 광합성을 하는 스피룰리나는 단위면적 당 높은 성장률을 가지고 있고, 상대적으로 적은 면적 또는 육상식물 생육이 불가능한 사막과 같은 지역에서도 생육이 가능하다. 게다가 농축산물보다 1에이커(4,046m^2) 당 20배 이상의 단백질을 얻을 수 있는 것으로 알려져 있어서 높은 생산량에 따른 원료 확보가 매우 유리하다. 미생물과 달리 세포의 크기가 큰 스피룰리나는 대량 배양 후, 원료 수거 시 추출 · 분리가 용이하며 생산수율이 높다는 장점이 있다.

KIOST

5L 플라스크에서 배양 중인 스피룰리나

이러한 과정을 통해 생산되는 스피룰리나는 인체의 생명유지에 필요한 5대 영양 및 49가지 영양소를 고르게 함유하고 있을 뿐만 아니라 인체와 거의 같은 구성비로 이루어져 있어 소화흡수율이 95%나 된다. 구성 성분을 보면 오메가-3 계열 불포화 지방산을 다량 함유하고 있는 지방이 6~9%, 높은 항산화작용을 하는 탄수화물이 15~20%, 그 밖에 식이섬유 8~10%, 카로틴 10~20% 및 단백질이 60~70%로 이루어져 있다. 필수아미노산을 모두 함유하고 있으며, 필수지방산인 리놀렌산, 감마리놀렌산(gamma Linolenic Acid)도 풍부하다. 감마리놀렌산은 오메가 6 지방산으로 분류되며 18:3(n-6)으로 표기된다. 18개 탄소 사슬을 가지며 3개의 cis 이중 결합을 가진 카르복실산(carboxylic acid)이다. 알파리놀렌산(Alpha-linolenic Acid)의 이성체이기도 하다.

이렇게 인체에 필요한 영양분을 고루 함유한 스피룰리나는 현대에 이르러 건강식품으로 새롭게 개발되었다. 특히 60% 이상의 양질의 단백질과 아미노산 조성이 우수한 스피룰리나는 다른 남세균(cyanobacteria)의 높은 핵산 함량과 비교하여 상대적으로 낮은 4% 대의 핵산을 함유하고 있어 식품으로의 잠재력 또한 크다. 비타민 A, B1, B2, C, E 등을 함유하고 있을뿐만 아니라 불포화 지방산, 철분, 베타카로틴, 엽록소, EPA 등이 함유되어 있어 자유라디칼 손상을 감소시킨다.

위와 같은 장점으로 인해 스피룰리나는 유엔식량농업기구(FAO)에서 인류의 미래 식품으로 인정받았으며, 현대 첨단기술의 결정체인 우주선에 승선하는 우주인들의

현미경으로 관찰한 스피룰리나의 생장 모습

라면처럼 꼬인 형태를 하고 있는 스피룰리나

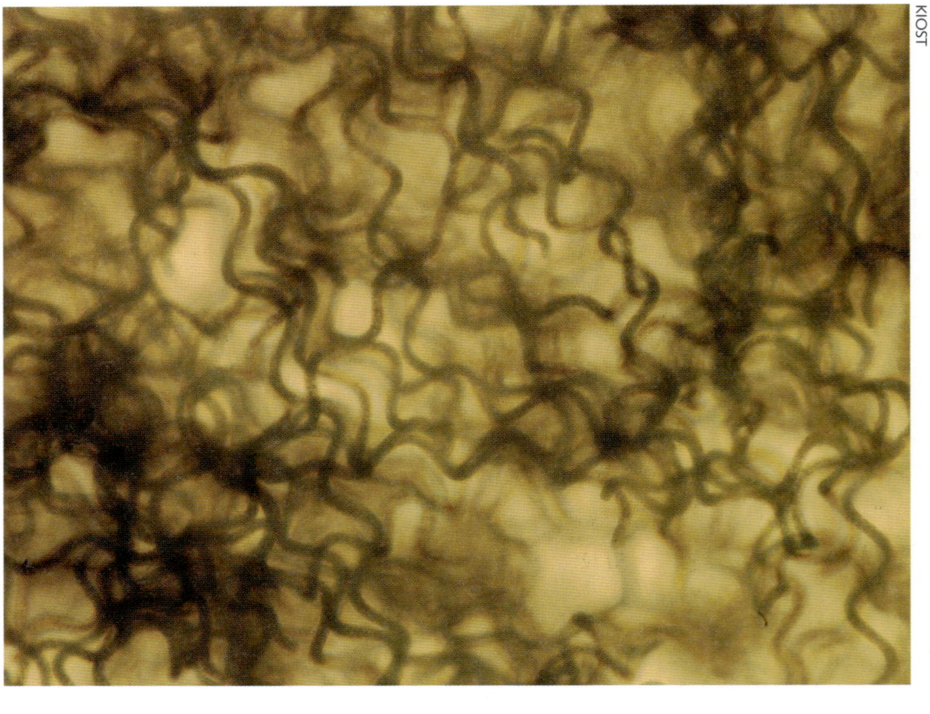

KIOST

비상식량으로 개발되기도 했다. 재미있는 사실은 우주인이 우주정거장에서 생활하는 동안 대소변을 사용하여 스피룰리나의 배양액으로 이용하고 생장시켜서 산소를 발생시키며, 성장한 스피룰리나를 재이용하는 전략을 사용했다는 점이다. 이러한 전략은 태양 에너지만을 이용하여 물과 공기를 정화 및 재생하고, 폐기물을 처리하는 폐쇄적 생명유지시스템(Controlled Ecological Life Support System, CELSS)으로 불린다. 이 전략은 미래의 지구환경에도 적용될 수 있으므로 지구의 청정한 환경을 고려하여 연구할 수 있는 흥미로운 분야 중 하나다. 현재 스피룰리나를 활용한 많은 임상 실험에서 항당뇨 작용, 항암 작용, 면역 체계 향상, 장내 유산균 증가, 중금속에 의해 야기되는 신장 독성 감소, 방사선으로부터의 보호에 이르는 여러 가지 약리 효과가 증명되었다.

한편, 최근 출시되는 화장품들의 주된 공통 관심사항은 '먹고 바를 수 있는' 기능성 재료들을 활용한 향장제품이며, 이러한 최근의 경향을 고려할 때 스피룰리나는 향장 산업 적용에도 적합한 소재로 높은 가치 창출을 기대하고 있다.

● 완벽한 자연식품으로서의 스피룰리나

스피룰리나는 필수아미노산이 풍부하고 단백질, 베타카로틴, 엽록소, 식이섬유, 각종 비타민, 미네랄을 다량 함유하고 있어 세계보건기구(WHO)에 의해 완전 자연식품으로 인정받고 있다. 이를 활용한 기능성 식품 관련 연구들을 살펴보면, 미국과 일본에서는 식품 및 의료용으로 허가되어 알약으로 판매되고 있으며, 빠른 에너지 전환이 필요한 운동선수에게 꼭 필요한 식품으로 소개되고 있다. 의료용 연구 분야에서는 당뇨병 개선, 콜레스테롤 흡수 억제 역할, 비타민 A 보충, 바이러스 침투를 억제하는 항바이러스성 효과, 저콜레스테롤혈증에 활성 반응, 항산화, 항알레르기성, 간 보호 작용과 면역조절 기능 및 라디칼 제거 기능 등의 특성을 나타낸다. 당뇨병의 경우 음식물을 통해 섭취된 당질이 제대로 분해되지 않아 혈액 중 혈당치가 높은 병이므로 식이요법을 통해 극복해나가는 것이 일반적인데, 스피룰리나는 당뇨병 환자의 식단 개선에 대한 어려움을 한번에 해결할 수가 있도록 도움을 주고 있다. 스피룰리나는 높은 단백질 함량과 흡수율, 높은 섬유소 함량을 가지고 있고, 다당류와 지방이 적으면서 각종 비타민과 미네랄을 고루 갖추고 있기 때문이다. 일본 동경의과대학 다케우치 교수는 당뇨병 환자를 대상으로 스피룰리나를 활용한 식이요법 임상 결과를 발표했는데, 스피룰리나를 두 달 동안 복용한 당뇨병 환자들이 당뇨 수치가 모두 정상치 이하로 낮아졌다고 밝혔다. 이밖에도 체중 감소, 혈청 지방량 개선, 혈압상승 억제 및 혈관 질환이 예방되었다는 결과도 발표했다. 특히 함유된 열량이 낮은 스피룰리나에서, 미토콘드리아에서 지방대사에 관여하는 L-carnitine이 체지방 감소의 보조 역할을 한다.

식량자원인 농축산물과 비교한 스피룰리나의 사회적 잠재 비용

사회적 잠재비용 요소	스피룰리나	유기농	농산물	육류/우유
독성물질 사용 측면				
살충제	X	X	O	O
제초제	X	X	O	O
방부제	X	X	O	O
첨가제	X	X	O	O
항생제	X	X	X	O
발암물질	X	X	O	O
직원의 높은 의료비용 측면				
의료세	X	X	O	O
의료보험	X	X	O	O
국민건강보험료	X	X	O	O
유전자변형식물(GMO) 측면				
건강위협	X	X	O	O
정부보조비				
높은 세금	X	X	O	O
생태파괴 측면				
토양유실	X	X	O	O
담수유실	X	X	O	O
산림유실	X	X	O	O
온실효과	X	X	O	O
종다양성 훼손	X	X	O	O
오염원의 청소비용 측면				
토양오염	X	X	O	O
수질오염	X	X	O	O
청소비용	X	X	O	O
글로벌 군축화 측면				
높은 세금	X	X	O	O
고부채비율 측면				
세금 및 이자	X	X	O	O
개발에 의한 파괴 측면				
지구자원	X	X	O	O
동물학대	X	X	X	O
고용착취	X	X	O	O
종합				
지속가능성 측면	O	O	X	X

Earthrise Farms

스피룰리나와 일반 농축산식품의 단백질 함량, 1kg의 단백질을 생산하기 위한 수자원 이용량과 수질, 1kg의 단백질을 생산하기 위한 단위면적과 토질 및 단위면적당 단백질 생산량의 비교

구분	단백질 (%)	수자원 이용 (L/kg)	수질	육지 면적 (m^2/kg)	토질	생산된 단백질 (kg/m^2)
스피룰리나	65	291.01	기수	0.6	무관	4.35
콩	37	2539.89	담수	16	비옥토	0.30
옥수수	12	2141.80	담수	22	비옥토	0.22
소고기	22	8241.27	담수	190	비옥토	0.03

Nature's superfood

이 때문에 동일한 운동량으로도 상대적인 에너지 소비 효과가 뛰어나 비만 해소에 도움을 준다고 알려져 있다.

● 미래식량으로서의 스피룰리나

온실가스 증가에 따른 기후변화에 의해 미래 인류에게 닥칠 가장 큰 변화는 식량난의 급증이다. 많은 기후변화 학자들은 현재 380~390ppm인 이산화탄소 대기 중 농도가 420ppm 이상 증가하지 못하게 노력해야 한다고 경고하고 있다. 이산화탄소 농도가

KIOST

한국해양과학기술원의 배양기술을 통해 제조한 스피룰리나 태블릿

420ppm이 되면 지구 평균 기온이 2℃ 상승해 사막 면적이 확대되고, 이로 인해 농경지의 대규모 감소로 이어질 수 있기 때문이다. 이는 인류 전체의 식량난을 의미하며, 비단 우리나라의 문제뿐만 아니라 전 인류가 당면한 과제다. 여기서 이산화탄소의 흡수와 식량자원의 확보라는 두 마리 토끼를 잡기 위한 스피룰리나의 역할이 기대된다. 스피룰리나는 다른 미세조류에 비해 상대적으로 많은 탄소원을 필요로 한다. 즉 이산화탄소를 탄소원으로 삼아 인위적으로 배양하면 직접적인 이산화탄소 생물고정화가 가능하고, 이를 통해 산소를 생산하고 단백질 등 인체에 필요한 고른 영양소를 생산할 수 있으므로 환경적으로 대단히 유익하다. 이러한 기반 하에서 국제적으로 인정된 스피룰리나는 최근까지 발표된 연구 분야가 영양, 질병, 대기오염, 바이오연료 분야 등으로 확대 재생산되고 있다. 현재까지 세계에서 발표된 논문 및 보고서만 해도 1만여 편 이상이며, 약 800여 건의 특허가 등록되고 있어 미래가치와 상업적 가치가 상당히 인정되고 있다. 또한 식량자원으로서의 가치를 평가하기 위해 기존의 농축산물과 사회적인 잠재 비용을 비교한 결과, 독성물질 사용, 직원의 의료비용, 유전자 변형에 따른 문제, 생태계 파괴, 오염원의 청소비용, 식량의 군축화 비용, 개발에 의한 파괴 등의 잠재적인 사회비용이 가장 적고 지속가능한 것이 바로 스피룰리나와 유기농 작물이었다.

유기농 작물과 비교했을 때 사회적인 잠재비용에서는 차이가 없으나, 적은 수자원 이용과 단위면적 당 단백질 생산량의 차이는 스피룰리나가 우위에 있다. 특히 1kg의 단백질을 생산하기 위한 수자원과 토지의 이용은 다른 육상작물과 축산물보다 10~40배 적게 든다. 이와 같은 결과는 기후변화에 따른 물 부족 국가들의 식량 고갈 및 대응 전략 구상에 시사하는 바가 크다.

● 스피룰리나를 이용한 기아해방 프로그램

중동의 요르단에서는 어린이들의 영양실조 및 빈혈과 같은 만성적인 질병을 예방하기 위해 스피룰리나를 급식에 첨가하고 있다. 요르단 통계청의 자료에 따르면 요르단 어린이 10명 중 4명은 만성적 영양실조와 빈혈에 노출되어 있다. 스피룰리나를 이용한 기아해방 프로그램의 정부 간 협의체(Intergovernmental Institution for the use of Micro-algae Spirulina against Malnutrition, IIMSM)는 유엔 옵저버로 활동하면서, 스피룰리나에 풍부하게 함유된 단백질, 비타민 B, 베타카로틴 등이 어린이들의 눈병을 해결하는데 주요하게 쓰일 수 있다는 의견을 냈다. 세부적으로는 하루 한 스푼씩 먹을 경우, 철 부족에 의한 빈혈을 예방하거나 치유할 수 있다는 의견을 냈다. 또한 IIMSM는 2009년 4월부터 두군데 초등학교에서 1년 간 실시한 식이임상 프로그램에서 1,350명의 학생들이 영양실조로부터 탈출하는데 도움이 됐다고 보고했다. 그러나 대부분의 후진국들은 이러한 협의체를 구성하지 못했을 뿐더러 어린이들의 건강을 책임질 수 있는 전략이 부재한 실정이다. 그 예로 케냐에서는 5살 이하의 어린이 중 22%가 영양실조에 직면해 있으며, 15%의 어린이들은 대단히 심각한 상황에 직면해 있다. 특히 중동 및 아프리카 지역은 비경작지가 많고 물이 청정하지 않거나 부족한 지역이 많으므로 저비용 구조의 스피룰리나 배양지만 있다면 어린이들의 기아를 해결하는 중요한 자원이 될 것이다. 최근 기후변화에 의한 전통적인 농업생산 구조의 변화를 고려해 본다면, 위에서 설명한 바와 같이 고단백질 원료를 생산하기 위해 스피룰리나를 활용하는 것이 매우 쉬운 방법이 될 것이다.

우리나라의 식품산업은 연간 매출량 약 32조 원 규모로 전체 산업 중 중요한 위치를 차지하고 있고, 미국 식품산업의 경우 GNP의 약 20%에 해당하는 거대 산업이다. 특히 바이오식품은 현재 세계 식품시장에서 약 75억 달러 이상을 점하고 있을 것으로 추정된다. 우리나라의 건강보조식품 매출액은 약 1조 원에 달하고 있으며, 이는 10년 사이에 200배 이상 급성장한 수치다. 그러나 시장의 증가세는 소비자의 요구와 비례하지만 현재의 건강보조식품의 경우 소비자의 신뢰를 받지 못하고 있는 것도 사실이다. 그 이유는 전통의 민간요법과 식품산업이 접목되는 과정에서 효능이 과학적인 입증을 받지 못했거나, 권장 섭취량의 추정과 안전성의 확립 등 소비자가 믿을 수 있는 과학적인 자료가 함께 제공되지 못했기 때문이다. 이에 반해 스피룰리나의 경우는 유엔식량농업기구, 미국항공우주국, 세계보건기구와 미국식품의약국 및 우리나라에서도 인증된 식품 소재이므로 안정성이 보장되어 있다.

그러므로 미래 식량 자원으로서의 스피룰리나 활용은 환경, 보건, 에너지 및 기후변화에 대응할 수 있는 중요한 이슈가 될 것으로 본다. 이는 고부가가치형 식품산업을 선도할 뿐만 아니라 G20 국가에 맞게 후진국을 지원하기 위한 프로그램으로도 활용이 가능하므로 미래 식품산업 기반을 구축할 수 있다. 인도적으로도 영양실조로 고통 받고 있는 어린이들과 노인들의 예방 의학적 관리 차원에서도 크게 기여할 수 있는 방법이 될 것이다.

스피룰리나를 활용한 기아 해방 프로그램의 홍보 그림

해양생물의 산업적 가치

해양생명자원은 이용 잠재력이 매우 높은 차세대 이용가능 소재로, 특히 해조류 유래 천연성분은 다양한 기능 및 약리효과가 검증되어 이를 상용화하려는 다각적인 노력이 계속되고 있다.

허수진 한국해양과학기술원

해양은 지구 총 면적의 약 70%에 달하는 면적을 차지하고 있고 이곳에는 약 30만 종의 생물체가 서식하고 있다고 알려져 있다. 해양의 생태적 가치는 매우 높아서, 그 규모가 매년 26조 달러에 달하고 식량과 에너지를 포함한 해양자원의 가치는 1조 달러를 상회한다는 연구 결과가 발표되었다. 이렇듯 해양생물자원은 이용 잠재력이 매우 높은 차세대 이용가능 소재라 할 수 있다. 해양의 각종 생물자원은 가장 기본적인 자원으로서 인류 문명 태동기부터 식품으로 이용되어 왔다. 인류의 주된 단백질 및 지방의 공급원으로서 역할을 해 왔던 해양생물자원은 고단백 저칼로리 식품을 선호하는 현대인의 취향에도 적합한 것으로 여겨지면서 세계 각국은 이들의 생산량을 증가시켜 인간의 생활에 유용하게 이용하려고 노력하고 있다.

우리나라는 삼면이 바다로 둘러싸여 있는 지리적 조건과 청정해역이라는 천혜의 조건을 두루 갖추고 있는 지역으로서, 다양한 해양생물 종들이 분포하고 있다. 하지만 이러한 풍부한 해양생물자원을 가지고 있음에도 불구하고, 아직까지 해양생물자원을 단순한 식량자원으로만 이용할 뿐 생명공학기법을 이용하여 다방면으로 활용하기 위한 체계적인 연구가 미흡한 실정이다. 그러나 최근 기능성 식품 소재나 의약품 소재로서 해양생물의 유용성이 밝혀지면서, 해양생물로부터 생리활성물질의 개발 혹은 기능성 바이오 소재의 개발에 관련된 연구가 많이 진행되고 있다.

해양생물은 높은 염분과 수압에서 생존하고, 체표면이 해수에 노출되어 있어 병원 미생물의 침입을 받기 쉽다는 특징이 있다. 이처럼 육상 생물과는 매우 다른 환경에 서식하고 있으므로, 그 진화 과정에서 육상 생물과는 전혀 다른 대사계나 생체 방어계를 발전시켜 왔음을 추측할 수 있다. 실제로 해양천연물의 대사산물들은 새로운 형태의 화학구조와 다양한 생리활성을 보여주고 있다.

그중에서 해조류는 풍부한 다당류를 함유하고 있을 뿐만 아니라 다양한 미네랄과 비타민이 함유되어 있고, 특정 성분은 항균, 항산화, 항바이러스, 항암활성을 비롯하여 동맥경화, 심근경색, 고혈압, 협심증, 뇌졸중 등의 성인병 예방에 효과적이라고 보고 되었다. 해조류가 내재하고 있는 잠재적인 활성들을 엿볼 수 있는 결과다. 현재까지 우리나라의 해조류는 대부분 단순 건조가공 후 수출되거나 극히 일부만이 식품첨가제 혹은 건강보조식품으로 사용되고 있는 실정이다. 따라서 여기에서는 해조류를 소재로 한 이용 및 산업적 가치에 관하여 기술하고자 한다.

다양하게 존재하는 해양생물자원들

① 연산호 ② 산호
③ 어류 ④ 해조류
⑤ 해파리 ⑥ 성게

우리나라에 다양하게 서식하고 있는 해조류들

① 청각 ② 파래 ③ 톳
④ 미역 ⑤ 우뭇가사리
⑥ 지누아리

허수진

● 해조류 이용의 역사

해조류의 어원이 '바다에 서식하는 식물(sea+weed)'이라는 점을 통해 알 수 있듯이, 해조류는 역사적으로 오래전부터 인류가 육상식물처럼 식용으로 이용한 중요한 먹을거리 중 하나였다. 해조류는 물 밖으로 나오면 태양 및 대기성분들에 의해 산화나 부패가 쉽게 일어나기 때문에 다른 생물들처럼 화석이나 유물로서 남아있는 것이 거의 없다. 따라서 각 나라별로 어떤 종류의 해조류가 얼마나 식용으로 쓰였는지는 알 수 없다. 다만 신석기 때부터 인류가 강이나 바닷가에 정착해 살아왔다는 점을 비춰볼 때,

강도형

허수진

기후변화에 의해 이상 증식한 해조류

① 중국 청도의 가시파래

② 제주의 구멍갈파래

여러 가지 해양생물과 더불어 연안에 서식하는 해조류나 파도에 의해 연안으로 밀려온 해조류를 이용했을 것으로 추측하고 있다. 해조류를 식용하는 국가는 아시아의 일부 국가와 태평양 연안국들에 국한되어 있는데, 이 중 한국과 일본, 중국은 특히 많은 해조류를 이용하는 나라이다. 이들은 역사적으로 자연에 서식하는 해조류를 수확하는 것뿐만 아니라 대량 양식을 통해서도 해조류를 공급받아 식재료 및 다양한 가공식품으로 이용해 왔다. 이에 반해 서양에서는 동물의 사료 원료로 해조류를 이용해 왔다는 기록이 있으며, 더불어 다양한 화학재료를 제조하기 위한 원료로 이용하고 있다. 하지만 최근에 해조류의 다양한 기능 및 약리효과가 검증되면서, 동서양을 막론하고 해조류 기원의 활성성분을 분리하기 위한 다각적인 노력이 계속되고 있다.

● 해조류의 특성

해조류는 일반적으로 육안으로 볼 수 있는 크기를 가지는 거대조류(macroalgae)를 지칭하며, 플랑크톤이라 불리는 미세조류(microalgae)와 구분된다. 해조류는 해조류 내의 광합성 색소와 보조색소에 따라 녹조류, 갈조류, 홍조류로 구분할 수 있고, 다양한 환경 조건에 따라 서식 분포가 달라진다. 일반적으로 녹조류의 경우에는 조간대 상부, 갈조류는 조간대 중하부, 홍조류는 조하대에 주로 서식하는 것으로 알려져 있다. 보통 해조류는 육상식물과 달리 겨울과 봄에 번성하고 여름에 쇠퇴하는 분포를 보이고 있으나, 최근 기후변화로 인해 여름에 파래가 이상 증식하여 연안을 덮어버리는 일이 종종 발생하기도 한다. 해조류는 종류별 구성 성분에서 차이가 나타나지만 해류의 움직임에 따라 서식하면서 필요한 성분들을 해수를 통해 직접 흡수하며 살아가기 때문에 대체로 다양한 미네랄들을 함유하고 있다. 또한 최근에는 식이섬유원으로서도 각광을 받고 있다.

● 해조류의 생산 현황

세계 해조류 생산량은 2010년 기준 약 1,900만 톤으로 집계되었으며, 이 중 우리나라는 약 90만 톤의 해조류를 생산했다. 해조류 생산은 해조류를 식용으로 많이 이용하는 한국, 중국, 일본을 비롯한 아시아 국가에서 많이 이루어졌는데, 양적으로 세계 해조류 생산의 90% 이상을 차지하고 한국은 그중 약 5%에 해당하는 해조류를 생산하고 있다. 2011년 현재 우리나라의 해조류 생산량은 일반 해면에서의 생산과

우리나라 연도별 어업별 · 품종별 어업생산 통계 (단위 : 톤)

구분		2008	2009	2010	2011
일반해면	어류	877,976	795,502	736,198	842,603
	갑각류	87,631	100,126	108,199	101,723
	패류	81,308	90,192	80,380	72,230
	연체동물	216,273	223,212	187,777	197,415
	기타수산동물	7,836	7,091	6,939	6,731
	해조류	13,866	10,843	13,043	14,787
	소계	1,284,890	1,226,966	1,132,536	1,235,489
천해양식	어류	99,006	109,516	80,110	72,449
	갑각류	1,924	1,893	2,731	2,860
	패류	343,704	326,544	355,699	389,159
	기타수산동물	15,345	16,743	14,788	20,795
	해조류	921,024	858,659	901,672	992,283
	소계	1,381,003	1,313,355	1,355,000	1,477,546
내수면	어류	25,343	25,718	26,326	26,521
	갑각류	726	511	345	262
	패류	2,993	3,742	4,085	5,297
	기타수산동물	118	100	226	190
	소계	29,180	30,071	30,982	32,270
원양어업	어류	445,367	493,857	488,155	413,985
	갑각류	35,522	29,588	36,057	24,705
	연체동물	185,293	88,505	67,904	71,934
	소계	666,182	611,950	592,116	510,624
합계		3,361,255	3,182,342	3,110,634	3,255,929

농림수산식품부

우리나라 연도별 해조류 생산 현황

(단위 : 톤)

구분		2000	2002	2004	2006	2008	2010	2011
일반해면	김	1	29	3	2	1	8	43
	다시마류	350	88	-	12	2	180	90
	도박류	15	2	48	473	1,170	118	220
	모자반류	29	-	-	1	260	256	289
	미역	1,717	1,089	719	3,569	3,114	4,783	2,742
	우뭇가사리	2,872	2,150	1,791	3,012	1,093	3,715	5,011
	기타가사리	66	117	11	328	63	-	-
	청각	220	558	616	2,875	1,400	451	396
	톳	6,062	5,081	5,284	2,933	2,721	2,366	4,797
	파래	64	412	71	164	295	368	305
	매생이	-	-	-	-	-	29	4
	기타해조류	1,627	901	517	374	3,736	760	890
	소계	13,023	10,427	9,060	13,754	13,866	13,043	14,787
천해양식	김	130,488	209,995	228,554	217,559	224,242	235,534	316,428
	다시마류	14,160	24,873	22,510	201,919	285,221	241,322	246,701
	모자반류	-	-	-	919	1,059	2,383	2,529
	미역	212,429	242,135	261,574	322,371	381,076	393,616	394,003
	우뭇가사리	-	4	-	-	-	-	-
	청각	164	72	142	165	1,186	1,394	1,005
	톳	11,654	11,016	22,814	21,125	17,701	21,133	23,351
	파래	5,288	9,291	1,154	682	8,003	4,531	6,085
	매생이	-	-	-	-	2,536	1,759	2,179
	기타해조류	273	171	-	173	-	-	2
	소계	374,456	497,557	536,748	764,913	921,024	901,672	992,283
종합		387,479	507,984	545,808	778,667	934,890	914,715	1,007,070

농림수산식품부

세계 해조류 양식 생산 현황

(단위 : 톤)

국가 \ 년도	2002	2004	2006	2008	2010
중국	7,720,529	9,374,297	9,502,403	9,933,885	11,092,270
필리핀	894,857	1,204,808	1,468,905	1,666,566	1,801,272
인도네시아	223,080	410,570	1,170,000	2,145,061	3,915,017
대한민국	497,557	547,108	765,595	921,024	901,672
일본	557,951	484,389	490,062	456,337	432,796
기타	703,554	643,466	694,301	754,753	864,026
세계 종합	10,597,528	12,664,638	14,091,266	15,877,626	19,007,053

FAO, Yearbook of Fishery Statistics Summary tables, 2010

천해 양식을 합해 약 100만 톤으로 전체 어업생산량인 320만 톤의 30.9%, 해양생물 양식 생산량 147만 톤의 67.2%를 차지하는 등 국내 어업 생산에서 매우 큰 규모를 차지하고 있다. 약리 효능적 관심 및 건강 기능적으로의 관심이 증대되면서 이에 따른 해조류의 생산량 또한 급격히 증가했다. 2000년 37만 톤에 불과하던 해조류의 양식 생산량은 2011년에 이르러서는 99만 톤으로 약 2.6배 이상 증가하는 결과를 나타냈다. 주된 양식 종은 다시마, 미역, 톳 등의 갈조류와 김 등의 홍조류가 대표적이고 녹조류인 파래와 매생이도 일부 양식이 이루어지고 있다. 양식은 남해안에서 80% 이상이 이루어지고 있고 대부분 식용으로 재배되고 있으며 일부는 전복 등 해양생물의 먹이용으로도 이용되고 있다.

● 해조류의 구성 성분 및 산업적 가치

해조류의 구성 성분

일반적으로 해조류는 80~90%의 높은 수분함량을 가지고 있고 그 외 탄수화물, 단백질, 지방, 회분 등의 구성 성분들이 나머지 10~20%를 차지하고 있다. 건조중량을 기준으로 살펴보면, 탄수화물 함량이 40~60%의 높은 함량을 나타내고, 회분이 20~40%, 단백질이 10~30%, 지방이 1~4%의 비율로 구성되어 있다. 이러한 해조류의

해조류 유래 주요 다당류의 기본 화학구조

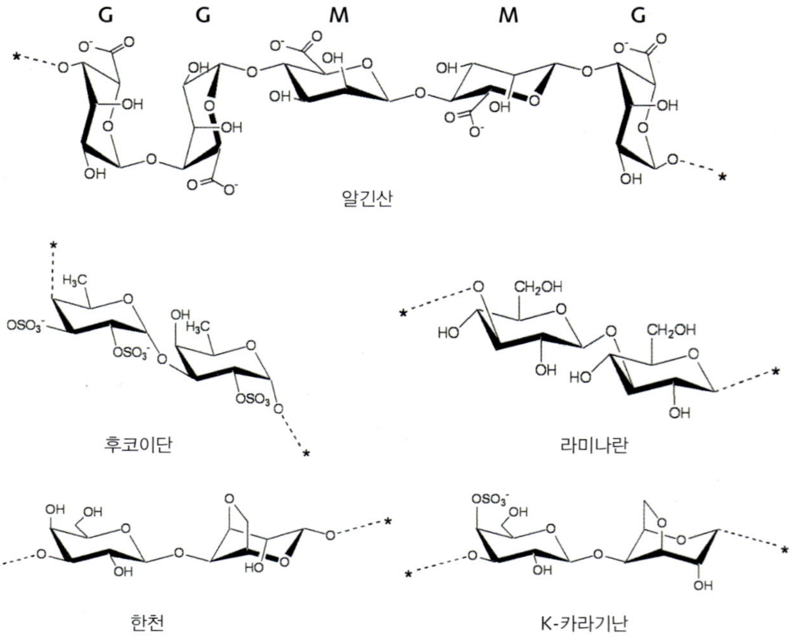

해조류 유래 대표적인 카로테노이드의 화학구조

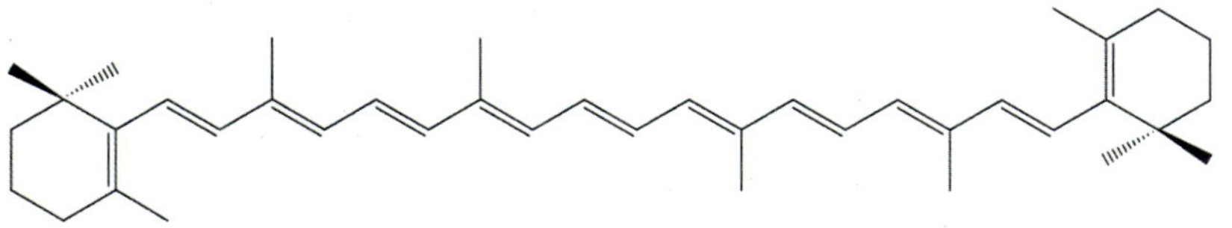

베타카로테인

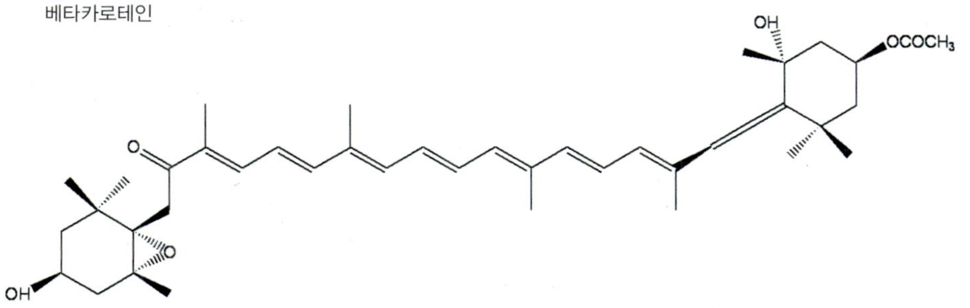

후코잔틴

일반 성분들은 지역적, 환경적, 계절적 영향을 많이 받기 때문에 같은 종류의 해조류라 할지라도 시기별, 장소별로 구성 성분의 차이를 나타낸다. 이에 유효한 효능 성분을 효과적으로 이용하기 위해서는 각각 해조류의 특징을 고려해야 한다.

해조 다당류

해조류를 구성하고 있는 주요 성분은 다당류다. 해조류는 높은 염분과 수압, 유속이 빠른 바다에서 서식하기 때문에 다당류의 역할이 특히 중요하다. 해조류에는 육상 식물이 갖고 있지 않은 점질 다당이나 저장 다당을 함유하고 있는데 이들 중에는 탄산기(carboxyl)나 황산기(sulfate)를 포함하는 산성 당 성분을 가진 종이 많다. 이들은 해수 중에서 이온을 선택적으로 흡수 · 교환하고 수분을 일정하게 유지시켜 해조류를 지탱하는 역할을 한다. 또한 다당류는 여러 가지 기능이 알려져 있는데 대표적인 다당류로는 알긴산, 후코이단, 라미나란, 카라기난, 한천 등이 있다.

알긴산(Alginic acid)은 갈조류에 함유되어 있는 산성 다당류다. 대부분의 갈조류에 포함되어 있는 세포 간 점질 다당류지만, 함량이 많고 생산량이 많으며 품질이 좋은 알긴산을 생산하기 위해 사용되는 갈조류는 감태, 다시마, 모자반, 미역 등 10여 종이 있다. 알긴산은 미국식품의약국(FDA)에서 안전성 식품으로 인정을 받은 품목으로서 건강식품뿐만 아니라 증점안정제, 응고제, 사료점착제, 유화안정제, 화장품 원료 등 다양한 분야에 이용되고 있다. 또한 암세포 성장 억제, 혈압상승 억제, 콜레스테롤 저하, 유해물질 제거, 염증 억제, 변비 개선 등 다양한 생리기능 효과가 보고되었다.

해조류 유래 대표적인 플로로탄닌의 화학구조

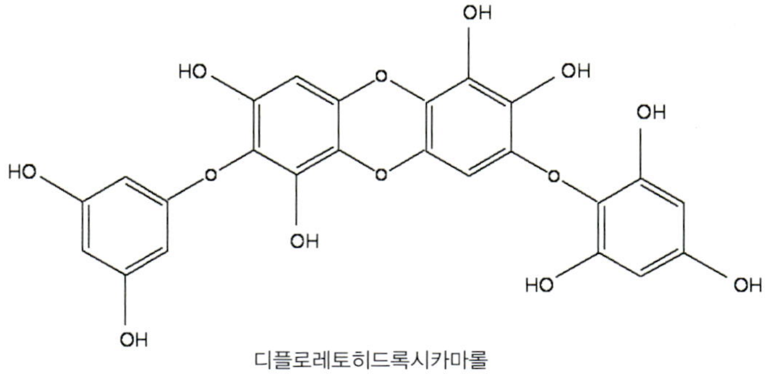

디플로레토히드록시카마롤

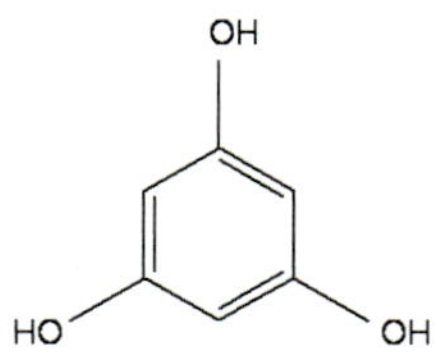

플로로글루시놀

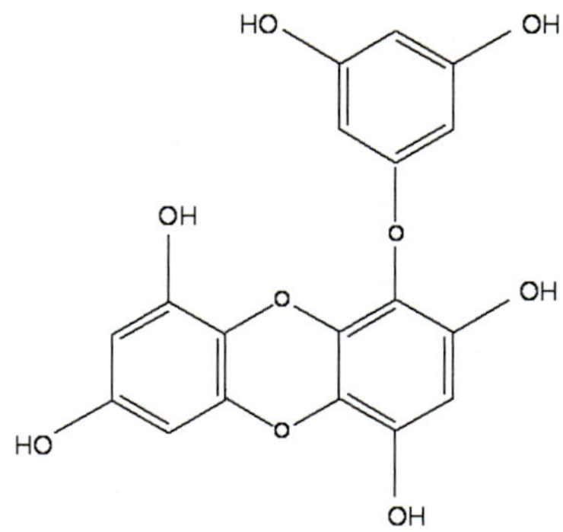

에콜

후코이단(Fucoidan)은 후코스(fucose)와 황산기를 주요 구성 성분으로 하는 다당류로, 알긴산과 같이 갈조류에 함유되어 있는 함황 산성 다당류다. 후코이단은 주로 말속(*Fucus*), 다시마속(*Laminaria*), 미역속(*Undaria*) 등에 많이 함유되어 있다고 알려져 있고, 물이나 묽은 염산으로 추출한다. 건강보조식품이나 기능성 원료에 일부 이용되며 암세포 성장 억제, 혈압상승 억제, 혈액응고 방지, 당뇨 억제, 산화 방지, 염증 생성 억제, 자외선 차단 등의 소재로 활용되고 있다.

라미나란(Laminaran)은 갈조류인 다시마속에 많이 함유되어 있는 저장 다당의 일종으로, 대황과 패에도 일부 함유되어 있다고 알려져 있다. 라미나란은 동맥경화 방지, 콜레스테롤 억제, 암세포 성장 억제 등의 효과가 있다고 알려져 있다.

한천(Agar)은 우뭇가사리과(Gelidiaceae)나 꼬시래기과(Gracilariaceae) 등의 홍조류에 많이 함유되어 있는 다당류로, 뜨거운 물에 녹고 황산기 함량이 감소할수록 응고력이 증가하는 특징을 갖고 있다. 응고성이 높은 한천은 한번 응고되면 잘 부패하지 않으며, 가열과 냉각을 반복해도 특성이 유지되기 때문에 일찍부터 식품공업분야에 많이 이용되어 왔다. 미국식품의약국(FDA)에서도 한천을 안전한 식품으로 인정하고 있고, 이로 인해 응고제나 안정제, 성형제, 물성유지제 등으로 많이 사용되고 있다. 한천 자체로는 생리활성이 나타나지 않으나 다른 다당류들과 함께 식이섬유원으로서의 효과가 일부 보고되고 있다.

카라기난(Carrageenan)은 홍조류인 돌가사리목(Gigartinales)이나 지누아리목(Cryptoneminales)의 일부에 함유되어 있는 산성 점질 다당류다. 한천에 비해 황산기 함량이 매우 높고, 응고력은 약하지만 점성이 강하다는 특징을 갖고 있다. 미국식품의약국에서 인정한 안전식품으로 응고성, 보형성, 보수성, 점탄성 등을 이용해 식품으로 많이 이용되고 있다. 특히 면역세포 증진, 암세포 성장 억제, 혈액 응고 방지 및 위장 질환 치료에 효과가 있다고 알려져 있다.

해조류 유래 천연물

해조류에도 육상식물처럼 광합성의 주요 색소인 엽록소(Chlorophyll)이 많이 함유되어 있다. 양적으로 풍부하고 생리활성이 우수한 대표적인 천연물로는 카로테노이드류(Carotenoid)와 플로로탄닌류(Phlorotannin)를 들 수 있다. 이들은 갈조류 중 패목(Ishigeales), 다시마목(Laminariales), 모자반목(Fucales)에 특히 많이 함유되어 있는데, 짙은 오렌지 계열의 색깔을 주로 나타내는 카로테노이드는 카로텐(carotene)류와 잔토필(xanthophyll, 크산토필)류로 구분할 수 있다. 카로테노이드 중에서도 갈조류에는 후코잔틴(fucoxanthin)성분이 많이 함유되어 있는데 이는 강력한 암세포 억제 효과를 비롯해 염증 억제 효과, 항균 효과, 산화 방지 효과, 자외선 차단 효과 등 다양한 생리활성을 가진다고 알려져 있다.

플로로탄닌은 해조 폴리페놀(polyphenol)이라고도 불리는 성분으로, 육상식물 중 녹차 유래의 폴리페놀 성분인 카테킨(catechin)과 종종 비교되기도 한다. 플로로탄닌 역시 강력한 산화방지 효과를 나타내고, 자외선 차단, 염증 억제, 면역 증강, 천식 억제, 당뇨 억제 등 다양한 효과가 있다고 보고되고 있으며 최근에는 기능성 음료 및 화장품 원료로도 일부 사용되고 있다. 이 외에도 터펜류(terpene), 크로멘류(chromene) 등 많은 천연물들이 다양한 생리활성을 나타내고 있고, 천연물 이외에 해조류 추출물 자체로서도 우수한 효과가 많이 알려지고 있다.

해조류는 바다에 있는 수많은 원소들을 표면 전체로 흡수해 '미네랄의 보고'라고도 불리고 있는데, 특히 마그네슘, 칼슘, 요오드, 철 등이 풍부하게 함유되어 있다고 알려져 있다. 칼슘이 많이 포함되어 있어 골다공증이나 골연화증을 예방해 주고 노화를 막는데 효과가 있으며, 요오드 성분은 식욕을 촉진시키고 갑상선 부종을 막아주며 머리카락을 부드럽게 하는 효과가 있다고 알려져 있다. 해조류에도 과일과 채소류처럼 다양한 비타민이 존재하고 있는데 특히 김과 미역에 많이 함유되어 있다. 또한 해조류별로 다양한 종류의 아미노산과 펩타이드가 포함되어 있어 인간의 건강에 많은 도움을 주고 있다.

찾아보기(가~마)

가

나

다

라

마

찾아보기(마~아)

바

사

아

찾아보기(아~파)

자

차

카

타

파

찾아보기(파~하, A~Z)